动漫·电脑艺术设计专业教学丛书暨高级培训教材

InDesign Layout Design
InDesign 版式设计

赵 迟 编著

中国建筑工业出版社

图书在版编目（CIP）数据

InDesign版式设计／赵迟编著.—北京：中国建筑工业出版社，2010
（动漫·电脑艺术设计专业教学丛书暨高级培训教材）
ISBN 978-7-112-11728-4

I. I… II.赵… III.排版—应用软件，InDesign —技术培训—教材
IV. TS803.23

中国版本图书馆CIP数据核字（2010）第006614号

责任编辑：陈　桦　吕小勇
责任设计：赵明霞
责任校对：关　健

动漫·电脑艺术设计专业教学丛书暨高级培训教材
InDesign版式设计
赵　迟　编著
*
中国建筑工业出版社出版、发行（北京西郊百万庄）
各地新华书店、建筑书店经销
北京美光制版有限公司制版
廊坊市海涛印刷有限公司印刷
*
开本：880×1230毫米　1/16　印张：18　字数：586千字
2010年4月第一版　2015年7月第二次印刷
定价：66.00元
ISBN 978-7-112-11728-4
　　　　（18977）

版权所有　翻印必究
如有印装质量问题，可寄本社退换
（邮政编码　100037）

《动漫·电脑艺术设计专业教学丛书暨高级培训教材》编委会

编委会主任：徐恒亮

编委会副主任：张钟宪　李建生　杨志刚
　　　　　　　刘宗建　姜　娜　王　静

丛 书 主 编：王　静

编委会委员：徐恒亮　张钟宪　李建生
　　　　　　杨志刚　刘宗建　姜　娜
　　　　　　王　静　于晓红　郭明珠
　　　　　　刘　涛　高吉和　胡民强
　　　　　　吕苗苗　何胜军　王雪莲
　　　　　　李　化　李若岩　孙莹飞
　　　　　　马文娟　马　飞　赵　迟
　　　　　　姚仲波

序

在知识经济迅猛发展的今天，动漫·艺术设计技术在知识经济发展中发挥着越来越重要的作用。社会、行业、企业对动漫·艺术设计人才的需求也与日俱增。如何培养满足企业需求的人才，是高等教育所面临的一个突出而又紧迫的问题。

我们这套系列教材就是为了适应行业企业需求，提高动漫·艺术设计专业人才实践能力和职业素养而编写的。从选题到选材，从内容到体例，都制定了统一的规范和要求。为了完成这一宏伟而又艰巨的任务，由中国建筑工业出版社有机结合了来自著名的美术院校及其他高等学校的艺术教育资源，共同形成一个综合性的教材编写委员会，这个委员会的成员功底扎实，技艺精湛，思想开放，勇于创新，在教育教学改革中认真践行了教育理念，做出了一定的成绩，取得了积极的成果。

这套教材的特点在于：

一、从学生出发。以学生为中心，发挥教师的主导作用，是这套教材的第一个基本出发点。从学生出发，就是实事求是地从学生的基本情况出发，从最一般的学生的接受能力、基础程度、心理特点出发，从最基本的原理及最基本的认识层面出发，构建丛书的知识体系和基本框架。这套教材在介绍基本理论、基本技能技法的主体部分时，突出理论为实践服务的新要求，力争在有限的课时内，让学生把必要的知识点、技能点理解好、掌握好，使基本知识变成基本技能。

二、从实用出发。着重体现教材的实用功能。动漫·艺术设计专业是技能性很强的专业，在该专业系统中，各门课程往往又有自身完整而庞大的体系，这就使学生难以在短期内靠自己完成知识和技能的整合。因此，这套教材强调实用技能和技术在学生未来工作中的实用效果，试图在理论知识与专业技能的结合点上重新组合，并力图达到完美的统一。

三、从实践出发。以就业为导向，强调能力本位的培养目标，是这套教材贯彻始终的基本思想。这套教材以同一职业领域的不同职业岗位为目标，以培养学生的岗位动手操作应用能力为核心，以发现问题、提出问题、分析问题、解决问题为基本思路。因此，各类高校和培训机构都可以根据自身教育教学内容的需要选用这套教材。

教育永远是一个变化的过程，我们这套教材也只是多年教学经验和新的教育理念相结合的一种总结和尝试，难免会有片面性和各种各样的不足，希望各位读者批评指正。

徐恒亮

北京汇佳职业学院院长，教授，中国职业教育百名杰出校长之一

前言

Adobe InDesign是一款定位于专业排版领域的全新软件。其从多种桌面排版技术中汲取精华，为杂志、书籍、广告等灵活多变、复杂的设计工作提供了一系列更完善的排版功能，尤其该软件是基于一个创新的、面向对象的开放体系，因而大大提高了专业设计人员用排版工具软件表达创意和观点的能力。

InDesign整合了多种关键技术，包括现在所有Adobe专业软件拥有的图像、字型、印刷、色彩管理技术。通过这些程序，Adobe实现了工业上首个确保屏幕和打印一致的能力。此外，InDesign包含了对Adobe PDF的支持。特别是InDesign CS3新增加了自定义工作区，增强了查找/更改功能、多文件置入功能，效果功能新增加了7种。

所谓版面编排设计就是把已处理好的文字、图像、图形通过赏心悦目的安排，以达到突出主题的目的。InDesign CS3在这方面的优越性表现得淋漓尽致。主要表现在：InDesign CS3中的文字块具有灵活的分栏功能，文本框架和文本中的文字都可以填色和描边，文本框架的形状可自由改变，文字可以沿路径排列等。

InDesign还具有许多绘画、绘图软件的特性和自己独特的功能，大大方便了用户。例如：InDesign CS3中可为图像添加阴影、外发光、内发光、斜面和浮雕效果，还可以将对象进行羽化（包括：基本羽化、定向羽化、渐变羽化），使用"吸管工具"可以复制对象属性等。

本书共分14章，详细地介绍了InDesign CS3的基础操作与排版技巧。第1章～第13章主要讲解InDesign CS3的基础操作，包括版式设计基础，认识Adobe InDesign，InDesign基本操作，文字置入技巧，文字编排技巧，段落编排技巧，制作表格，图文编排，图形绘制与管理，使用InDesign CS3对象，色彩管理与设置技巧，书籍、目录与超级链接以及文档输出技巧。第14章为实例，详细地讲解了如何运用InDesign CS3新建文档、设计版面、置入图片、绘制图形、输入文字、设置文字格式，巩固学习成果。全书主要由赵迟编写，李若岩统稿。

感谢李化、任雪川、孙莹飞、王国强、刘清波、唐琳、牟宗峰、邓超、牟建良、张旭、秦奋、陈超淼、曲博、陈磊、冯晓东、赵琨、田鑫、王一茹、陈金怡、陈静杰、任燕、李国林、欧阳娟频、刘晋宁、张乐、肖广、罗杰、戴宏、刘凤梅及刘静等各专业人士的支持和鼓励，使得本书顺利编写完成。

限于作者水平，加之时间仓促，书中难免有错误和疏漏之处，敬请广大读者批评、指正。

编者
2009年10月

目录

第1章　版式设计基础
- 1.1　版面及排版基础知识　/ 2
- 1.2　版面的构成　/ 3
- 1.3　排版规则　/ 6
- 1.4　印前技术　/ 13
- 1.5　本章小结　/ 16
- 思考与练习　/ 16

第2章　认识Adobe InDesign
- 2.1　打开InDesign CS3　/ 18
- 2.2　InDesign CS3的工作区　/ 19
- 2.3　认识InDesign CS3的工具箱　/ 23
- 2.4　好用的面板　/ 29
- 2.5　本章小结　/ 38
- 思考与练习　/ 38

第3章　InDesign基本操作
- 3.1　建立新文档　/ 40
- 3.2　保存文档与打开文档　/ 44
- 3.3　页面设置　/ 45
- 3.4　标尺的设置　/ 52
- 3.5　标尺参考线　/ 54
- 3.6　文档视图管理　/ 58
- 3.7　本章小结　/ 62

思考与练习 / 62

第4章　文字置入技巧

- 4.1　输入文字 / 64
- 4.2　文字框架与网格设置 / 65
- 4.3　在路径上输入文字 / 68
- 4.4　置入文字 / 72
- 4.5　排文方式设置 / 76
- 4.6　文章检查 / 80
- 4.7　本章小结 / 81

思考与练习 / 82

第5章　文字编排技巧

- 5.1　设置文字格式 / 84
- 5.2　设置文字特殊效果 / 93
- 5.3　查找和更改字体 / 98
- 5.4　字符样式 / 98
- 5.5　本章小结 / 100

思考与练习 / 100

第6章　段落编排技巧

- 6.1　设置段落编排方式 / 102
- 6.2　设置段落特殊效果 / 107
- 6.3　文章编辑器 / 113
- 6.4　段落样式 / 114
- 6.5　本章小结 / 117

思考与练习 / 118

CONTENTS

第7章　制作表格

- 7.1　在文档中插入表格 /120
- 7.2　表格文字设定技巧 /126
- 7.3　表格格式设置 /130
- 7.4　单元格格式设置 /132
- 7.5　表头和表尾 /134
- 7.6　表格样式 /135
- 7.7　本章小结 /138
- 思考与练习 /138

第8章　图文编排

- 8.1　加入图片 /140
- 8.2　图片基本编辑 /144
- 8.3　图片剪切路径 /150
- 8.4　图片与文字的编排方式 /153
- 8.5　定位对象 /157
- 8.6　利用链接面板管理图片 /162
- 8.7　本章小结 /165
- 思考与练习 /166

第9章　图形绘制与管理

- 9.1　绘制基本图形 /168
- 9.2　路径编辑技巧 /173
- 9.3　路径高级编辑技巧 /177
- 9.4　复合路径和复合形状 /181
- 9.5　本章小结 /183

思考与练习 / 184

第10章　使用InDesign CS3对象

10.1　选择对象 / 186

10.2　移动对象 / 189

10.3　缩放对象 / 189

10.4　旋转 / 191

10.5　切变 / 192

10.6　翻转对象 / 193

10.7　再次变换 / 193

10.8　复制对象 / 193

10.9　排列对象 / 195

10.10　对齐和分布 / 195

10.11　编组 / 196

10.12　锁定 / 196

10.13　对象效果 / 196

10.14　使用库管理对象 / 206

10.15　使用图层管理对象 / 209

10.16　本章小结 / 212

思考与练习 / 212

第11章　色彩管理与设置技巧

11.1　认识印刷色模式 / 214

11.2　新建颜色 / 214

11.3　管理色板 / 220

11.4	应用颜色	/222
11.5	更改纸张颜色	/225
11.6	本章小结	/226
	思考与练习	/226

第12章 书籍、目录与超级链接

12.1	制作书籍	/228
12.2	制作目录	/232
12.3	建立超级链接	/234
12.4	本章小结	/236
	思考与练习	/236

第13章 文档输出技巧

13.1	打印文档	/238
13.2	导出为PDF文件	/249
13.3	打包GoLive	/255
13.4	将文档打包	/257
13.5	本章小结	/258
	思考与练习	/258

第14章 实 例

14.1	宣传单页的设计与制作	/260
14.2	书籍的设计与制作	/264
14.3	杂志的设计与制作	/271

第1章

版式设计基础

在学习Indesign软件之前,首先需要明确的是,使用这个软件是为了更好地设计和制作版式,而版式设计(Layout)是软件工具实现的核心内容。所以,在这一章,将着重讲解平面设计中的版式设计原则,以及印前技术,掌握设计中的关键问题,并能够熟练地使用软件工具将自己的构思实现出来。

本章学习重点与要点:
(1) 版面及排版基础知识;
(2) 版面的构成;
(3) 排版规则;
(4) 印前技术。

1.1 版面及排版基础知识

排版不仅仅是会使用排版软件,作为一名合格的排版设计人员只有同时掌握排版语言和一些排版工艺知识,才能高效率和高质量地完成工作。

1.1.1 书籍的组成

一本书一般由封面、扉页、版权页(包括内容提要及版权)、前言、目录、正文、后记、参考文献、附录等部分构成。

封面又称封一、前封面、封皮或书面,封面上印有书名、作者、译者姓名和出版社的名称,如图1-1所示。封面主要用于美化和保护书籍。

扉页又称内封、里封,内容与封面基本相同,扉页一般印有丛书名、副书名、全部著译者姓名、出版年份和地点等信息。

版权页又叫版本记录页或版本说明页,介绍这本书的出版情况,主要印有书名、作者、出版者、印刷厂、发行者,还有开本、版次、印次、印张、印数、字数、日期、定期、书号等。

目录是书籍中章、节、标题的记录,起到主题索引的作用,便于读者查找章、节的起点,如图1-2所示。目录一般放在书籍正文之前(期刊中因印张所限,常将目录放在封二、封三或封四上)。

图1-1 封面

图1-2 目录

1.1.2 版面构成要素

版面包括版心和版心周围的空白部分,书籍一页纸的幅面。版面构成要素如图1-3所示。

图1-3 书籍版面要素示意图

1) 版心

位于版面中央、排有正文文字的部分。版心的宽度和高度的具体尺寸，要根据正文用字的大小、每面行数和每行字数来决定。

2) 页眉

排在版心上部的文字及符号统称为页眉。它包括页码、文字和页眉线。一般用于检索篇章。

3) 页码

书籍正文每一面都排有页码，一般页码排于书籍切口一侧。印刷行业中将一个页码称为一面，正反面两个页码称为一页。

4) 脚注

又称注释、注解，对正文内容或对某一字词所作的解释和补充说明。排在字行中的称夹注，排在每面下端的称脚注或面后注、页后注，排在每篇文章之后的称篇后注，排在全书后面的称书后注。在正文中标识注文的号码称注码。

5) 天头

天头是指每面书页的上端空白处。

6) 地脚

地脚是指每面书页的下端空白处。

1.1.3 书籍开本

开本是指一本书幅面的大小，是以整张纸裁开的张数作标准来表明书的幅面大小的。把一整张纸切成幅面相等的16小张，叫16开；切成32小张叫32开，依此类推，如图1-4所示。

国内生产的纸张常见大小主要有以下几种：

787mm×1092mm平板原纸尺寸是我国当前文化用纸的主要尺寸，国内现有的造纸、印刷机械绝大部分都是生产和适用此种尺寸的纸张。目前，东南亚各国还使用这种尺寸的纸张，其他地区已很少采用了。

850mm×1168mm的尺寸是在787mm×1092mm25开的基础上为适应较大开本需要生产的，这种尺寸的纸张主要用于较大开本的需要，所谓大32开的书籍就是用的这种纸张。

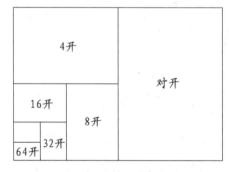

图1-4 书籍开本示意图

880mm×1230mm的纸张比其他同样开本的尺寸要大，因此印刷时纸的利用率较高，型式也比较美观大方，是国际上通用的一种规格。

1.2 版面的构成

版面是由文字、图片、表格等按照一定的形式排列组成的。

1.2.1 版面构成要素

文字和图片是版面的两大主要组成部分。

1) 文字

文字是排版中最常用到的，文字的使用必须掌握。

(1) 字体

常用的字体有宋体、黑体、楷体、艺术体等。字体尽量使用专业字库，如汉仪、方正等。

① 宋体：宋体类的字体一般用于正文的排列，书宋用于书籍的排版，报宋用于报纸排版，标宋用于段落标题，大宋和粗宋则用于文章标题的排列。如图1-5所示为字体应用宋体的实例。

② 黑体：黑体通常用作段落标题或文章标题，如大黑、粗黑体；但有的报社或书籍出版单位也使用细黑、中黑做正文的字体。如图1-6所示为字体应用黑体的实例。

图1-5 字体应用的宋体实例

图1-6 字体应用的黑体实例

③ 楷体：楷体属于标注类的字体，可以用作副标题，但有时也可以作正文排列。如图1-7所示为字体应用的楷体的实例。

④ 艺术体：艺术字体只有在涉及艺术的书籍或杂志中，在比较活泼的版面上，其文章题目可以使用艺术字体。如图1-8所示为字体应用的艺术体的实例。

图1-7 字体应用楷体的实例

图1-8 字体应用的艺术体的实例

(2) 字体大小

在A4（210mm×297mm）的纸上，字体大小的常规用法如下：

正文：7～9 号字体

段落标题：10～14号字体

文章标题：24～35号字体

副标题：15～20号字体

2) 图片

排版版面中的图片至关重要，准确地控制住图片的位置，可以使版面变得清晰，富于条理性，如图1-9所示。而图片的外在形式，会给人不同的感受，了解这些含义并应用于设计中，可以使版面更加符合行业的特点。

图1-9 版面中的图片

1.2.2 版面构成的形式

下面介绍几种常见的版面构成形式。

1) 文字重复与交错

在一个平面内,制作元素如果相同,但制作的面积较大时,可以使用重复和交错,使整个版面有重复的元素,并且有相应的变化,如图1-10所示。

2) 对称与均衡

在版面构成中讲求的是版面平稳,不失重,这就可以用对称和均衡的形式来构思。对称指版面的内容都有相对均等的关系,如图1-11所示。

均衡指等量而不等形的力的平衡状态,平衡与对称相比较显得灵活、新鲜,并富有变化和统一。

3) 对比和调和

(1) 对比:对比是互为相反的因素,同时排列在一起的时候,使它们各自的特点更加鲜明和突出。

如动与静,强与弱,刚与柔,高与矮等,如图1-12所示。大小关系的图形放大一些的时候,大的会显得更大,小的会显得更小,强与弱关系放在一起时也会产生同样的效果。

图1-10　版面元素的重复与交错

图1-11　版面元素的对称与均衡

图1-12　版面元素的对比与调和

(2) 调和:调和不是自然发生的,是人为的有意识的配合。在画面上要达到既有对比又有调和统一,就必须通过设计者进行艺术加工,才能得到调和的效果。调和在设计中是最常用的一个制作形式,当画面安排失去重心时就需要用到调和。

4) 比例与适度

比例与适度是指在版面内安置元素时,它们的对比关系要保持主次之分,多指元素的面积对比关系,如图1-13所示。

版面划分要注意图片的大小,主次关系要分清,为传达的内容服务。

图1-13　版面元素的对比与调和

图1-14 版面元素的虚实与留白

5) 虚实与留白

排版中讲究留白，在设计中也有类似的道理，版面上如果只有排列而无空白，那么版面就会很拥挤，即使再好的创意也不会活泼，如图1-14所示。

1.3 排版规则

一个高级的编辑和排版人员不仅要学会如何排版，还要学会如何将版面排得美观、漂亮。

1.3.1 正文排版的规则

1) 正文的排版规则

书籍正文必须按照书籍的内容进行设计，不同性质的刊物应该有不同的特点。政治性的刊物，要端庄大方；文艺性的刊物，要清新高雅，生活消遣性的刊物，要活泼花哨。不同对象的刊物，也要在技术上作不同的处理。给文化水平低的人看的书字体不妨大一点，例如：儿童看的书字体要字大行疏，即采用疏排的方法。给青年人看的书可字小行密。杂志中不同的文章字体变化较大，尤其在设计版式及标题时，需要将文章标题排得醒目一点。

2) 正文的排版类型

书籍正文排版基本上可以分为以下几类：

(1) 横排和直排：横排的字序是自左而右，行序是自上而下；直排的字序是自上而下，行序是自右而左。

(2) 密排和疏排：密排是字与字之间没有空隙的排法，一般书籍正文多采用密排；疏排是字与写之间留有一些空隙的排法，大多用于低年级教科书及通俗读物，排版时应放大行距。

(3) 通栏排和分栏排：通栏就是以版心的整个宽度为每一行的长度，这是书籍的通常排版的方法。有些书籍，特别是期刊和开本较大的书籍及工具书，版心宽度较大，为了缩短过长的字行，正文往往分栏排，有的分为两栏（双栏），有的三栏，甚至多栏。

(4) 普通装，单面装，双面装：普通装是相对于单面装、双面装而言的。横排书要在字行的下面加排着重点的称为单面装。在字行左右、上下都排字的称为双面装。字行左右、上下都不排字的称为普通装。普通装是相对于单面装和双面装而言的。

3) 正文的排版要求

正文排版必须以版式为标准，正文的排版要求如下：

(1) 每段首行必须空两个字符，特殊的版式作特殊处理。

(2) 每行之首不能是句号、分号、逗号、顿号、冒号、感叹号、引号、括号、模量号以及矩阵号等的后半个。

(3) 非成段段落的行末必须与版口平齐，行末不能排引号、括号、模量号以及矩阵号等的前半个。

(4) 双栏排的版面，如有通栏的图、表或公式时，则应以图、表或公式为界，其上方的左右两栏的文字应排齐，其下方的文字再从左栏到右栏接续排。在章、节或每篇文章结束时，左右两栏应平行。行数成奇数时，则右栏可比左栏少排一行字。

(5) 在转行时，下列各项不能分拆：①整个数码；②连点(两字连点)、波折线； ③数码前后附加的符号（如95%、r30、-35℃、×100、～50)。

4) 目录的排版要求

目录的繁简随正文而定，但也有正文章节较多，而目录较简单的情况。对于插图或表格较多的书籍，也可加排插图目录或表格目录。

目录字体，一般采用书宋，偶尔插入黑体。字号大小，一般为五号、小五号、六号。目录版式应注意以下事项：

(1) 目录中一级标题顶格排。

(2) 目录常为通栏排，特殊的用双栏排。

(3) 除期刊外目录题上不冠书名。

(4) 篇、章、节名与页码之间加连点。如遇回行，行末留空三格（学报留空六格），行首应比上行文字退一格或二格。

(5) 目录中章节与页码或与作者名之间至少要有两个连点，否则应另起一行排。

(6) 非正文部分页码可用罗马数码，而正文部分一般均用阿拉伯数码。章、节、目如用不同大小字号排时，页码亦用不同大小字号排。

5) 页码、页眉的排版要求

(1) 页码。

书页中的奇数页码叫单页码，偶数页码叫双页码。单双页在版式处理上的影响很大。通常页码在版口居中或排在切口，一般在书页的下方，单页码放在靠版口的右边，双页码放在靠版口的左边。期刊的页码可放在书页上方靠版口的左右两边。辞典之类书籍的页码，可居中排在版口的上方或下方。

封面、扉页和版权页等不排页码，也不占页码。篇章页、超版口的整页图或表、整面的图版说明及每章末的空白页也不排页码，但以暗码计算页码。

(2) 暗码。

篇章页、整面的超版口（未超开本的）的图、表及章末的空白页等都用暗码计算页码。空白页的页码也叫"空码"。校对时暗码（包括空码）必须标明页码顺序。

(3) 页眉。

横排页的页眉一般位于书页上方。单码页上的页眉排节名、双码页排章名或书名。校对中双单码有变动时，页眉亦应作相应的变动。

未超过版口的插图、插表应排页眉，超过版口（不论横超、直超），则一律不排页眉。

6) 标点排版规则

目前，标点符号大约有以下几种排法。

(1) 全角式（又称全身式）：在全篇文章中除了两个符号连在一起时，前一符号用对开外，所有符号都用全角。

(2) 开明式：凡表示一句结束的符号（如句号、问号、叹号、冒号等）用全角外，其他标点符号全部用对开。目前大多出版物用此法。

(3) 行末对开式：这种排法要求凡排在行末的标点符号都用对开，以保证行末版口都在一条直线上。

(4) 全部对开式：全部标点符号（破折号、省略号除外）都用对开版。这种排版多用于工具书。

(5) 竖排式：在竖排中标点一般为全身，排在字的中心或右上角。

(6) 自由式：一些标点符号不遵循排版禁则，一般在国外比较普遍。

1.3.2 标题排版的规则

1) 标题的结构

标题是一篇文章核心和主题的概括，其特点是字句简明、层次分明、美观醒目。书籍中的标题层次比较多，有大、中、小之别，如图1-15所示。书籍中最大的标题称之为一级标题，其次是二级标题、三级标题等。如本书最大的标题是章，则一级标题从章开始，二级是节（*.*），三级是目（*.*.*）。大小标题的层次，表现出正文内容的逻辑结构，通常采用不同的字体、字号来加以区别，使全书章节分明、层次清楚，便于阅读。

图1-15　标题的层次

2) 标题的字体、字号

（1）标题的字体应与正文的字体有所区别，既美观醒目、又与正文字体协调。标题字和正文字如为同一字体，标题的字号应大于正文。

（2）标题的字体字号要根据书籍开本的大小来选用。一般说来，开本越大，字号也应越大。16开版面可选一号字或二号字作一级标题，32开版面可选用二号字或三号字作一级标题。

（3）应根据一本书中标题分级的多少来选用字号。多级标题的字号，原则上应按部、篇、章、节的级别逐渐缩小。常见的排法是：大标题用二号或三号，中标题用四号和小四号，小标题用与正文相同字号的其他字体。

3) 标题的字距、占行和行距

在排版中，所有标题都必须是正文行的倍数。

标题所占位置的大小，视具体情况而定。横排约占正文的六至七行，上空三、四行；下空二、三行。接排的一级标题约占四、五行；二级标题约占二、三行；三级标题约占一、二行。如一、二级标题或一、二、三级标题接连排在一起时，除上空不变外，标题和标题之间的行距要适当缩小。

标题在一行排不下需要回行时，题与题之间二号字回行行间加一个五号字的高度；三号字行间加一个六号字的高度；四号字以下与正文相同。

4) 标题排版的一般规则

（1）题序和题文一般都排在同一行，题序和题文之间空一字（或一字半）。

（2）题文的中间可以穿插标点符号，以用对开的为宜。题末除问号和叹号以外，一般不排标点符号（数理化书籍的插题可题后加脚点）。

（3）每一行标题不宜排得过长，最多不超过版心的4/5，排不下时可以转行，下面一行比上面一行应略短些，同时应照顾语气和词汇的结构，不要故意割裂，当因词句不能分割时，也可下行长于上行。有题序的标题在转行时，次行要与上行的题文对齐；超过两行的，行尾也要对齐（行末除外）。

(4) 节以下的小标题，一般采用与正文同一号的黑体字排在段的第一行行头，标题后空一字，标题前空两字。

(5) 标题不与正文相脱离。标题禁止背题，即必须避免标题排在页末与正文分排在两面上的情况。各种出版物对背题的要求也有所不同。有的出版要求二级标题下不少于三行正文，三级标题不少于一行正文。没有特殊要求的出版物，二、三级标题下应不少于一行正文。

避免背题的方法是把上一面（或几面）的正文缩去一行，同时把下一面的正文移一行上来；或者把标题移到下一面的上端，同时把上一面（或几面）的正文伸出几行补足空白的地位，如实在不能补足，上一面的末端有一行空白是允许的。

5) 标题的排版方法

标题的排版要求排出的标题层次分明、美观醒目。标题所用的字号，应大于正文（如采用同号字，则以字体来区别，但绝不能采用小于正文的字号）。为了使标题醒目，往往采用空行（在标题上下加大空距）和占行（采用大于正文字号，多占一些位置）的排版方法。期刊上除了正标题外，有时还有副标题，标题的常用版式的排版方法（竖排标题、双跨单标题从略）如下：

(1) 居中标题：这种标题用得最多，既可有序数或篇章序数，也可没有序数或篇章序数，如图1-16所示。

(2) 边题：边题通常有两种排法。其一是顶格排，边题占正文二行位置，如图1-17所示；其二是缩进两格排，只占一行位置。

(3) 段首标题：标题与正文一样缩进两格排，题后加排名号，空一格接排正文；若题后不加句号，则空两格或一格接排正文。

(4) 提示标题：提示标题亦称窗式标题，其特点是如同在文中开一个窗户。

图1-16　居中标题　　　　　　图1-17　边题

1.3.3 插图排版的规则

插图就是以文字为主的书籍版面中的图。书籍中的插图是书籍版面的重要组成部分，能够直观、形象地说明问题，使读者能够获得更深刻的印象。

1) 插图的分类

按插图所占的版面来分，插图可分为：

(1) 单面图，即可排在一面的版心内的插图，如图1-18所示；

(2) 跨页图，又称为合页图，即采用双码跨单码的方法分排在同一视面的两面内的插图，如图1-19所示；

图1-18　单面图　　　　　　　　　图1-19　跨页图

(3) 插页图即超出开本尺寸而须用大于开本的纸印刷，并且作为插页的插图。

按版心尺寸来分，插图可分为版内图（不超过版心）、超版心图（超过版心尺寸但小于开本的图）和出血图。图1-20所示为版内图，图1-21所示为出血图。

 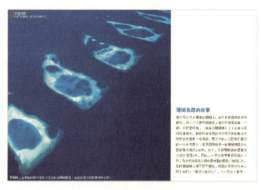

图1-20　版内图　　　　　　　　　图1-21　出血图

按插图颜色来分，可分为黑白图和彩色图。一般书籍采用黑白图（图1-22），而画册和科技书籍中某些有特殊要求的插图则采用彩色图。

按插图跨栏与否来分，插图可分为短栏图、通栏图（穿堂式图）以及跨栏图（破栏图）。

2）插图的文字说明

插图的文字说明包括字符、图序、图名和图注四部分。

(1) 字符是注解文字和标识符号的简称。如果图中的字符太多，以致图中容纳不下时或虽容纳得下却有碍雅观时，可以把有关字符数字予以编码，然后把有关字符按顺序移到图注的位置上。

(2) 图序又称图号、图码。图序是对插图按顺序进行编码的一种序号，如图1-23所示。书籍插图必须有图序。

图1-22　黑白图　　　　　　　　　图1-23　图序

正文中的图统一用阿拉伯数字表示，并且分别称为图1、图2……英文版的图序用Fig.1、Fig.2表示。对于科技图书，如果每一篇（章）的插图较多，可按每一篇（章）独立编码。编码方法是在图序的数字前加上某篇（章）的序码，篇（章）号与图号用一个二分下脚点或短线隔开，如图3-5、图3.5、Fig3.5。图序的末尾一律不加标点符号。即使图序的后面有图名，也只能在图序与图名之间加一个空格隔开。

(3) 图名即图的名称。一般情况下，插图应有图名，如图。图名置于图序之后，两者之间空一格。图名应简洁而准确地表达图的主题，一般以不超过15字为宜。图名较长时，其间允许有逗号、顿号等标点符号，但图名末尾一律不加标点符号。

(4) 图注又称图说，它是图名意犹未尽时所加的一种注释性说明。图注常用来说明图形中字符含义。图注应与图序和图名分排在图题的下方。图注的末尾也不加标点符号。

3) 图序、图名和图注及其版式

图序、图名和图注必须排在图形的正下方。如果正文排五号字，图形、图序和图名之间应加一个五号对开条；图名或图注需要转行时，图名行间或图注行间用五号四分条隔开。对于通栏排的图，图左、图右至少各加一个五号全身空；对于串文图，图与文字之间加一个五号全身空隔开。

图序、图名和图注必须采用比正文小的字号排版，一般是图序、图名用小五号，图注用六号字。如果两者用同种字号，则图序与图名用黑体，图注用宋体，以求醒目。

4) 插图与正文的关系

通常正文中的插图应排在与其有关的文字附近，并按照先见文字后见图的原则处理，文图应紧紧相连。如有困难，可稍前后移动，但不能离正文太远，只限于在本节内移动，不能超越节题。图与图之间要适当排三行以上的文字，以做间隔，插图上下避免空行。版面开头宜先排三至五行文字后再排图。若两图比较接近可以并排，不必硬性错开而造成版面零乱。总之，插图排版的关键是在版面位置上合理安排插图，插图排版既要使版面美观，又要便于阅读。常用插图排版的基本原则和图文处理办法如下：

(1) 先文后图的处理原则

图随正文的原则是插图通常排在一段文字结束之后，不要插在一段文字的中间，而使文章中间切断影响读者阅读，如图1-24所示。一般在各种科技书籍中都有各种大小不同的插图。在安排插图时，必须遵循图随文走，先见文、后见图，图文紧排在一起的原则。图不能跨章、节排。通栏图一定要排在一段文字的结束之后，不要插在一段文字的中间使文章中间切断，而影响阅读。

(2) 先图后文的灵活处理

一般正文从上一面转到下一面，按照先文后图的原则，图应排在下一面这一段文字结束之后。但如果造成插图与正文脱节时，就必须灵活处理，把图排在有关文字之前，即图排在上一面行末，文排在下一面之首，如图1-25所示。

图1-24　先文后图

图1-25　先图后文的处理

1.3.4 表格排版的规则

表格的排版是排版技术中一项比较复杂的工作。操作时必须有熟练的技巧，才能使排出的表格美观、醒目。

1) 表格的分类及组成

表格简称为表。它是试验数据结果的一种有效表达形式。表格的种类很多，从不同角度可有多种分类法。

按其排版方式划分，表格可分为书籍表格和零件表格两大类。书籍表格如数据表、统计表以及流程表等，零件表格如考勤表、工资表、体检表、发票以及合同单等。

按其结构形式划分，表格可分为横直线表、无线表以及套线表三大类。用线作为栏线和行线而排成的表格称为横直线表，也称卡线表；不用线而以空间隔开的表格称为无线表；把表格分排在不同版面上，然后通过套印而印成的表格称为套线表。在书籍中应用最为广泛的是横直线表。

2) 表格的组成

普通表格一般可分为表题、表头、表身和表尾四个部分。其中表题由表序与题文组成，一般采用与正文同字号小一字号的黑体字排。表头由各栏头组成，表头文字用比正文小1~2个字号排。表身是表格的内容与主体，由若干行、栏组成，栏的内容有项目栏、数据栏及备注栏等，各栏中的文字要求比正文小1~2个字排版。表尾是表的说明，要求采用比表格内容小1个字号排版。

表格中的横线称为行线，竖线称为列线。行线之间称为行，列线之间称为栏。表格的四周边线称为表框线。表框线包括顶线、底线和墙线。顶线和底线分别位于表格的顶端和底部；墙线位于表格的左右两边。

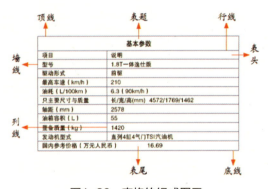

图1-26 表格的组成图示

如图1-26所示为表格的组成图示。

3) 表格版式的有关注意事项

（1）表和正文：表格一般应紧跟在见表×的文字后面，尽量与文字排在同一面上。如地位限制，可将表放到另一面上去。凡是一面能排得下的表，不允许分拆排在两面上。如表过长，必须分排时，应在可分段处分割。必须注意表不能跨节的排版原则。

（2）表格线：反线用作表格框架，正线用在表格中间；双线用作表格转行标志。

（3）横直线的运用：只用在分栏中文字或数码较多不易分清，或原稿特别注明需加排横线时，表中一般不排横线，只排直线。

（4）表题：表题一般左右居中排。若表题太长时，只在能停顿处转行，转行的文字可左右居中，题末不加标点。

（5）转行：在横的或竖的栏目内，若空间允许，文字不多时，尽量排成一行。

（6）位置：横放的表，一般居中排，不串文。在竖放的表旁串文时，不论其页码单、双，表都安放在切口。若有两个表以上，则按第一个表靠切口，第二个表靠订口的顺序交叉排。

无线表应紧靠文字排，不能移在有关文字之前或移在有关文字之后，以避免跨页接排。

(7) 页码：不超过版口的表一律排页码；但在开本范围以内，不论横向还是竖向，一旦超过版口，必须编上暗码；超开本的插页表，不占页码，但必须标注插在××页后的字样。同时要在插页表占页码的前页，标注后有插表的字样。

1.4 印前技术

1.4.1 基础流程

印刷的基础流程：原稿—分色稿—出菲林—制版—印刷。

1) 原稿

原稿就是我们要印刷的稿件。

2) 分色

分色是一个印刷专业名词，指的就是将原稿上的各种颜色分解为黄、品红、青、黑四种原色颜色；在电脑印刷设计或平面设计图像类软件中，分色工作就是将扫描图像或其他来源的图像的色彩模式转换为CMYK模式。

图1-27 原稿

一般扫描图像为RGB模式，如果要印刷的话，必须进行分色，分成黄、品红、青、黑四种颜色，这是印刷的要求。如果图像色彩模式为RGB或Lab，输出时有可能只有K（黑色）版上有网点，即RIP（RIP是用来把计算机图像数据解释为菲林需要的数据的，其所用的解释语言为PostScript）。分色就是把原稿上的颜色分开，分成独立的青色、品红色、黄色、黑色。做到这一点并不难，下面以一幅图片为例（图1-27）。

C

M

Y

K

图1-28 分色后的颜色

下面是分色后独立的青色、品红色、黄色、黑色，如图1-28所示。

当青色、品红色、黄色、黑色四种颜色印刷到纸张上时，就会实现图1-28中的效果，当然其间还有一些技术问题，主要有以下几个方面：

（1）网点：大小不等的网点组成了各种丰富的层次。网点的形状有各种各样：圆形、菱形、方形、梅花形等等，网点的大小是决定色调厚薄的关键因素，印刷中把网点的大小按"成数"计，即几成网点，也可以用百分比计。如五成网点就是50%的网点。

（2）套印：因为最后的印品在印刷过程中需要通过四次着墨，比如先印好黑色后再印青色，要保证两者套印准确对齐，在有些劣质印刷品中我们可以看到"花脸"，几种色没有套准，印出来的东西面目全非的。

（3）印刷色序：印刷时也要讲究C、M、Y、K四种颜色的印刷先后顺序，比如，先印K、再印C、再印Y、再印M。这是一种色序，要按照具体的印刷品来确定其印刷色序。

3) 菲林

菲林就是胶片，是旧时对"film"的翻译，现在一般是指胶卷，也可以指印刷制版中的底片。图1-28中的四种颜色要出四张菲林，出来的菲林片都是黑白的，等到印刷的时候对号入座，如图1-29所示。四张菲林片对应如下。

图1-29　分色后的颜色

4) 制版

菲林出来后，接下来就该制版了。制版是将原稿复制成印版的统称。

5) 印刷

印刷是最后一道工序。印刷分平版印刷、凹版印刷、凸版印刷、丝网印刷等不同的类型。

1.4.2 印前须知

（1）版面上的文字距离裁切边缘必须>3mm，以免裁切时被切到。

（2）必须参照CMYK色谱的百分数来决定制作填色。

（3）同一文档在不同层次印刷时色彩都会有差异，色差度在10%内为正常（因墨量控制每次都会有不同所致）。

（4）色块尽量避免使用深色或满版色的组合，否则印刷后裁切容易产生背印的情况。

（5）底纹或底图颜色不要低于10%，以避免印刷成品时无法呈现。

（6）所有输入或自绘的图形，其线框粗细不可小于0.1mm，否则印刷品会造成断线或无法呈现的状况。

1) 常用排版术语

（1）封面：又称封一、前封面、封皮、书面，封面印有书名、作者、译者姓名和出版社的名称。封面起着美化书籍和保护书芯的作用。

（2）封里：又称封二，是指封面的背页。封里一般是空白的，但在期刊中常用它来印目录，或有关的图片。

（3）封底里：又称封三，是指封底的里面一页。封底里一般为空白页，但期刊中常用它来印正文或其他正文以外的文字、图片。

（4）封底：又称封四、底封，图书在封底的右下方印统一书号和定价，期刊在封底印版权页，或用来印目录及其他非正文部分的文字、图片。

（5）书脊：又称封脊，书脊是指连接封面和封底的书脊部。书脊上一般印有书名、册次（卷、集、册）、作者、译者姓名和出版社名等。

（6）书冠：书冠是指封面上方印书名文字的部分。

（7）书脚：书脚是指封面下方印出版单位名称的部分。

(8)扉页：又称里封面或副封面，扉页是指在书籍封面或衬页之后、正文之前的一页。扉页上一般印有书名、作者或译者姓名、出版社和出版的年月等。

(9) 插页：插页是指凡版面超过开本范围的、单独印刷插装在书籍内、印有图或表的单页。有时也指版面不超过开本，纸张与开本尺寸相同，但用不同于正文的纸张或颜色印刷的书页。

(10) 篇章页：又称中扉页或隔页，篇章页是指在正文各篇、章起始前排的，印有篇或章名称的一面单页。篇章页只能利用单码、双码留空白。篇章页插在双码之后，一般作暗码计算或不计页码。

(11) 目录：目录是书籍中章、节标题的记录，起到主题索引的作用，便于读者查找。目录一般放在书籍正文之前（期刊中因印张所限，常将目录放在封二、封三或封四上）。

(12) 版权页：版权页是指版本的记录页。版权页中，按有关规定记录有书名、作者或译者姓名、出版社、发行者、印刷者、版次、印次、印数、开本、印张、字数、出版年月、定价、书号等项目。图书版权页一般印在扉页背页的下端。版权页主要供读者了解图书的出版情况，常附印于书籍的正文前后。

(13) 索引：索引分为主题索引、内容索引、名词索引、学名索引、人名索引等多种。索引属于正文以外部分的文字记载，一般用较小字号双栏排于正文之后。索引中标有页码以便于读者查找。

(14) 版式：版式是指书籍正文部分的全部格式，包括正文和标题的字体、字号、版心大小、通栏、双栏、每页的行数、每行字数、行距及表格、图片的排版位置等。

(15) 版心：版心是指每面书页上的文字部分，包括章、节标题、正文以及图、表、公式等。

(16) 版口：版口是指版心左右上下的极限，在某种意义上即指版心。严格地说，版心是以版面的面积来计算范围的，版口则以左右上下的周边来计算范围。

(17) 超版口：超版口是指超过左右或上下版口极限的版面。当一个图或一个表的左右或上下超过了版口，则称为超版口图或超版口表。

(18) 直（竖）排本：指翻口在左，订口在右，文字从上至下，字行由右至左排印的版本，一般用于古书。

(19) 横排本：就是翻口在右，订口在左，文字从左至右，字行由上至下排印的版本。

(20) 刊头：刊头又称"题头"、"头花"，用于表示文章或版别的性质，也是一种点缀性的装饰。刊头一般排在报刊、杂志、诗歌、散文的大标题的上边或左上角。

(21) 破栏：破栏又称跨栏。报刊杂志大多是用分栏排的，这种在一栏之内排不下的图或表延伸到另一栏去而占多栏的排法称为破栏排。

(22) 天头：天头是指每面书页的上端空白处。

(23) 地脚：地脚是指每面书页的下端空白处。

(24) 暗页码：又称暗码是指不排页码而又占页码的书页。一般用于超版心的插图、插表、空白页或隔页等。

(25) 页：页与张的意义相同，一页即两面（书页正、反两个印面）。

(26) 另页起：另页起是指一篇文章从单码起排。如果第一篇文章以单页码结束，第二篇文章也要求另页起，就必须在上一篇文章的后留出一个双码的空白面，即放一个空码，每篇文章要求另页起的排法，多用于单印本印刷。

(27) 另面起：另面起是指一篇文章可以从单、双码开始起排，但必须另起一面，不能与上篇文章接排。

(28) 表注：表注是指表格的注解和说明。一般排在表的下方，也有的排在表框之内，表注的行长一般不要超过表的长度。

(29) 图注：图注是指插图的注解和说明。一般排在图题下面，少数排在图题之上。图注的行长一般不应超过图的长度。

(30) 背题：背题是指排在一面的末尾，并且其后无与正文相随的标题。排印规范中禁止背题出现，当出现背题时应设法避免。解决的办法是在本页内加行、缩行或留下尾空而将标题移到下页。

2) 图书开本印张系数（表1-1）

图书开本印张系数　　　　　　　　　　表1-1

页数	每页印张系数	页数	每页印张系数	页数	每页印张系数	页数	每页印张系数
全开	2	14	0.1429	32	0.0625	82	0.0244
2	1	15	0.1333	36	0.0556	85	0.02353
3	0.6667	16	0.125	40	0.05	88	0.02273
4	0.5	18	0.1111	42	0.0476	90	0.02223
6	0.3333	19	0.1053	44	0.0454	92	0.02174
7	0.2857	20	0.1	48	0.0417	96	0.0208
8	0.25	22	0.0909	50	0.04	98	0.02041
9	0.2222	24	0.0808	60	0.0333	100	0.02
10	0.2	25	0.08	64	0.03125	120	0.0167
11	0.1818	27	0.0741	72	0.02778	128	0.01563
12	0.1667	28	0.0714	78	0.02565	256	0.00782
13	0.1538	30	0.0667	80	0.025	300	0.00667

注　系数×页数×印数/1000=实用纸令数

1.5　本章小结

在这一章中，主要为读者们讲解了平面设计中的版式设计原则，以及印前技术。掌握设计中的关键问题，这些知识可以说是在学习InDesign软件之前必须要掌握的排版以及印刷的专业知识。否则读者将会失去学习InDesign软件的方向。希望读者们可以熟练地掌握了解这些知识并使用软件工具将自己的构思实现出来。

思考与练习

1) 填空题

(1) 一本书的组成一般可以分为：＿＿、＿＿、＿＿、＿＿、＿＿、＿＿等部分构成。

(2) 版面是由＿＿、＿＿、＿＿等按照一定的形式排列组成的。

(3) 常见的版面构成形式一般可以分为＿＿、＿＿、＿＿、＿＿、＿＿。

2) 问答题

(1) 解释一下什么叫做印刷中的分色？

(2) 解释一下四色印刷的相关概念？

第 2 章

认识Adobe InDesign

千里之行，始于足下。学习使用一切工具都应该先从认识这个工具开始。所以，在这一章，重点讲解InDesign软件的界面、工作区、工具箱和InDesign软件的面板使用等知识。通过学习本章知识，学生能够基本掌握InDesign软件的基本界面和基本操作方法，进而为后续的学习夯实基础。

本章学习重点与要点：
(1) InDesign CS3的工作区；
(2) InDesign CS3的工具箱；
(3) 面板的使用。

2.1 打开 InDesign CS3

安装Adobe InDesign CS3完成后，开始菜单中会出现Adobe InDesign CS3选项。

使用鼠标箭头单击电脑桌面左下角的【开始】按钮，然后从菜单中依序选择【所有程序】→【Adobe InDesign CS3】，如图2-1所示。

图2-1 启动Adobe InDesign CS3

图2-2 InDesign CS3启动引导画面

选择"Adobe InDesign CS3"后，会出现InDesign CS3的启动引导画面，如图2-2所示。

等检测完后，即出现InDesign CS3窗口，如图2-3所示。窗口中还显示有一个欢迎屏幕，其中显示了几项命令。【打开最近使用的项目】下面列出了最近打开过的文档，【新建】下面的命令，可以创建新文档、书籍、库；选择【社区】下面的选项，可打开网页查看相关【InDesign合作伙伴】、【InDesign增效工具】等内容。

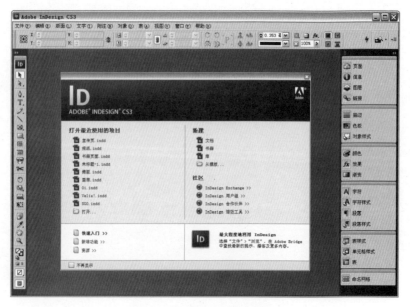

图2-3 InDesign CS3窗口

2.2 InDesign CS3的工作区

工作区中显示用来创建和处理文档和文件的元素。首次启动时，可以看到默认的工作区，InDesign CS3的工作区与之前版本的工作区相差不是很大，除了面板的外观有所改变外，工作区的设置也增加几种，有了选择的余地。另外，还可以针对在其中执行的任务自定义工作区。

2.2.1 工作区简介

启动InDesign CS3以后，首先认识一下程序窗口的基本组成。InDesign CS3的工作区由多个部分组成，包括标题栏、菜单栏、状态栏、工具箱、面板组和文档窗口，如图2-4所示。

图2-4　InDesign CS3的工作区

整个窗口的各部分说明如下：

1) 标题栏

InDesign CS3的标题栏位于程序窗口的顶部，显示程序图标与程序名称，如图2-5所示。标题栏右侧的3个按钮分别为最小化、最大化/还原和关闭按钮。

图2-5　InDesign CS3标题栏

2) 菜单栏

菜单栏中包括【文件】、【编辑】、【版面】、【文字】、【对象】、【表】、【视图】、【窗口】、【帮助】9个菜单，菜单中显示InDesign CS3的功能和命令选项，如图2-6所示。

3) 工具箱

工具箱中放置了所有工具，包括选择工具、绘图与文本工具、对象变形工具、着色工具、导航工具等（图2-7）。

图2-6　菜单栏与菜单　　　　　　　　　　　图2-7　工具箱

4) 面板组

面板组中包含浏览器、信息、图层、颜色、描边、效果、字符、段落等面板，面板用于监视或修改文件的编排方式。使用面板很大程度上加快了执行某些命令，或者制作某种效果的速度。

5) 文档窗口

文档窗口是用以编排文字或图形的编辑区域，如图2-8所示为打开的InDesign CS3窗口。

文档窗口最顶部的也是标题栏，左侧显示文档名称、视图显示比例，右侧的按钮依次为最小化按钮、最大化/还原按钮和关闭按钮。

文档串口最底部的是状态栏，显示当前文档的显示比例和当前页面，如图2-9所示。

状态栏的组成部分如下：

(1) 显示/隐藏结构 ：单击此按钮可以显示结构，再次单击可以隐藏结构。如图2-10所示为显示结构窗格后。

图2-8　文档窗口　　　　　图2-9　状态栏　　　　　图2-10　显示结构窗格

(2) 100% ：用于调整视图大小，如图2-11、图2-12所示。要改变此数值，可以在此文本框中输入数值或单击按钮在弹出的下拉列表中选择需要的显示比例。

(3) 28 ：显示当前编辑页面。单击按钮可以在下拉列表中指定要显示的页面，如图2-13所示。单击 ◄ 显示文档中的第一页，单击 ◄ 显示当前显示页面的前一页，单击 ► 显示当前显示页面的后一页，单击 ►► 显示文档中的最后一页。

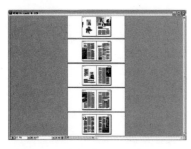
图2-11 文档窗口显示为12.5%

图2-12 文档窗口显示为70%

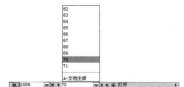
图2-13 在状态栏中页面菜单

2.2.2 自定义工作区

InDesign CS3中的界面更加人性化了，界面中的元素不仅使用方便，还可以选择提供的工作区或者根据需要自定义工作区。

1) 应用默认的工作区设置

InDesign CS3中提供了几种工作区选项，可以选择合适的工作区。

在菜单栏中依次选择【窗口】→【工作区】，以显示【工作区】子菜单，【工作区】子菜单中有4种工作区选项，如图2-14所示。

(1) CS3新增功能与改进工作区

选择【CS3新增功能与改进】选项，将用工作区文件中的菜单自定义设置替换当前的菜单自定义设置。菜单中也会突出显示新增的功能与改进的功能，如图2-15所示。

(2) 基础工作区

选择【基础】选项，工作区中的面板组将显示最基础的应用面板，如图2-16所示。另外，菜单栏中的菜单也会精简，显示最基础的命令，只是在菜单底部加了【显示全部菜单项目】一项，选择此项，可以显示菜单中的全部项目，如图2-17所示（可以对照图2-15）。

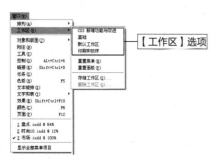
图2-14 【工作区】选项

图2-15 菜单中突出显示新增的功能与改进的功能

图2-16 【基础】工作区

图2-17 精简的菜单

(3) 默认工作区

选择【默认工作区】选项，工作区显示为第一次启动InDesign CS3时的界面，工作区中的面板组将显示常用的一些面板，如图2-18所示。

(4) 印刷和校样

选择【印刷和校样】选项，工作区中的面板组将显示用于设置印刷和校样的面板，如图2-19所示。另外，在菜单中也会突出显示用于设置印刷和校样的功能，如图2-20所示。

图2-18 【默认工作区】　　　图2-19 【印刷和校样】工作区　　　图2-20 菜单中突出显示用于设置印刷和校样的功能

2) 自定义工作区

(1) 自定义菜单

在InDesign CS3中，菜单中的命令的显示可以自己设置。在菜单栏中依次选择【编辑】→【菜单】命令，打开【菜单自定义】对话框，如图2-21所示。

单击【类别】右侧的下三角按钮，在下拉列表框中选择【应用程序菜单】，然后单击菜单名称左侧的展开按钮▷，使显示菜单项。

单击菜单项后的眼睛图标使其隐藏或显示，可以控制菜单项在菜单中的隐藏与显示。单击【无】，可以在下拉列表框中选择颜色，以改变菜单项在菜单中的颜色，如图2-22所示。

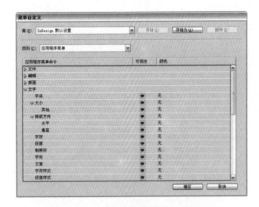 

图2-21 "菜单自定义"对话框　　　图2-22 菜单自定义设置(左)与被设置的菜单(右)

如果要重置菜单，使菜单恢复原始样式，在菜单栏中依次选择【窗口】→【工作区】→【重置菜单】即可。

(2) 设置面板

在InDesign CS3中,面板可以组合、拆分以及停放,停放后还可以将面板折叠为图标,或者将其扩展停放以显示面板中的选项。

在"窗口"菜单中选择面板名称,可以使面板显示,在面板右上角单击关闭按钮 ,即可将面板关闭。

如果要重置面板,在菜单栏中依次选择【窗口】→【工作区】→【重置面板】即可。

3) 存储工作区

将工作区的布局(包括面板的大小、位置和菜单的设置)设置到理想状态,然后在菜单栏中依次选择【窗口】→【工作区】→【存储工作区】,打开【存储工作区】对话框,如图2-23所示。

图2-23 【存储工作区】对话框

在【名称】文本框中输入新工作区的名称,选择是否要将面板位置和自定菜单作为工作区的一部分进行存储,然后单击【确定】按钮。

存储的工作区名称会显示在【工作区】菜单中,如果以后要应用此工作区,直接在工作区菜单中选择即可。

2.3 认识InDesign CS3的工具箱

工具箱是Adobe系列产品的贴心设计,它包括了InDesign多种常用的功能,并将这些功能化为图形按钮界面,既美观又实用,更能提升文件编排的效率。

2.3.1 显示与隐藏工具箱

一般情况下,InDesign CS3打开时自动显示工具箱,如果不小心将工具箱关闭,仍然可以显示工具箱,继续进行文件的编排工作。

显示工具箱的操作方法为:从菜单栏依次选择【窗口】→【工具】,如图2-24所示。

图2-24 显示工具箱

2.3.2 工具简介

InDesign CS3的工具箱中显示所有工具的图标按钮，其中有些工具按钮右下方有三角形，表示这些按钮中有隐藏的工具，只要按住按钮，即会显示隐藏的工具（图2-25）。

InDesign CS3的各个工具的使用方法说明如下：

1) 选择工具

选择工具是最常用的工具，可以用来选取文本框、图形、图片等对象（图2-26），以进行编辑等工作。

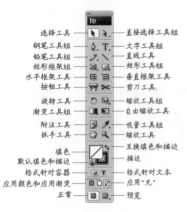

图2-25 工具箱

2) 直接选择工具组

直接选择工具组中包括直接选择工具和位置工具。

(1) 直接选择工具

直接选择工具主要用来对图形、图像的路径及文本框进行调整、移动等，如图2-27所示。

(2) 位置工具

位置工具是一个新增工具。位置工具可以用来裁切或移动框架中的图像，如图2-28所示。

3) 钢笔工具组

钢笔工具组中的工具用于绘制和编辑路径，如图2-29所示为钢笔工具组。

   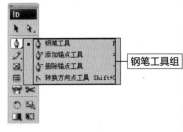

图2-26 选择对象　　图2-27 选择路径　　图2-28 移动框架中的图像　　图2-29 钢笔工具组

(1) 钢笔工具 (P)

使用钢笔工具可以绘制直线段、曲线段、规则路径、不规则路径、封闭路径及不封闭路径，如图2-30所示。

(2) 添加锚点工具 (=)

添加锚点工具用于在路径上添加锚点，如图2-31所示。

(3) 删除锚点工具 (−)

删除锚点工具用于删除路径上的锚点，如图2-32所示。

 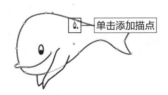 

图2-30 钢笔工具绘制的路径　　图2-31 添加锚点　　图2-32 删除锚点

(4) 转换方向点工具

使用转换方向点工具，可以转换路径中的锚点，如图2-33、图2-34所示。

图2-33 平滑点转换为角点

图2-34 角点转换为平滑点

4) 文字工具组

文字工具组中的工具用来输入及编辑文字，如图2-35所示。

(1) 文字工具

文字工具用于创建或编辑横排文本，如图2-36所示。

(2) 直排文字工具

直排文字工具用于创建或编辑直排文本，如图2-37所示。

(3) 路径文字工具

路径文字工具用于创建和编辑路径文本，如图2-38所示。

(4) 垂直路径文本

垂直路径文本用于创建和编辑垂直路径文本，如图2-39所示。

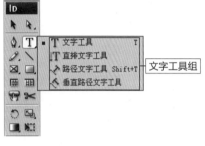
图2-35 文字工具组

图2-36 横排文本

图2-37 直排文本

图2-38 路径本

图2-39 垂直路径本

5) 铅笔组

铅笔工具组中的铅笔工具可以模拟手绘的铅笔线条效果，可以绘制任意封闭或不封闭的图形，平滑和抹除工具则可以对铅笔工具绘制的路径进行修改，如图2-40所示。

(1) 铅笔工具

铅笔工具用于绘制曲线，如图2-41所示。

(2) 平滑工具

使用平滑工具可以平滑路径，如图2-42所示。

(3) 抹除工具

使用抹除工具可以擦除路径，如图2-43所示。

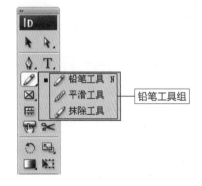
图2-40 铅笔工具组

图2-41 铅笔绘制的曲线

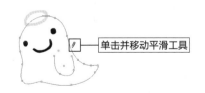
图2-42 平滑路径

图2-43 抹除路径

6) 直线工具

使用直线工具可以绘制各个角度的直线,如图2-44所示。

7) 矩形框架工具组

框架工具组用来绘制矩形、椭圆、多边形框架,以便在版式设计时用来代替图或文本。图2-45所示为框架工具组。

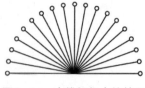

图2-44 直线加起点的效果

(1) 矩形框架工具

使用矩形框架工具可以绘制矩形框架以供输入文字或置入图片。

(2) 椭圆框架工具

使用椭圆框架工具可以绘制椭圆框架以供输入文字或置入图片。

(3) 多边形框架工具

使用多边形框架工具可以绘制多边形框架以供输入文字或置入图片。

图2-45 框架工具组

8) 矩形工具组

矩形工具组中的工具用于绘制规则封闭的图形。图2-46所示为矩形工具组。

(1) 矩形工具

使用鼠标或按下快捷键M选择矩形工具,当光标变为 -¦- 时,拖拽鼠标出现虚拟矩形框,松开鼠标键,就绘制好一个矩形,如图2-47所示。

(2) 椭圆工具

使用鼠标或按下快捷键L选择椭圆形工具,当光标变为 -¦- 时拖拽鼠标,松开后,就绘制好一个椭圆形,如图2-48所示。

(3) 多边形工具

使用鼠标选择多边形工具,当光标变为 -¦- 时,拖动鼠标可以绘制一个多边形,如图2-49所示。绘制的多边形的形状由"多边形"对话框中的设置所决定。

 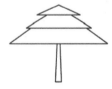

图2-47 使用矩形工具绘制的图形　图2-48 使用椭圆工具绘制的图形　图2-49 使用多变形工具绘制的图形

9) 水平框架工具

使用鼠标选择水平网格工具,当光标变为 -¦- 时,拖拽鼠标,松开后,就绘制好一个水平框架网格。

10) 垂直框架工具

使用鼠标选择垂直网格工具,当光标变为 -¦- 时,拖拽鼠标,松开后,就绘制好一个可以输入垂直文本框架网格。

11) 按钮工具

使用按钮工具,可以在PDF等交互式文档中创建用于各种操作的触发器按钮,如图2-50所示。

使用选择工具选择对象,按下快捷键【B】或使用鼠标在工具栏中选

图2-50 按钮

择按钮工具。当光标变为-¦-时，在页面中单击并拖动，拖出按钮区域，释放鼠标即产生按钮，如图2-51所示。

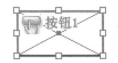

图2-51 创建的按钮

1. 拖动鼠标时，按住【Shift】键，可以绘制正方形按钮；按住【Alt】键，将从中心点开始绘制按钮。

2. 要设置按钮的名称、可视性、事件、行为等属性，可以执行【对象】→【交互】→【按钮选项】，在选项对话框中设置。

12) 剪刀工具

使用剪刀工具，可以在任何锚点处或沿任何段拆分路径、图形或空的文本框架，如图2-52所示。

按下快捷键【C】或使用鼠标在工具栏中选择剪刀工具。

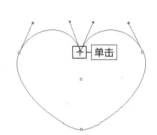

图2-52 拆分路径

13) 旋转工具

旋转工具用于使对象旋转一定的角度，如图2-53所示。

14) 缩放工具

使用缩放工具可以放大、缩小物件的大小与长宽比例（图2-54），也可以双击【缩放工具】打开【缩放】对话框，在对话框中设置缩放百分比。

15) 切变工具

使用切变工具可以将对象沿着其水平轴倾斜或斜切，如图2-55所示。

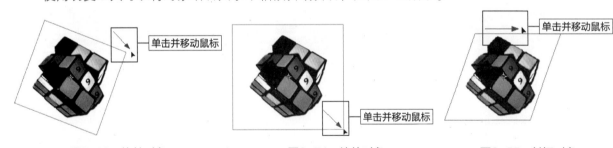

图2-53 旋转对象　　　图2-54 缩放对象　　　图2-55 斜切对象

16) 渐变工具组

渐变工具组包括渐变色板工具和渐变羽化工具，如图2-56所示。

(1) 渐变色板工具

渐变色板工具用来给物件添加渐变色，如图2-57所示。使用渐变色板工具可以控制渐变的方向、起始和结束点，还可以跨多个对象应用渐变。

(2) 渐变羽化工具

使用渐变羽化工具可以自定对象中的起点、终点和渐变角度，如图2-58所示。

图2-56 渐变工具组

图2-57 渐变　　　图2-58 渐变羽化

17) 吸管工具组

吸管工具组包括吸管工具和度量工具，如图2-59所示。

(1) 吸管工具

吸管工具用于复制对象属性，可以将一个对象的颜色和笔画属性复制到另一个物件上，如图2-60所示。文字和段落的属性也同样可以复制。

(2) 度量工具

使用度量工具可以测量两点之间的距离和角度，如图2-61所示。

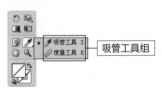
图2-59　吸管工具组

图2-60　复制属性

图2-61　度量距离

18) 抓手工具

抓手工具用于快速自由地移动视图，以便查看所需物件，如图2-62所示。

19) 缩放工具

使用缩放工具可以放大、缩小物件的大小与长宽比例，可以通过对话框进行精确缩放，如图2-63所示。

图2-62　移动视图

图2-63　放大对象

20) 填色和描边

用来确定所要执行或所选取对象的属性状态为填充还是笔画，位于上方的便是所要执行的属性状态，如图2-64所示。

- ↔：互换填色和描边。
- ：默认填色和描边。
- ▣：格式针对容器。填色或描边针对对象或文本框架。
- Ⓣ：格式针对文本。填色或描边针对框架内的文本。
- ▣：应用颜色。应用前一次用过的颜色。
- ⊘：应用"无"。取消填充或描边，不应用任何颜色。
- ▣：应用渐变。应用前一次用过的渐变颜色。

图2-64　填色和描边

21) 正常

将文件以正常的编辑模式视图，可视图所有设置的对象、辅助线、框架、隐藏字符等，如图2-65所示。

22) 预览模式

(1) 预览：将文件以如同Word的预览打印的预览模式视图，所有框架、辅助线与超出页面等不会被打印的对象，均会被隐藏起来，如图2-66所示。

(2) 出血：凡超出出血范围的内容均会被隐藏起来（图2-67）。

(3) 辅助信息区：凡超出辅助信息区范围的内容均会被隐藏起来（图2-68）。

图2-65　正常模式

图2-66　预览视图

图2-67　出血

图2-68　辅助信息区

2.4　好用的面板

InDesign内置多种控制面板。不同的面板有不同的选项设定功能。面板中的选项排列有序，使用面板能大大提高工作效率。

2.4.1　控制面板

"控制"面板是最常用的面板，"控制"面板可以显示与当前页面项目或对象有关的选项、命令。根据选择对象的不同，"控制"面板中显示的选项也会相应变化。使用"控制"面板可以方便地对文字、图形、图像进行编辑与设置。

在"控制"面板中单击 ，可以弹出面板菜单，如图2-69所示，菜单中的命令也随选择的对象不同而变化。在菜单中不仅显示与选择对象有关的选项，还可以设置"控制"面板的位置，可以选择将面板放在顶部、底部或浮动于窗口的任何位置。

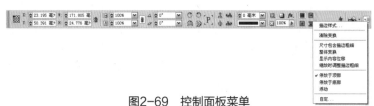
图2-69　控制面板菜单

(1) 当选择对象为文字或段落文本时，控制面板中显示关于字符属性与段落属性的选项。

在控制面板左侧单击 A（字符格式控制）可以显示字符格式控制面板，在【字符格式控制】中，可以设置字符的字体、字号、缩放比例、间距、挤压、应用的字符样式，如图2-70所示。

在控制面板左侧单击 ¶（段落格式控制）可以显示段落格式控制面板，在【段落格式控制】中，可以设置段落的对齐、缩进、段前短后间距、首字下沉、避头尾设置、标点挤压、所用的段落样式、文章方向，如图2-71所示。

图2-70　字符控制面板

图2-71　段落控制面板

(2) 当选择对象为图形、图片和文本框架时,【控制】面板中显示用于编辑这些对象的选项。如对象的位置、长宽尺寸、对象缩放百分比、旋转、切变、描边,如图2-72所示。

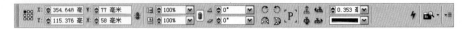

图2-72 对象控制面板

如果对象为置入的图形、图像时,【控制】面板中显示适合选项图标。有选择容器、选择内容、选择上一对象、选择下一对象、应用效果到组、投影、不透明度和向选项定的对象添加对象效果,如图2-73所示。

(3) 当选中表格中的单元格时,【控制】面板中显示有关于设置表格选项。可以设置单元格中的文字的属性、文本对齐方式,调整表格行数、列数、行高、列宽,可以将选中的单元格合并、取消合并,如图2-74所示。

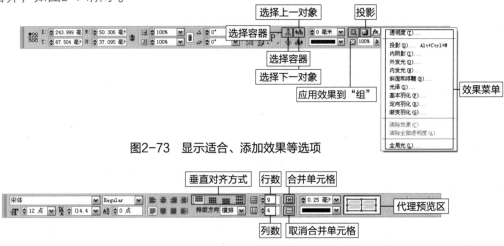

图2-73 显示适合、添加效果等选项

图2-74 显示表选项的控制面板

2.4.2 常用面板简介

下面简单介绍一下常用面板的功能。

1) 字符面板

在【字符】面板中可以设置字符的字体、字号、垂直与水平缩放、倾斜角度,调整字偶间距、字符间距、行距、基线偏移,选择使用的语言。如图2-75所示为【字符】面板。

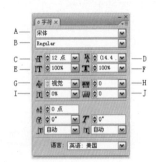

A:字体;B:字体样式;C:字体大小;D:行距;E:字偶间距调整;
F:字符间距调整;G:垂直缩放;H:水平缩放;I:基线偏移;J:倾斜

图2-75 【字符】面板

2) 段落面板

在段落调班中可以设置段落对齐方式、缩进、段前间距、段后间距、首字下沉。图2-76所示为【段落】面板。

3) 页面面板

【页面】面板可以显示绝对页码(从文档的第一页开始,使用连续数字对所有的页面进行标记)或章节页码(按章节标记页面,如【章节选项】对话框中所指定)。更改编号显示会影响 InDesign文档中指示页面的方式,但是,它不会改变页码在文档页面上的外观。

【页面】面板上部分显示文档中设置的主页图标,而下部分显示文档的所有页面图标。要显示某个页面、跨页或主页,可以在页面面板中双击该图标。图2-77所示,为页面面板。

(1) 更改页面和跨页显示

在【页面设置】对话框中选择"对页"选项时,文档页面将排列为跨页。跨页是一组一同显示的页面。

在【页面】面板菜单中选择【面板选项】,打开面板选项对话框,如图2-78所示。

(2) 页面和主页图标

垂直显示:页面或跨页图标垂直排列。

显示缩览图:页面或跨页图标中显示页面内容的缩览图。

(3) 面板版面

页面在上:以使页面图标部分显示在主页图标部分的上方。

主页在上:以使主页图标部分显示在页面图标部分的上方。

按比例:在调整面板大小时,同时调整面板的"页面"和"主页"部分。

页面固定:在调整面板大小时,保持"页面"部分的大小不变而使"主页"部分增大。

主页固定:在调整面板大小时,保持"主页"部分的大小不变而使"页面"部分增大。

4) 文本绕排面板

【文本绕排】面板中列出了四种绕排方式:沿定界框绕排、沿对象形状绕排、上下型绕排、下型绕排。在面板中还可以设置对象的绕排位移值,如果绕排对象是导入图形,还可以在轮廓类型中指定绕排使用的轮廓,如图2-79所示为文本绕排面板。

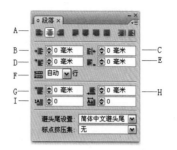

A:段落对齐方式;B:左缩进;C:右缩进;D:首行左缩进;E:末行右缩进;F:段前间距;G:段后间距;H:首字下沉行数;I:首字下沉一个或多个字符

图2-76 【段落】面板

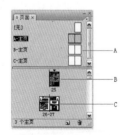

A:主页图标;B:跨页图标;C:页面图标

图2-77 页面面板

图2-78 "面板选项"对话框

▥:无文本绕排;▥:沿定界框绕排;▥:沿对象形状绕排;▥:上下型绕排;▥:下型绕排

图2-79 文本绕排面板

5) 图层面板

每个文档都至少包含一个已命名的图层。通过使用多个图层,可以创建和编辑文档中的特定区域或各种内容,而不会影响其他区域或其他种类的内容。

在【图层】面板中,可以创建图层并指定图层颜色与图层名称,可以显示、隐藏、锁定及删除指定图层,如图2-80所示为【图层】面板。

6) 制表符面板

制表符将文本定位在文本框中特定的水平位置，默认制表符设置依赖于在"单位和增量"首选项对话框中选定的度量单位。

制表符对整个段落起作用。所设置的第一个制表符会删除其左侧的所有默认制表位。后续制表符会删除位于所设置制表符之间的所有默认制表符。可以设置左齐、居中、右齐、小数点对齐或特殊字符对齐等制表符，如图2-81所示为【制表符】面板。

A：图层名称； B：图层颜色； C：图层显示图标；
D：图层锁定图标； E：当前绘制图层； F：选定项目

图2-80　图层面板

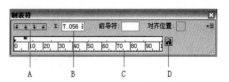

A：制表符对齐方式按钮； B：制表符位置；
C：定位标尺； D：将面板靠齐文本框上方按钮

图2-81　制表符面板

7) 样式面板

执行关于样式的各种命令几乎都是在样式面板中进行的。使用【字符样式】与【段落样式】面板可以创建样式并快速应用于字符或段落。如图2-82和图2-83所示为【字符样式】及【段落样式】面板。

使用【对象样式】面板可创建、命名和应用对象样式。对于每个新文档，该面板初步列出一组默认的对象样式。对象样式存储在一个文档中，每次打开该文档时，它们都会显示在面板中。如图2-84所示为对象样式面板。

图2-82　字符样式面板　　图2-83　段落样式面板

8) 变换面板

【变换】面板可以查看或指定任一选定对象的几何信息，包括位置、大小、旋转和切变的值。【变换】面板菜单中的命令提供了更多选项以及旋转或对称对象的快捷方法，如图2-85所示。

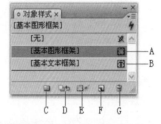

A：图形框架的默认样式； B：文本框架的默认样式；
C：创建新样式组； D：清除非样式定义属性； E：清除覆盖； F：创建新样式； G：删除选定样式；

图2-84　对象样式面板

A：参考点定位器； B：X缩放百分比； C："约束比例"图标； D：Y缩放百分比； E：旋转选项；
F：切变选项图

图2-85　变换面板

当选择对象时，其几何信息会出现在"变换"面板中。如果选择多个对象，这些信息会将所有选定对象表示为一个计量单位。所有变换都从参考点定位器中的选定原点开始。

9) 对齐面板

使用【对齐】面板沿着指定轴(水平或垂直)对齐或分布选定对象。可以将对象的边缘或锚点作为参考点。此外,还可以同时在水平和垂直方向上均匀地分布对象之间的间距。图2-86所示为对齐面板。

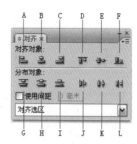

A:左对齐;B:水平居中对齐;C:右对齐;D:顶对齐;E:垂直居中对齐;F:底对齐;G:按顶分布;H:垂直居中分布;I:按底分布;J:按左分布;K:水平居中分布;L:按右分布

图2-86 对齐面板

10) 路径查找器面板

使用【路径查找器】面板可以创建复合形状。复合形状的外观取决于所选择的路径查找器。如图2-87所示为路径查找器面板。

相加 ▣:将所选择对象合成一个对象。

减去 ▣:从最底层的对象减去顶层的对象。

交叉 ▣:保留对象的交叉区域。

排除重叠 ▣:重叠区域形状除外。

减去后方对象 ▣:从最顶层的对象中减去最底层的对象。

图2-87 路径查找器面板

11) 描边面板

【描边】面板提供对描边粗细和外观的控制,包括段如何连接、起点形状和终点形状以及用于角点的选项,如图2-88所示为描边面板。

平头端点 ▣:创建邻接(终止于)端点的方形端点。

图2-88 描边面板

圆头端点 ▣:创建在端点外扩展半个描边宽度的半圆端点。

投射末端 ▣:创建在端点之外扩展半个描边宽度的方形端点。此选项使描边粗细沿路径周围的所有方向均匀扩展。

斜接连接 ▣创建当斜接的长度位于斜接限制范围内时超出端点扩展的尖角。

圆角连接 ▣创建在端点之外扩展半个描边宽度的圆角。

斜角连接 ▣创建与端点邻接的方角。

▣:描边对齐中心; ▣:描边居内; ▣:描边居外。

12) 颜色面板

【颜色】面板可以混合未命名的颜色。在面板菜单中选择一种颜色模式,然后拖动滑块或者在文本框中输入各种颜色百分比值设置颜色,还可以将鼠标放在调班下方的色谱上单击以设置颜色,如图2-89所示,为颜色面板。

13) 色板面板

使用【色板】面板,可以创建和命名颜色、渐变或色调,并将其快速应用于文档。【色板】类似于段落样式和字符样式,对色板所作的任何更改都将影响应用该色板的所有对象。使用色板

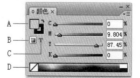

A:填色与描边;B:格式针对文本;C:格式针对框架;D:色谱

图2-89 颜色面板

无需定位和调节每个单独的对象，从而使得修改颜色方案变得更加容易。

创建的色板仅与当前文档相关联。每个文档都可以在其【色板】面板中存储一组不同的色板。

默认的【色板】面板中显示六种用 CMYK 定义的颜色：青色、洋红色、黄色、红色、绿色和蓝色，如图2-90所示为色板面板。

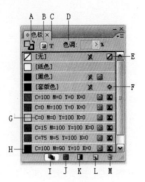

A：填色/描边；B：格式针对容器；C：格式针对文本；D：色调控制；E：无(不应用颜色)；F：套版色；G：颜色名称；H：色板；I："显示全部色板"按钮；J："显示颜色色板"按钮；K："显示渐变色板"按钮；L："新建色板"按钮；M："删除"按钮；

图2-90 色板面板

14) 效果面板

使用【效果】面板可以指定对象的不透明度，为对象添加投影等效果，如图2-91所示。

15) 表面板

【表】面板用于设置表格式，包括行数、列数、行高、列宽、文字排版方向文字与单元格对齐方式、单元格内边距，如图2-92所示为表面板。

16) 链接面板

【链接】面板中列出了文档中置入的所有文件。其中包括本地（位于磁盘上）文件和被服务器管理的资源，如图2-93所示。

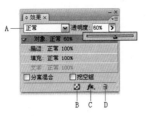

A：混合模式；B：清除所有效果并使对象变为不透明；C：向选定的目标添加对象效果；D：从选定的目标移去效果

A：行数；B：列数；C：行高；D：列宽；E：文本对齐；F：旋转文本；G：上单元格内边距；H：下单元格内边距；I：左单元格内边距；J：右单元格内边距

A：链接图形的文件名；B：缺失的链接图标；C：修改的链接图标；D：嵌入的链接图标；E：链接图形所在的页面；F："重新链接"按钮；G："转至链接"按钮；H："更新链接"按钮；I："编辑原稿"按钮

图2-91 效果面板　　　　图2-92 表面板　　　　图2-93 链接面板

17) 信息面板

【信息】面板显示有关选定对象、当前文档或当前工具下的区域的信息，包括表示位置、大小和旋转的值。移动对象时，【信息】面板还会显示该对象相对于其起点的位置。

根据所选的对象或工具，信息面板显示的信息分以下几种情况：

（1）当未选择文档中的任何内容时，信息面板会显示当前鼠标的位置和当前文档的信息，如位置、上次修改日期、作者和文件大小（当未选中文档中的任何内容时），如图2-94所示。

（2）当选择了文档中的框架、图形时，信息面板将显示选定对象的填色和描边颜色的值，以及有关渐变的信息。单击填色或描边图标旁边的小三角形，可以显示色彩空间值或色板名称，如图2-95所示。

（3）当选择了图形文件时，将显示文件类型、分辨率和色彩空间。分辨率将同时显示为每英寸的实际像素（本机图形文件的分辨率）和每英寸的有效像素（图形在InDesign中调整大小后的分辨率）。如果启用了颜色管理，还将显示ICC颜色配置文件，如图2-96所示。

（4）当使用一种文字工具创建文本插入点或选择文本时，将显示字数、单词数、行数和段落数(如果有任何文本溢流，将显示一个"+"号，后跟一个数字，表示溢流字符、单词或行)，如图2-97所示。

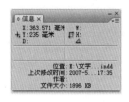  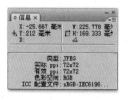 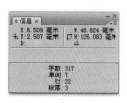

图2-94　信息面板　　图2-95　信息面板　　图2-96　信息面板　　图2-97　信息面板

与其他InDesign面板不同，【信息】面板仅用于查看，而无法输入或编辑其中显示的值。可以查看有关选定对象的附加信息，方法是从面板菜单中选择【显示选项】。

18) 导航器面板

【导航器】面板包含所选跨页的缩略图，以便可以快速更改文档视图，图2-98所示为导航器面板。

使用导航器面板菜单中的【查看现用跨页】或【查看全部跨页】，可以使面板只显示现用跨页或者文档中的全部跨页。图2-99所示为导航器显示现用跨页。

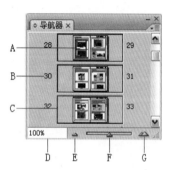

A：视图框；B：跨页页码；C：缩略图；D：缩放编辑框；
E："缩小"按钮；F：缩放滑块；G：放大按钮

图2-98　导航器面板

19) 表样式面板

【表样式】面板中列出了默认的表样式（基本表）和创建的表样式。使用表面板可以创建、复制、载入表样式，如图2-100所示。

20) 信息面板单元格样式面板

【单元格样式】面板中列出了创建的单元格样式。使用【表】面板可以创建、复制、载入和应用单元格样式，如图2-101所示。

图2-99　显示现用跨页　　图2-100　【表样式】面板　　图2-101　【单元格样式】面板

2.4.3 使用面板

工作中很大部分的操作要在面板中进行，所以不仅要了解面板的功能，而且要熟练掌握面板的使用方法，如显示需要的面板，关闭不再使用的面板，组合同类面板、将面板折叠停放在窗口右侧等。

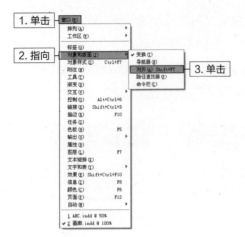

图2-102 显示/隐藏面板

1) 显示与隐藏面板

(1) 在【窗口】菜单中选择面板名称，例如，【对齐】。如果面板名称前显示有✔，说明面板已经在窗口中显示，再次选择此命令将隐藏此面板（图2-102）。

(2) 执行面板相应的键盘快捷键。

(3) 在页面中的文本框或面板选项文本框中没有任何文本插入点时，按下【Tab】键，可以显示或隐藏所有面板。

2) 调整面板的大小

使用鼠标拖动面板的边框或四个角，都可以调整面板的大小，如图2-103所示。

3) 简化面板

(1) 单击"面板"名称左侧的小按钮，面板依次显示为中面板和小面板，如图2-104所示（并非对所有面板都适用）。

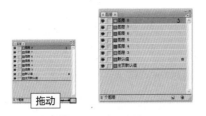

图2-103 调整面板大小

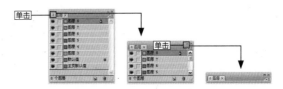

图2-104 整个面板、中面板与小面板

(2) 在【面板】菜单中选择【隐藏选项】，如图2-105所示。需要显示选项时，在面板菜单中选择【显示选项】即可。

(3) 单击面板标题栏中的▬按钮，简化面板，如图2-106所示（并非对所有面板都适用）。

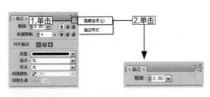

图2-105 通过隐藏选项简化面板

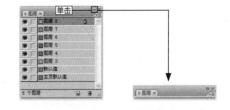

图2-106 简化面板

4) 组合面板

为方便显示与使用，可以将多个面板组合在一起。例如，可以把变换、导航器、对齐、路径查找器放在一起，描边、颜色、渐变、透明度放在一起等。

(1) 将一个面板放到另一个面板中：拖动面板的选项卡，拖到目标面板中放开，就可以将两个面板组合到一个面板中，如图2-107所示。

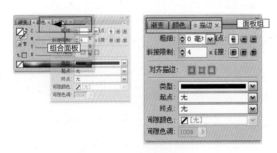

图2-107 组合面板

(2) 使多个面板组中的面板显示为单独的窗口：拖动面板选项卡，如图2-108所示，拖到所在面板组的外面放开，此面板就成为独立的面板窗口，如图2-109所示。

5) 停放面板

在InDesign CS3中，默认情况下面板停放在应用程序窗口的右侧，只显示选项卡，如图2-110所示。也可以将停放的面板拖出来成为浮动面板。

图2-108　拖动面板选项卡　　　　图2-109　独立的面板　　　　图2-110　停放的面板

(1) 将浮动面板停放：单击面板的选项卡，拖动到应用程序窗口的右侧，显示为如图所示形状时，放开鼠标，该面板就被停放到了窗口的右侧，如图2-111所示。

(2) 停放的面板转换为浮动面板：在抽屉式面板中单击目标选项，拖离停放的面板组，如图2-112所示。该面板就成为浮动面板。

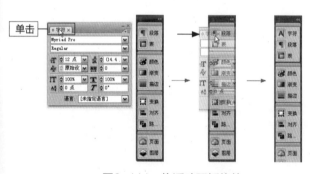 

图2-111　将浮动面板停放　　　　　　　图2-112　将面板拖离停放的面板组

(3) 显示停放的面板：单击扩展停放按钮，面板显示全部选项，如图2-113所示。

(4) 折叠停放的面板：单击折叠为图标按钮，面板只显示图标和面板名称，如图2-114所示。

(5) 只扩展一个面板：单击要扩展的面板的图标即可，如图2-115所示。

  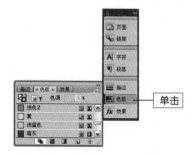

图2-113　扩展的停放面板　　图2-114　折叠的停放面板　　　图2-115　扩展单个面板

2.5 本章小结

本章主要介绍了InDesign软件的界面、工作区、工具箱和InDesign软件的面板使用等知识。通过学习本章知识，学生能够基本掌握InDesign软件的基本界面和基本操作方法，进而为后续的学习打好基础。

思考与练习

1) 填空题

(1) InDesign CS3的工作区由多个部分组成，主要包括____、____、____、____、____、____和____等部分。

(2) 菜单中显示InDesign CS3的功能和命令选项。它们主要包括____、____、____、____、____、____、____、____、____9个菜单。

2) 操作题

(1) 调整任意的一个控制面板的大小。

(2) 简化任意的一个控制面板的大小。

(3) 任意的组合几个控制面板。

第3章 InDesign基本操作

在学习InDesign CS3的强大的排版功能之前,了解InDesign CS3的基础知识是非常必要的。本章将学习InDesign软件的基本操作,包括建立新文档、保存与打开文档、文档的页面设置、标尺的设置、标尺参考线的应用和文档视图管理等内容,通过学习可以掌握InDesign软件的基本操作方法,为后续的学习创造基础条件。

本章学习重点与要点:
(1) InDesign页面设置;
(2) 标尺的设置;
(3) 标尺参考线;
(4) 文档视图管理。

3.1 建立新文档

文档是排版的主要工作平台，一切的编排工作都在文档中进行。要排版的出版物的类型不同，新建文档的页面、边距、分栏等，都不尽相同。

3.1.1 新建一般文档

一般的文档，就是通常使用的页面中有边距和栏构成的文档。

在菜单栏中依次选择【文件】→【新建文档】命令，打开【新建文档】对话框，如图3-1所示。在【新建文档】对话框中主要是设置文档的页面。

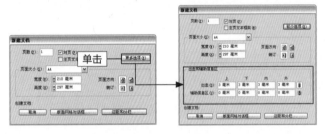

图3-1 【新建文档】对话框　　图3-2 显示更多选项

如果要设置出血和辅助信息区，可以单击【更多选项】按钮，如图3-2所示。

1)【新建文档】对话框中的选项如下

（1）页数：在文本框中输入新文档的页数。可以输入一个打开数值，在以后的编辑中可以显示增加或删除。

（2）对页：如果选择【对页】，新建的文档中的双页面跨页左右页面彼此相对，如图3-3所示。如果不选，新建的文档中的每个页面是彼此独立的，如图3-4所示。

（3）主页文本框架：选择此选项，将创建一个与边距参考线内的区域大小相同的文本框架。

（4）页面大小：单击文本框架右侧的，在下拉菜单中选择提供的标准页面大小，如A3、A4、A5、B2、B3、信封等。如果菜单中没有合适的选项，可以选择【自定】选项，然后在宽度和高度文本框中输入数值，如图3-5所示。

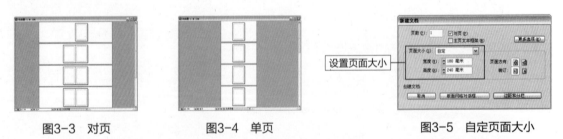

图3-3 对页　　图3-4 单页　　图3-5 自定页面大小

（5）页面方向：页面方向有纵向和横向，为纵向（图3-6），为横向（图3-7）。页面的横向与纵向也与页面宽度与高度的设置有关，当【高度】值比【宽度】值大时，自动选择纵向图标。当【宽度】值比【高度】值大时，将自动选择横向图标。

（6）装订方向：装订方向有从左到右和从右到左两种，一般为从左到右装订。

（7）出血线：出血区域用于对齐对象扩展到文档裁切线外的部分。出血区域在文档中由一条红线表示。出血线默认为3毫米，如图3-55所示。

（8）辅助信息区域：用于显示打印机说明、签字区域文档的其他相关信息。

在对话框底部单击【边距和分栏】按钮，打开【新建边距和分栏】对话框，如图3-8所示。在【新建边距和分栏】对话框中指定页面边距与分栏设置。

要更改页面设置时，在菜单栏中依次选择【文件】→【页面设置】，打开【页面设置】对话框，在对话框中更改完毕，单击【确定】。

图3-6　A4页面为纵向　　图3-7　A4页面为横向　　图3-8　【新建边距和分栏】对话框

2)【新建边距和分栏】对话框中的选项如下：

（1）边距：设置边距参考线到页面各个边缘之间的距离，如图3-9所示。

（2）分栏：栏数可以根据所新建物件的类型决定，一般文学类书籍不分栏，而杂志、报纸有分两栏、三栏甚至多栏。

（a）栏数：输入要在边距参考线内创建的分栏的数目。

（b）栏间距：输入栏间距值，能够输入1～508毫米之间的任意数值，根据版面设计需要设定。

（c）排版方向：设置排版方向，排版方向决定栏方向，如图3-10、图3-11所示。同时也决定文档基线网格的排版方向。

更改边距和分栏。更改主页上的分栏和边距设置时，该主页的所有页面都随之改变。更改普通页面的分栏和边距时，只影响在【页面】面板中选定的页面。

在菜单栏中依次选择【版面】→【边距和分栏】，打开【新建边距和分栏】对话框，在对话框中重新设置边距和分栏设置。

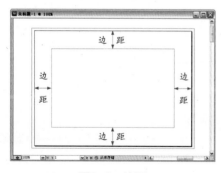 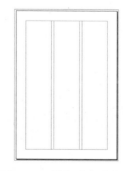 

图3-9　边距　　　　图3-10　排版方向为水平　　图3-11　排版方向为垂直

【新建边距和分栏】对话框中的选项全部设置完毕后，单击【确定】按钮，就可以看到新建的文档了。

3.1.2 建立网格文档

在一般的排版软件中，文字的排列方式都是透过字与字间的间距设置来排列的。网格文档的文档页面中显示类似稿纸的辅助线，这样可以使页面中的文字上、下、左、右都对齐，在排版时能更精确地控制文字。

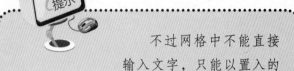

不过网格中不能直接输入文字，只能以置入的方式将添加文字，如果想要让置入的文字依照所设置的方式置入，在新建网格文件时，就必须先在【新建文档】对话框中选中【主页文本框架】复选框；如果新建时未选主页文本框，则会以InDesign默认的格式来置入文字，必须在置入之后再自行重新设置。

在菜单栏中依次选择【文件】→【新建文档】命令，打开【新建文档】对话框，在对话框中设置文档的页数、页面大小、方向与装订方式，一定要选择主页文本框架，然后单击【版面网格对话框】按钮。打开【新建版面网格】对话框，如图3-12所示，在此对话框中设置版面网格属性。

【新建版面网格】对话框中的选项如下：

(1) 网格属性

方向：设置网格的方向，有水平和垂直两个选择。选择【水平】可使文本从左向右水平排列，如图3-13所示。选择【垂直】可使文本从上向下竖直排列，如图3-14所示。

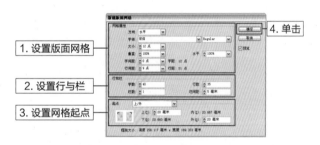 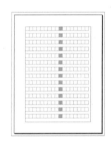 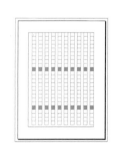

图3-12 【新建版面网格】对话框　　图3-13 水平版面网格　　图3-14 垂直版面网格

字体：选择字体系列和字体样式。选定的字体将成为【框架网格】的默认设置。

大小：指定要在版面网格中用作正文文本的基准字体大小。此选项同时也确定了版面网格中的各个网格单元的大小。

垂直和水平：指定网格中基准字体的垂直缩放百分比和水平缩放百分比。网格的大小将根据这些设置发生变化，如图3-15、图3-16所示。

字间距：指定网格中基准字体的字符之间的距离。如果输入负值，网格将互相重叠，如图3-17所示。设置正值时，网格之间将有间距，如图3-18所示。

 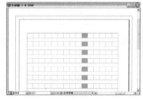  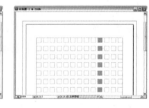

图3-15 垂直值为130%　　图3-16 水平值为130%　　图3-17 字间距为-3点　　图3-18 字间距为6点

行间距：指定网格中基准字体的行与行之间的距离。

(2) 行和栏

字数：输入数值，指定每一行的字数。

行数：输入数值，指定每一页的行数。

栏数：输入数值，指定每一页的栏数。

栏间距：输入数值，指定栏与栏之间的距离。

(3) 起点

起点：单击文本框架右侧的，在下拉菜单中选择【起点】选项，然后在各个文本框中设置【上】、【下】、【左】和【右】边距。有七种选择：上/外、上/内、下/外、下/内、垂直居中、水平居中、完全居中，如图3-19～图3-25所示。

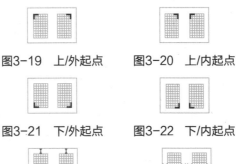

图3-19　上/外起点　　图3-20　上/内起点

图3-21　下/外起点　　图3-22　下/内起点

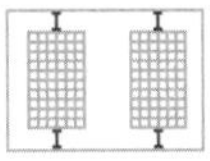

图3-23　水平居中起点 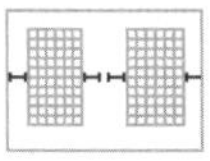　图3-24　垂直居中起点

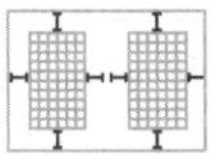

图3-25　完全居中起点

网格将根据【网格属性】和【行和栏】中设置的值从选定的起点处开始排列。在【起点】另一侧保留的所有空间都将成为边距。

【新建版面网格】对话框中的选项全部设置完毕后，单击【确定】按钮，就可以看到新建的文档了。

要更改版面网格设置时，在菜单栏中依次选择【版面】→【版面网格】，打开【版面网格】对话框，在对话框中更改完毕，单击【确定】。

3.1.3 从模板新建文档

在InDesign CS3中，提供了多种模板文档。在菜单栏中选择【文件】→【新建】→【来自模板的文档】命令。将启动Adobe Bridge CS3, Adobe Bridge内容区列出了模板文件文件夹，如图3-26所示。

双击打开文件夹，选择要应用的模板文档，双击或单击鼠标右键选择【打开】命令，这样，就将模板文档在InDesign CS3中打开了，打开的文档为【未标题】文档，如图3-27所示。

图3-26　Adobe Bridge CS3

图3-27　在InDesign CS3中打开的模板文档

3.2 保存文档与打开文档

文件制作完成后，存储根据不同的需要，必须选择不同的存储命令。同样，打开以前存储的文档，根据不同的需要，也要在对话框进行不一样的设置。

3.2.1 保存文档

当编辑好文档要退出程序之前，或文档编辑过程中，需要将文档存储时，应该随时存储文档。

在菜单栏中选择【文件/存储】，或按下快捷键【Ctrl+S】，会弹出一个【打开文档】对话框，如图3-28所示。

图3-28　【存储为】对话框

在【存储为】对话框中，设置下列选项：

（1）保存在：单击然后在弹出的列表中选择要将文件存入的磁盘或文件夹名称。

（2）文件名：在【文件名】栏中输入文件名称，可以使用中文、英文和数字，可以单独或组合出现，但是不能输入【？】、【"】、【：】等标点符号。

（3）保存类型：在【保存类型】栏中，可以选择文档需要保存为InDesign文档或InDesign模版。

（a）InDesign CS3文档：文档副本可以使用另一个名称为该文档创建一个副本，同时保持原始文档为现用文档；

（b）In Design CS3模版：通常作为无标题的文档打开。模板可以包含预设为其他文档的起点的设置、文本和图形。

3.2.2 存储为

保存时如果需要将文档另存为其他格式或其他名称，或者要备份文件，就需要将文件另存。可以在菜单栏中选择【文件】→【存储为】命令，或按下快捷键【Shift+Ctrl+S】，打开【存储为】对话框。然后重新设置文件存储的位置、名称及存储类型。

3.2.3 存储副本

使用另一个名称为该文档创建一个复本，同时保持原始文档为现用文档。在菜单栏中选择【文件】→【存储副本】。

3.2.4 打开文档

当打开的文档是InDesign CS3文档时，文档标题列就会以文档的文件名显示，但若打开的是InDesign CS模板时，文件标题列就会显示为"未标题-1"等（依打开的文件顺序而有不同的文件编号）。

在菜单栏中依次选择【文件】→【打开】，打开【打开文档】对话框，如图3-29所示。

在【文件类型】下拉菜单中选择所要打开文件的格式，如图3-30所示，如果选择所有格式，对话框中将显示在此地址的所有文件，如果只选择一种格式，那么只会显示以此格式存储的文件。

在对话框中选择一个或多个文档，在对话框底部的【打开为】选项组中，选择打开文档的类型，如图3-31所示。

图3-29 【打开文件】对话框

图3-30 文件类型

图3-31 【打开为】选项

1)【打开为】选项组中的选项如下

(1) 正常：可以打开原始文档或模版的副本。

(2) 原稿：可以打开原始文档或模版。

(3) 副本：可以打开文档或模版副本。

单击【打开】按钮，这时可能会出现一个警告对话框，会是配置文件或方案不匹配、缺失字体或文档中包含缺失的或已修改文件的链接。

(1) 文档中包含缺失的或已修改的链接：如果出现对话框警告文档中包含缺失的或已修改的链接 (图3-32)，执行下列操作之一：

(a) 单击【自动修复链接】，让 InDesign 查找缺失的文件或者亲自查找。

(b) 单击【不修复】可将修复链接工作推迟到以后再做。然后，可以随时使用【链接】面板自己修复链接。

图3-32 文档中包含缺失的或已修改的链接

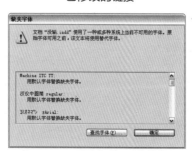

图3-33 缺失字体的对话框

(2) 缺失字体：如果出现缺失字体提示对话框 (图3-33)，表示该文件中所使用的某些字体，在此计算机系统中并没有安装，以至于InDesign找不到字体并套用，执行下列操作之一 (图3-33)。

(a) 选择【确定】按钮。先将文件打开后，再将找不到字体而呈现乱码的文字套用其他字型。

(b) 选择【查找字体】按钮，可以搜索并列出整个文档所使用的全部字体。

3.3 页面设置

InDesign CS3的页面分为主页和页面两部分，在排版时，页面设置与主页的熟练运用，是基本的操作技能。

3.3.1 主页

所谓的主页面其实就是用来设计文件版面的页面，例如：文件的书眉、页码、辅助线及一

图3-34 主页页面

些固定不变的资料内容（如图3-34所示），都可以在主页中设计与编辑，然后再将设计好的主页样式，直接套用到一般页面中，则一般页面就会套用主页所设计的版面样式了。

另外，InDesign CS3较方便的地方是在一个文件中，可以设置多个主页样式，以套用到不同的一般页面中。

1) 新建主页

新建文件时，InDesign默认便会自动建立一个主页文件，以供设置想要显示在文件中每个页面的固定属性与设置。主页的应用和设置与一般页面并没有不同，同样可自行通过新建、复制或删除等基本技巧，使得主页的管理更加轻松自在。

(1) 新建新主页

在【页面】面板菜单选择【创建新主页】，打开【新建主页】对话框，如图3-35所示。

图3-35 【新建主页】对话框

指定下列选项，然后单击【确定】按钮：

① 前缀：输入一个前缀，以标识【页面】面板中的各个页面所应用的主页。最多可以输入四个字符。默认前缀为A、B、C等。

② 名称：输入主页跨页的名称。默认为【主页】。

③ 基于主页：选择一个要以此主页跨页为基础的现有主页跨页，或选择【无】。新主页可以不应用其他主页的内容，新建一个空白主页，然后再添加。也可以选择基于已有的某一主页，那么新建的主页中就会包含有基于主页的内容。

④ 页数：输入一个值以作为主页跨页中要包含的页数（最多为10）。

(2) 从现有页面或跨页创建主页

将整个跨页从【页面】面板的【页面】部分拖动到【主页】部分，如图3-36所示。原页面或跨页上的任何对象都将成为新主页的一部分。如果原页面使用了主页，则新主页将基于原页面的主页。

(3) 使一个主页基于另一个主页

在【页面】面板的【主页】部分，执行下列操作之一：

① 选择一个主页跨页，然后在【页面】面板菜单中选择【[主页跨页名称]主页选项】。在【基于主页】中，选择一个不同的主页，如图3-37所示，然后单击【确定】按钮。

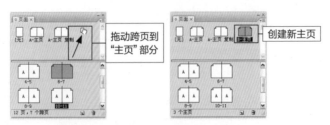

图3-36 从现有页面或跨页创建主页

图3-37 【主页选项】对话框

② 选择要作为基础的主页跨页的名称，然后将其拖动到要应用该主页的另一个主页的名称上，如图3-38所示。

2) 主页的应用

(1) 将主页应用于一个页面

在【页面】面板中将主页图标拖动到页面图标。当黑色矩形围绕所需页面时，释放鼠标，如图3-39所示。

(2) 将主页应用于跨页

在【页面】面板中将主页图标拖动到跨页的角点上。当黑色矩形围绕所需跨页中的所有页面时，释放鼠标，如图3-40所示。

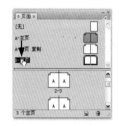
图3-38　使一个主页基于另一个主页

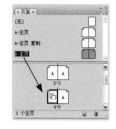
图3-39　将主页应用于页面

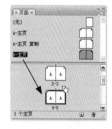
图3-40　将主页应用于跨页

(3) 将主页应用于多个页面

在【页面】面板中，选择要应用新主页的页面。然后执行下列操作之一：

a) 如果已选择页面，则按【Alt】键并单击主页。

b) 如果尚未选择页面，可以在【页面】面板菜单中选择【将主页应用于页面】，如图3-41所示。

在【主页选项】对话框中，为【应用主页】选择一个主页，在【页面】选项中输入页面的页码，然后单击【确定】。可以一次将主页应用于多个页面，如图3-42所示。

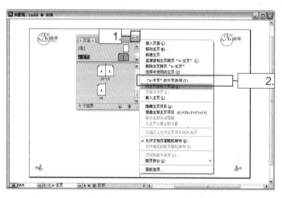
图3-41　选择【将主页应用于页面】

3) 从文档中删除主页

在【页面】面板中，选择一个或多个主页图标（要选择所有未使用的主页，可以在【页面】面板菜单中选择【选择未使用的主页】），然后执行下列操作之一：

(1) 将选定的主页或跨页图标拖动到面板底部的【删除选中页面】图标。

(2) 单击面板底部的【删除选中页面】图标。

(3) 选择面板菜单中的【删除主页跨页〔跨页名称〕】，如图3-43所示。

4) 覆盖主页对象

当主页应用于文档页面时，应用这一主页的页面上都会显示主页上的所有内容。如果有些页面需要作一点变化，可以执行下列操作之一：

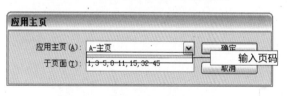
图3-42　将主页应用于多个页面

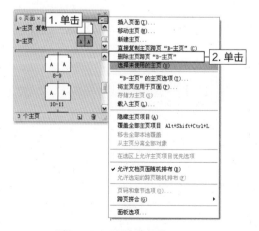
图3-43　删除主页跨页

(1) 覆盖局部内容

选择要更改的页面,然后按下【Ctrl+Shift】键,使用选择工具选择要更改的对象,如图3-44所示。放开【Ctrl+Shift】键后就可以编辑这些对象的属性,描编、填色、改变路径、旋转、缩放。

> 提示:使用此方法覆盖串接的文本框架时,将覆盖该串接中的所有可见框架,即使这些框架位于跨页中的不同页面上。

(2) 覆盖全部内容

单击【页面】面板菜单中选择【覆盖全部主页项目】(图3-45),这样应用于这个页面上的所有主页元素就可以改变属性或删除了。

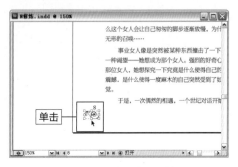 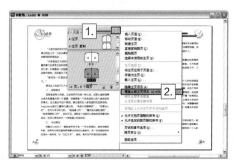

图3-44　选择主页对象　　　　图3-45　覆盖全部主页项目

5) 分离主页对象

(1) 将单个主页对象从其主页分离

按【Ctrl+Shift】选择跨页上的任何主页对象。然后在【页面】面板菜单中选择【从主页分离选区】,如图3-46所示。

(2) 分离跨页上的所有已被覆盖的主页对象

转到包含要从其主页分离且已被覆盖的主页对象的跨页,从【页面】面板菜单中选择【从主页分离全部对象】,如图3-47所示。如果该命令不可用,说明该跨页上没有任何已覆盖的对象。

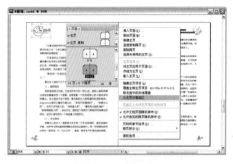 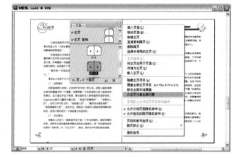

图3-46　从主页分离单个主页对象　　　　图3-47　从主页分离全部对象

6) 重新应用主页对象

覆盖了的页面或跨页上的主页对象,可以重新恢复到原来的状态,恢复以后,主页上的文件被编辑时,这些对象也随之改变。

(1) 重新应用页面中的一个或多个主页

选择这些原本是主页对象的对象,在【页面】面板的下拉菜单中选择【移去选中的本地覆盖】,如图3-48所示,这样选中的主页对象自动恢复为原来属性。

(2) 重新应用页面或跨页中的所有元素

选择要恢复的页面或跨页，在【页面】面板菜单中选择【移去全部本地覆盖】，如图3-49所示，或这样选中的整个页面或跨页自动恢复为应用主页状态。

图3-48　移去选中的本地覆盖　　　　图3-49　移去全部本地覆盖

 如果这些页面或跨页已经删除了原先使用的主页，那么将无法恢复主页，只能重新将主页应用于这些页面。

3.3.2 页面的建立与管理

页面就是指用来编排及显示文件内容的页面，当想要制作出一份漂亮又专业的文件时，必须先对这份文件的版面设置有约略的想法。

1) 添加页面

主页设置完成后，开始编辑内容。如果在新建文档时没有更改页数设置，那么默认为1页；或者在编辑过程中可能页数不够而需要添加页面。

要添加页面，执行下列操作之一：

(1) 在【页面】面板板下方点击 ▭ （新建页面）图标（图3-50），点击一次可以新建一页。新建的页面与正在编辑的页面使用同一主页。

(2) 在【页面】面板菜单中选择【插入页面】，在【插入页面】对话框中输入要插入的页数，可以指定插在某页前、某页后、文档开始或文档末尾，也可以指定将要应用的主页，如果不应用任何主页，则可以选择无，如图3-51所示。

(3) 执行【版面】→【页面】→【添加页面】（图3-52），一次只添加一页，添加的页面自动添加到文档的最后一页之后。

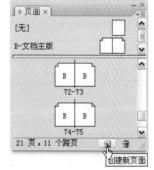

图3-50　创建新页面

2) 切换页面

在编辑文档时，常常需要切换到不同的页面进行编辑和修改等操作。

切换页面的操作方法如下：

在【页面】面板中双击其页面图标或页码。双击页面，

图3-51　【插入页面】对话框

在视图中显示该页面,如图3-53所示;双击页码,则在视图中显示该跨页,如图3-54所示。

(1) 从菜单栏的【版面】菜单中选择想要切换的页面,如图3-55所示。

(2) 在文档窗口底部状态栏中的页面菜单中选择要切换的页面,如图3-56所示。

3) 选择页面或跨页

选择页面或跨页只是在页面面板中选择此页面的页码,而不一定要将其移动到视图中。

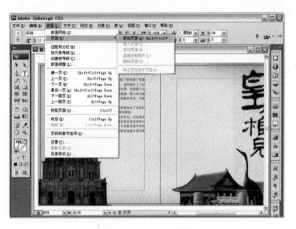

图3-52 添加页面

图3-53 切换到单页页面

图3-54 切换到跨页

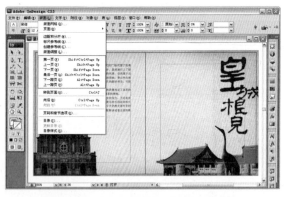

图3-55 应用【版面】菜单切换页面

图3-56 在状态栏中切换页面

(1) 选择页面:在【页面】面板中单击即可选择页面。如果选择多个不连续的页面,可以按下【Ctrl】键单击要选择的页面的图标,如图3-57所示;如果要选择连续的页面,选择第一个要选的页面,按下【Shift】键后单击要选择的最后一个页面的图标,如图3-58所示。

(2) 选择跨页:在【页面】面板中,单击跨页下的页码(图3-59),或者在单击跨页中的第一个和最后一个页面图标时按【Shift】键。

不要双击,除非要以此页面为目标并要将其移动到视图中。

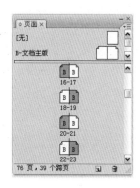
图3-57 选择不连续的页面

图3-58 选择连续的页面

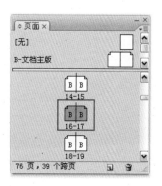
图3-59 选择跨页

4) 移动页面或跨页

在排版中有时会遇到将页面的顺序弄反、颠倒或有些内容需要调换，不必重新把内容排一遍，只要在页面面板中移动页面，再稍作整理即可。移动页面或跨页可以执行下列操作之一：

（1）在页面面板中，选中要移动的页面图标，按住鼠标拖动到要插入的页面图标前或后，如图3-60所示。

（2）在菜单栏中依次选择【版面】→【页面】→【移动页面】，或在【页面】面板菜单中选择【移动页面】，如图3-61所示。

打开【移动页面】对话框，如图3-62所示。可以指定要移动的页面、目标。

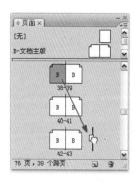
图3-60 移动页面

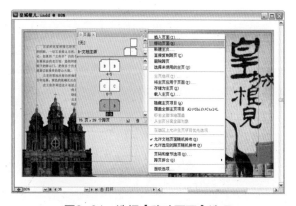
图3-61 选择【移动页面】选项

图3-62 【移动页面】对话框

5) 复制页面或跨页

复制页面或跨页可以执行下列操作之一：

（1）选中有内容的或无内容的页面或跨页，然后在【页面】面板的下拉菜单中选择【复制页面】或【复制跨页】，复制好的页面或跨页将按页码向后排。

（2）将选中的页面或跨页拖到【页面】面板下方的 图标（创建新页面图标）（图3-63），然后放开鼠标即可。

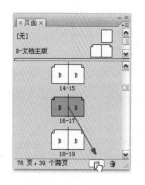
图3-63 复制页面

6) 删除页面

设定的页数未用完或其中的某些页面需要删掉时，可以执行下列操作之一：

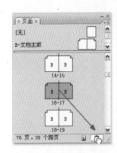

图3-64 删除页面　　图3-65 删除页面警告对话框

(1) 在【页面】面板中选中需要删除的一个或多个页面图标，然后托到面板下方的 🗑（删除选中页面）按钮上，放开鼠标，这些页面就删除了，如图3-64所示。或者选中图标后，直接单击【删除选中页面】按钮。

如果页面中已经创建了对象，删除页面时会出现如图3-65所示的对话框，提示是否要删除该页。

(2) 选中要删除的页面或跨页，在【页面】面板菜单中选择【删除页面】或【删除跨页】。

3.4 标尺的设置

标尺是排版工作中不可缺少的辅助工具，用于确定页面中的对象的相对位置。

3.4.1 显示与隐藏标尺

在默认的情况下标尺是显示的，因此只要打开文件后，就会在文件编辑区中显示水平标尺与垂直标尺，不过也可以根据排版的需求，将标尺做显示或隐藏的操作。

显示与隐藏标尺的操作方法如下：

(1) 在菜单栏中依次选择【视图】→【显示标尺】，可以使标尺显示，如图3-66所示；如果标尺已显示，执行【视图】→【隐藏标尺】命令，可以使标尺隐藏。

(2) 移动指针在编辑界面上单击鼠标右键，接着从拉出的快速菜单中选择【隐藏标尺】或【显示标尺】命令，如图3-67所示。

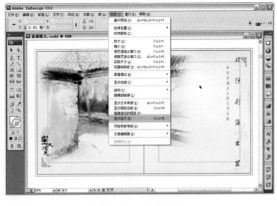

图3-66 显示标尺　　　　　　　　　　图3-67 隐藏/显示标尺

3.4.2 设置标尺单位

每个文档都有自己的垂直标尺，标尺从页面或跨页的左上角开始度量。更改度量单位不会移动参考线、网格和对象，因此，当标尺的刻度线更改时，参考线可能无法与原来对齐于旧刻度线的对象对齐。

在菜单栏中依次选择【编辑】→【首选项】，接着从子菜单中选择【单位与增量】。打开【首选项】对话框后，从标尺单位选项组中的水平与垂直菜单中选择适合的标尺单位（图3-68），然后单击【确定】按钮。

水平与垂直菜单中的选项有点、派卡、英寸、小数英寸、毫米、厘米、西塞罗、齿、美式点、自定。如图3-69～图3-73所示。

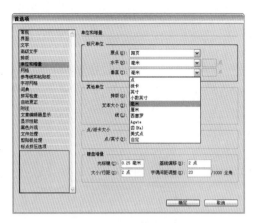

图3-68　设置标尺单位

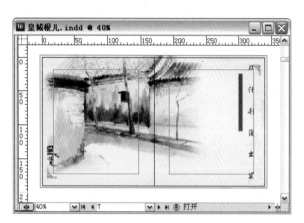

图3-69　标尺的单位为毫米

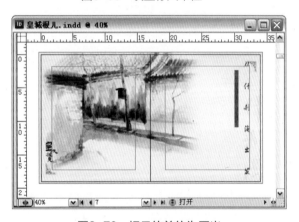

图3-70　标尺的单位为厘米

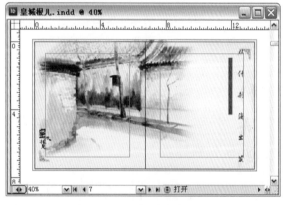

图3-71　标尺的单位为英寸

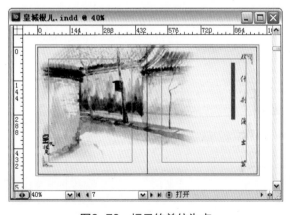

图3-72　标尺的单位为点

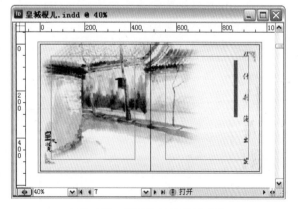

图3-73　标尺的单位为美式点

3.4.3　更改标尺零点

默认情况下，零点位于各个跨页的第一页的左上角。

1) 移动零点

从水平和垂直标尺的交叉点单击并拖动到版面上要设置零点的位置，如图3-74所示。

2) 还原零点

更改零点后，如果想使零点回到默认位置，可以双击水平和垂直标尺的交叉点。

3) 锁定或解锁零点

设置好零点后，可以将零点锁定以免移动。右键单击标尺的零点，然后在上下文菜单中选择【锁定零点】或【解锁零点】，如图3-75所示。

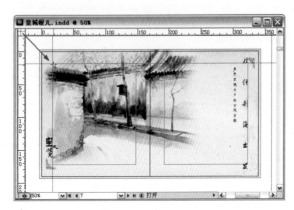

图3-74　移动标尺零点

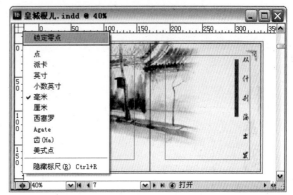

图3-75　锁定零点

3.5　标尺参考线

标尺参考线是从标尺新建的用来对齐对象的辅助工具。

3.5.1　新建参考线

在版面中，可以创建两种标尺参考线：页面参考线和跨页参考线。页面参考线仅在创建该参考线的页面上显示；跨页参考线可跨越所有的页面和多页跨页的粘贴板，如图3-76所示。

在标尺和参考线都显示的情况下，执行下列操作之一：

1) 创建页面参考线

将鼠标定位到水平或垂直标尺内侧单击，当鼠标变为箭头时，拖动到所需位置上，如图3-77所示。

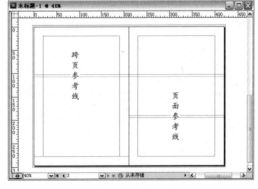

图3-76　页面参考线

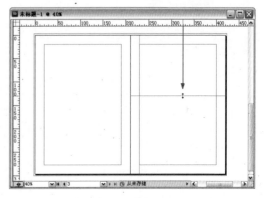

图3-77　创建页面参考线

2) 在粘贴板不可见时创建跨页参考线

按【Ctrl】键并使用鼠标从水平或垂直标尺拖动到目标跨页，如图3-78所示。

3) 在不进行拖动的情况下创建跨页参考线

双击水平或垂直标尺上的特定位置。如果要将参考线与最近的刻度线对齐，可以在双击标尺时按住【Shift】键。

4) 同时创建垂直和水平参考线

按【Ctrl】键并使用鼠标从目标跨页的标尺交叉点拖动到需要的位置，如图3-79所示。

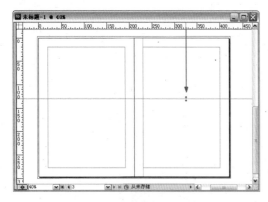
图3-78　创建跨页参考线

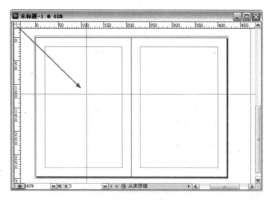
图3-79　同时创建垂直和水平参考线

3.5.2 创建等间距的参考线

使用【创建参考线】对话框，可以创建等间距的垂直的和水平的参考线。

在菜单栏中依次选择【版面】→【创建参考线】，打开【创建参考线】对话框，如图3-80所示。

在【行数】和【栏数】文本框中输入要创建的行或栏的数目，然后指定行或栏的间距。栏间距越大，栏的空间越小。

图3-80　【创建参考线】对话框

在【参考线适合】中，设置参考线的参照物。选择【边距】，在页边距内的版心区域创建参考线，如图3-81所示；选择【页面】，在页面边缘内创建参考线，如图3-82所示。

要删除任何现有参考线，选择【移去现有标尺参考线】，选择【预览】查看页面设置的效果，然后单击【确定】。

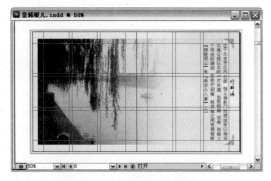
图3-81　参考线适合【边距】

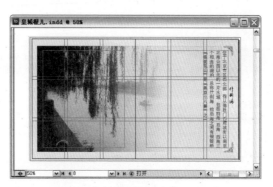
图3-82　参考线适合【页面】

3.5.3 参考线管理技巧

虽然参考线只是用来作为参考用的线条,但是,如果没有参考线的辅助,在排版时也会相当的不便,通常新建参考线后,一定会常常因排版的需求,而调整参考线的位置、锁定参考线、删除参考线……,因此了解参考线管理技巧,可以使排版工作更加顺利。

1) 显示与隐藏参考线

(1) 在菜单栏中依次选择【视图】→【网格和参考线】→【显示/隐藏参考线】(图3-83),可以显示或隐藏所有边距、栏和标尺参考线。

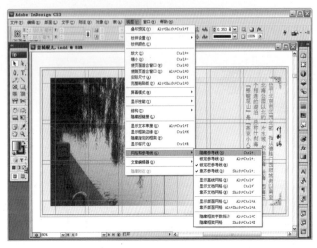

图3-83　显示/隐藏参考线

(2) 在【图层】面板中双击该图层名称,打开【图层选项】对话框,在对话框中选择或取消选择【显示参考线】(图3-84),然后单击【确定】。这样,可以仅显示或隐藏一个图层上的标尺参考线且不更改该图层中对象的可视性。

(3) 单击【工具箱】底部的【预览模式】图标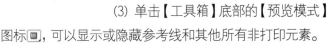,可以显示或隐藏参考线和其他所有非打印元素。

图3-84　【图层选项】对话框

2) 选择标尺参考线

(1) 选择单个标尺参考线

使用【选择】工具或【直接选择】工具,在参考线上单击,选中后,参考线显示为蓝色,【控制】面板中的【参考点】图标更改为或 ,表示被选中的参考线,如图3-85、图3-86所示。

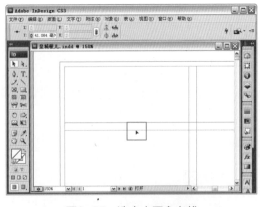

图3-85　选中水平参考线

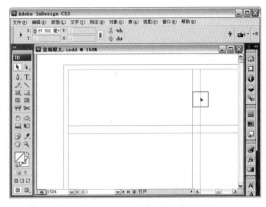

图3-86　选中垂直参考线

> **提示**
> 如果无法选择标尺参考线,并且【锁定参考线】命令已被取消选中,则参考线可能位于该页面应用的主页上或位于锁定了参考线的图层上。

(2) 选择多个标尺参考线

按住【Shift】键并使用【选择】或【直接选择】工具单击参考线。也可以在多个参考线上拖动，只要选框未触碰或包围任何其他对象，就可以选择这些参考线了，如图3-87所示。

(3) 选择目标跨页上的所有标尺参考线

在【页面】面板中选择要选择有标尺参考线的跨页，然后按快捷键【Ctrl+Alt+G】。

3) 自定标尺参考线颜色

若文件中有多条参考线时，可以利用不同的颜色来区分这些参考线，这样编排文件时，就可以利用不同颜色的参考线来对齐不同的对象，而不会被搞混。

要更改一个或多个现有标尺参考线的选项，选择这些标尺参考线；要为新标尺参考线设置默认选项，可以通过单击空白区域取消选中所有参考线。然后在菜单栏中依次选择【版面】→【标尺参考线】，打开【标尺参考线】对话框，如图3-88所示。

【标尺参考线】对话框的选项如下：

(1) 视图阈值：选择合适的放大倍数(在此倍数以下，标尺参考线将不显示)。这可以防止标尺参考线在较低的放大倍数下彼此距离太近。

(2) 颜色：选择一种颜色（图3-89），或选择【自定】以在系统拾色器中指定一种自定颜色，如图3-90所示。然后单击【确定】，选择的参考线就变为设置的颜色。

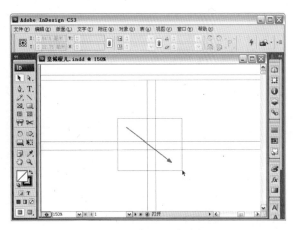

图3-87　选择多个标尺参考线

若参考线是在锁定的状态下，则无法改变颜色，所以在变更参考线颜色之前，必须先解除锁定的状态。

图3-88　【标尺参考线】对话框

图3-89　自定参考线颜色

图3-90　自定颜色

4) 锁定或解锁标尺参考线

锁定参考线，可以防止编辑文件时移动到设定好的参考线。

(1) 锁定所有参考线

在菜单栏中依次选择【视图】→【网格和参考线】→【锁定参考线】，以锁定所有的参考

图3-91 锁定参考线

图3-92 选择或取消选择【锁定参考线】

线，如图3-91所示。

（2）解锁所有参考线

在菜单栏中依次选择【视图】→【网格和参考线】→【锁定参考线】，以锁定所有的参考线。

（3）仅锁定或解锁一个图层上的标尺参考线且不更改该图层中对象的可视性

在【图层】面板中双击该图层名称，打开【图层选项】对话框，在对话框中选择或取消选择【锁定参考线】（图3-92），然后单击【确定】按钮。

5) 删除标尺参考线

如果这些参考线不需要了，也可以将它删除。

（1）直接删除

使用选择工具或直接选择工具选择参考线，然后按【Delete】键。

（2）删除目标跨页上的所有标尺参考线

首先按【Ctrl+Alt+G】选择目标跨页上的参考线，然后按【Delete】键。

编辑文档时，利用不同的文档视图方式，可以更清楚掌握对象的设置或查看文档编排后的结果。

3.6 文档视图管理

文档视图管理包括视图模式的切换及视图显示比例的设置。

3.6.1 视图模式

InDesign提供正常视图模式、预览模式、出血模式及标记条模式等四种视图模式，当想要显示正常视图模式时，在工具箱底部单击【正常】视图模式按钮；若想要显示预览模式、出血模式或辅助信息区时，则要按住【预览】按钮，然后从出现的菜单中选择想要的视图模式。

图3-93 工具箱底部的视图模式

窗口视图模式的说明如下：

1) 正常视图模式

在文档窗口中显示版面及所有可见网格、参考线、非打印对象、空白粘贴板等，如图3-94所示。

2) 预览模式

按照最终输出显示图片，所有非打印元素(网格、参考线、非打印对象等)都不显示，粘贴板被设置为【首选项】中所定义的预览背景色，如图3-95所示。

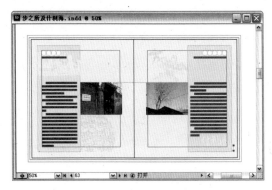
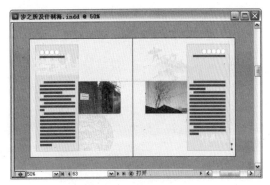

图3-94 正常视图模式　　　　　图3-95 预览模式

3) 出血模式

按照最终输出显示图片，所有非打印元素都不显示，粘贴板被设置为【首选项】中所定义的预览背景色，文档出血区(在【文档设置】中定义)内的所有可打印元素都会显示出来，如图3-96所示。

4) 辅助信息区模式

按照最终输出显示图片，所有非打印元素都不显示，粘贴板被设置为【首选项】中所定义的预览背景色，文档辅助信息区内的所有可打印元素都会显示出来，如图3-97所示。

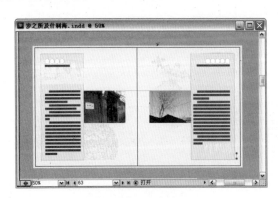
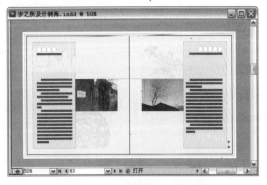

图3-96 出血模式　　　　　图3-97 辅助信息区模式

3.6.2 显示比例设置

在InDesign中的视图显示比例设置为5%～4000%，可以依照排版的需求来做调整。以不同的比例显示页面，以方便查看页面的整体效果或页面中较小的对象。

1) 使用缩放工具设置显示比例

（1）放大视图：在工具箱中选择【缩放工具】，然后在文档中要放大查看处单击鼠标左键，视图以单击点为中心向四周放大。

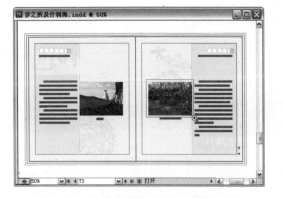

图3-98 框选要放大显示的对象或区域

如果要放大一个特定的对象或区域，使用【缩放工具】拖动鼠标框选要放大显示的对象或区域，如图3-98所示。

图3-99　放大的特定区域

松开鼠标，框选的对象或区域充满整个窗口，如图3-99所示。

（2）缩小视图

在工具箱中选择【缩放工具】，按住Alt键，在文档窗口中单击鼠标左键，视图的显示比例就会缩小。

2) 使用菜单命令设置显示比例

在菜单栏的【视图】菜单中有放大、缩小、整页适合窗口、跨页适合窗口、实际大小及整个剪贴板等选项，可以用来设置文档显示的方式，其选项说明如下：

（1）放大：放大文档的显示比例。

（2）缩小：缩小文档的显示比例。

（3）使页面适合窗口：使目前正在编辑的单个页面，与窗口适合，如图3-100所示。

（4）使跨页适合窗口：如果目前编辑的页面为跨页时，使跨页与窗口适合，如图3-101所示。若只有单页时，例如第1页，则只会显示单一页面的界面。

图3-100　使页面适合窗口

图3-101　使跨页适合窗口

（5）实际大小：将显示比例设置成100%，如图3-102所示。

（6）完整粘贴板：将InDesign中的编辑粘贴板完全显示在窗口中，如图3-103所示。

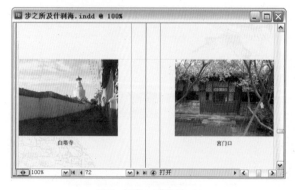

图3-102　实际大小

图3-103　完整粘贴板

3) 使用导航器设置显示比例

从菜单栏的【窗口】菜单中选择【导航器】命令，显示导航器面板，如图3-104所示。

(1) 放大和缩小视图

在【导航器】面板中放大和缩小视图有以下三种方法：

① 在缩放编辑框中输入要显示的百分比数值，然后按下Enter键。最小为5%，最大为4000%。

② 拖动视图滑块，向左缩小视图（图3-105），向右放大视图（图3-106）。

图3-104　导航器面板

 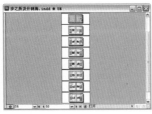  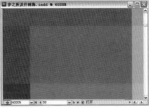

图3-105　缩小视图　　　　　　　　　图3-106　放大视图

③ 单击缩放滑块左侧的【缩小】按钮 或缩放滑块右侧的【放大】按钮。

提示：面板中的视图框随着视图比例的大小而变化，缩放比例越大，视图框越小，缩放比例越小，视图框越大，如图3-107与图3-108所示。

图3-107　视图比例400%　　　　　　　图3-108　视图比例87%

(2) 控制显示范围

移动面板上的红色视图框可以控制要显示的范围。将鼠标指针放到面板上，鼠标指针变成形状时，单击可以将视图框移到指针所在位置；鼠标指针置于视图框内时，变为抓手形状拖动可以移动视图框的位置，如图3-109所示。

4) 在状态栏中设置显示比例

在文档窗口底部在状态栏中，单击第一个文本框右侧的，然后在弹出的菜单中选择要应用的显示比例，如图3-110所示。

图3-109　移动视图位置

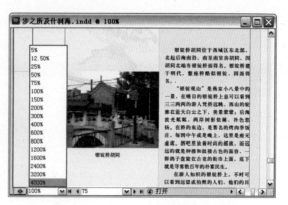

图3-110　在状态栏中设置显示比例

3.7　本章小结

本章主要介绍了InDesign软件的建立新文档、保存与打开文档、文档的页面设置、标尺的设置、标尺参考线的应用和文档视图管理等知识。通过学习本章知识，学生能够掌握InDesign软件的基本操作方法，进而为后续的学习打好基础。

1) 填空题

(1) 使用____工具可以测量两点之间的距离和角度。

(2) Adobe____是Adobe Creative Suite的控制中心。可以使用它来组织、浏览和寻找所需资源，用于创建供印刷、网站和移动设备使用的内容。

2) 操作题

(1) 新建一个文档。要求页数为6页，大小为A4，上下左右边距均为15毫米，分2栏，栏间距为5毫米。

(2) 将文档窗口显示为200%，然后再使跨页适合窗口。

(3) 存储并关闭文档。

第4章

文字置入技巧

在文档中输入文字，是编辑文件不可或缺的。在InDesign中，既可以输入横排文字、直排文字，还可以在路径上输入文字。除了输入文字外，还可以在文件中插入特殊的符号。本章将学习InDesign软件中的文字置入相关知识，包括输入文字、文字框架与网格设置、在路径上输入文字、置入文字、排文方式设置和文章检查等内容。

本章学习重点与要点：
(1) 输入文字；
(2) 文字框架与网格设置；
(3) 在路径上输入文字；
(4) 排文方式设置；
(5) 文章检查。

4.1 输入文字

在文档中输入文字,是排版制作不可或缺的操作之一。在InDesign中,除了输入义字外,也可以在文件中插入特殊的符号。

4.1.1 绘制文本框架

在InDesign CS3中,所有的文本都放置在文本框架里,要输入文字,首先要创建一个文本框。在InDesign CS3中,用于输入文字的框架有一般文本框架和网格框架两种。

1) 绘制一般文本框架

在工具箱中选择【文字】工具,将鼠标指针移动到页面上时,鼠标指针显示为,然后单击并拖动鼠标,绘制出一个合适大小的矩形时,释放鼠标后,框架的右上角出现光标,即可以输入文字,如图4-1所示。

2) 绘制网格框架

框架网格是Indesign中特有的文本框架类型,其中字符的全角字框和间距都显示为网格。

在工具栏中选择【水平网格工具】或【垂直网格工具】,像绘制一般文本框架一样,就可以创建出水平的或垂直的网格框架。水平的网格框架的文本从左向右,换行将换到下面一行,如图4-2所示;垂直的网格框架的文本从上到下,换行时,文本在左面一行继续,如图4-3所示。

> 如果框架不可见,可以执行【视图】→【显示框架边缘】,或者按快捷键【Ctrl + H】。

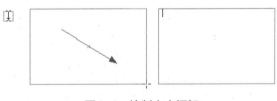

图4-1 绘制文本框架

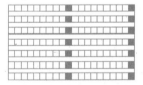

图4-2 水平框架网格

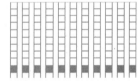

图4-3 垂直框架网格

也可以单击原有网格框架的入文口或出文口,再在页面中单击创建新的网格文本框架。

4.1.2 将文字输入至文本框

创建好框架以后,就可以在框架内输入文字了。

如果文本框架内有闪烁的光标,就可以直接输入文字了;如果文本框架内没有文字光标,在工具箱中的文字工具组中的【文字】工具和【直排文字】工具(如果文本框架是使用直排文字工具绘制的),在文本框架内单击,看到文字光标后,输入文字。

一般文字输入,有从左到右的横排文本输入和从上到下的直排文本输入两种输入法,如图4-4、图4-5所示。

在框架网格中输入文字,方法与在一般文本框架内输入文字相同,如图4-6所示。

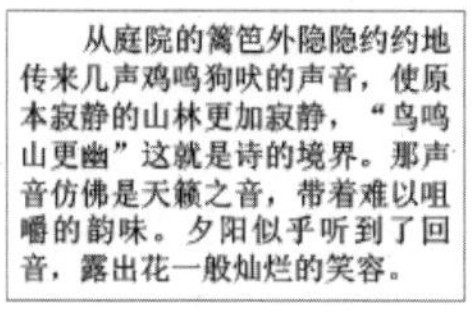

图4-4 水平文本输入 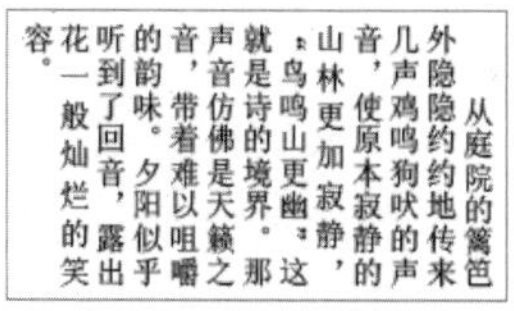　　　图4-5 直排文本输入 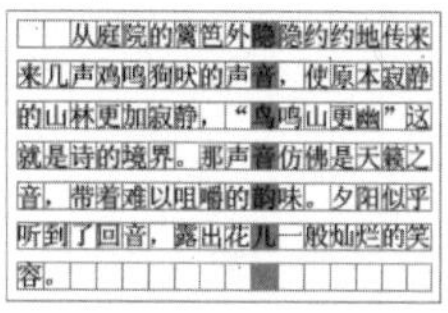　　　图4-6 框架网格内输入文字

4.1.3 插入特殊符号

在编辑文字时，常常会需要在文字中插入特殊符号，InDesign将常用到的特殊符号加入到插入特殊字符的菜单中，如全角破折号和半角破折号、注册商标符号和省略号。

使用【文字】工具，在希望插入字符的地方放置插入点，在菜单栏中依次选择【文字】→【插入特殊字符】，然后从特殊字符菜单（图4-7）中选择一个选项。

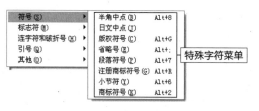

图4-7 特殊字符菜单

4.2 文字框架与网格设置

使用文字工具或网格工具绘制的文本框架，并不是都会适合需求，在编辑文件时，善于应用文字框与网格文字框的设置，在编排文件或是修改文件的编排方式时，都非常重要。

4.2.1 设置文本框架的属性

使用【选择】工具选择文本框架，或使用【文字】工具在文本框架内单击，或选框架内的文本，然后在菜单栏中依次选择【对象】→【文本框架选项】，或按住Alt键，然后使用【选择】工具双击文本框架。打开【文本框架选项】对话框。

1) 文本框架常规选项

单击【常规】标签，如图4-8所示。

【文本框架选项】对话框中常规选项如下：

分栏：指定文本框架的栏数、每栏宽度和每栏之间的间距（栏间距）。选择【固定栏宽】，使调整框架大小时可以更改栏数，但不能更改栏宽。

图4-8 文本框架常规选项

内边距：设置文本与框架【上】、【左】、【下】和【右】的距离，如图4-9、图4-10所示。如果所选的框架不是矩形，则【上】、【左】、【下】和【右】选项都会变暗，此时应改用【内边距】选项。

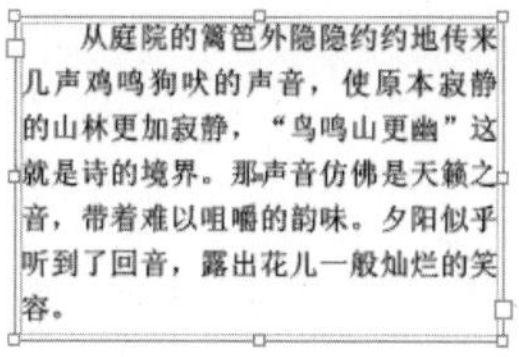

垂直对齐：选择选项，使横排框架中的文本从上到下对齐，或使直排框架中的文本从左向右对齐。

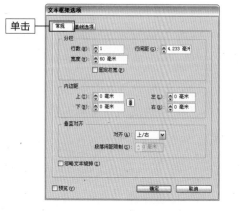

图4-9 【上】、【左】、【下】和【右】内边距为1毫米　　图4-10 【上】、【左】、【下】和【右】内边距为5毫米

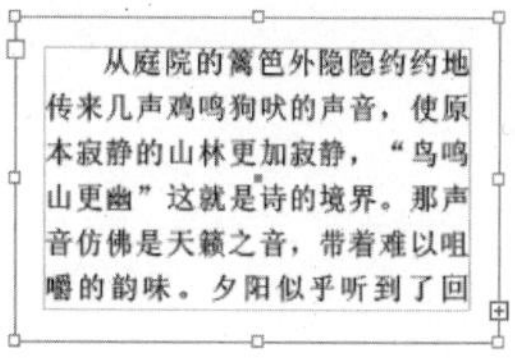

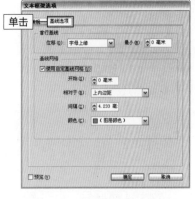

图4-11 文本框架基线选项

忽略文本绕排：使文本框架中的文本忽略任何文本绕排。

2) 设置文本框架基线选项

在【文本框架选项】对话框中单击【基线选项】标签，先是基线选项，如图4-11所示。

【文本框架选项】对话框中的基线选项如下：

(1) 首行基线

① 位移：在【位移】菜单中选择首行基线的位移方法：

② 全角字框高度：以全角字框的高度确定框架顶部与首行基线之间的距离。

③ 字母上缘：以使字体中【d】字符的高度降到文本框架的上内陷之下。

④ 大写字母高度：以使大写字母的顶部触及文本框架的上内陷。

⑤ 行距：以将文本的行距值用作文本首行基线和框架的上内陷之间的距离。

⑥ x 高度：以使字体中【x】字符的高度降到框架的上内陷之下。

⑦ 固定：以指定文本首行基线和框架的上内陷之间的距离。

⑧ 最小：指定基线位移的最小值。例如，对于行距为20H的文本，如果将位移设置为【行距】，则当使用的位移值小于行距值时，将应用【行距】；当设置的位移值大于行距时，则将位置值应用于文本。

(2) 基线网格

选择【使用自定基线网格】，并设置以下选择：

① 开始：在文本框中，输入一个值以从页面顶部、页面的上边距、框架顶部或框架的上内陷移动网格。

② 相对于：在文本框右侧的☑，在列表中选择基线网格显示的开始位置。

③ 增量间隔：在文本框中，输入一个值作为网格线之间的间距。在大多数情况下，输入等于正文文本行距的值，以便文本行能恰好对齐网格。

④ 颜色：在文本框右侧的☑，在列表中为网格线选择一种颜色，或选择【图层颜色】以便与显示文本框架的图层使用相同的颜色。

4.2.2 设置网格框架的属性

使用【选择】工具，选择要修改其属性的框架，也可使用【文字】工具在该框架内单击，或选择文本。

在菜单栏中选择【对象】→【网格框架选项】，会出现【框架网格】对话框，如图4-12所示。然后指定框架网格选项。

【框架网格】对话框中的选项如下：

1) 网格属性

网格框架中网格的大小由字体大小决定。在这一项中，可以设置字体、文字大小、文字的垂直和水平缩放

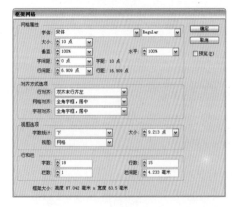

图4-12 【框架网格】对话框

百分比以及字间距和行间距,如图4-13所示。字间距、行间距指的是网格与网格的距离,选项框后面显示的字距、行距显示的才是文本中字与字、行与行的间距。

图4-13 网格属性

2) 对齐方式选项

对齐方式选项主要设置框架内文字的行对齐方式、网格对齐和自负对齐方式。

(1) 行对齐:设置行对齐方式,有左、居中、右、双齐末行齐左、双齐末行齐居中、双齐末行齐右、强制双齐七种。

图4-14 对齐方式选项

(2) 网格对齐:设置网格内文字与网格的对齐方式。选项中有罗马基线对齐、全角字框左、全角字框居中、全角字框居右、表意字框左、表意字框右六种。

(3) 字符对齐:用于指定同一行中小字符与大字符的对齐方式,选项以网格对齐选项相同。

3) 视图选项

(1) 字数统计:设置框架网格字数统计的显示位置,有左、上、右、下四种,如图4-15～图4-18所示。如果不需要显示字数统计,选择【无】,将不显示字数统计信息。

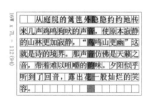   

图4-15 字数统计在左侧　　图4-16 字数统计在上　　图4-17 字数统计在右侧　　图4-18 字数统计在下

(2) 大小:设置字数统计的字符大小。

(3) 视图:设置网格的显示方式,有:网格、N/Z视图、N/Z网格、对齐方式视图。

【网格】显示包含网格和行的框架网格,如图4-19所示;【N/Z视图】将框架网格方向显示为对角线,如图4-20所示(如果框架内已经输入文字,则框架内不显示对角线);【对齐方式视图】显示仅包含行的框架网格,如图4-21所示;【对齐方式】显示框架的行对齐方式;【N/Z网格】的显示情况恰为【N/Z视图】与【网格】的组合,如图4-22所示。

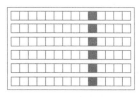   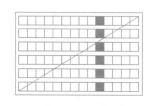

图4-19 网格视图　　图4-20 N/Z视图　　图4-21 对齐方式视图　　图4-22 N/Z网格

(4) 行和栏:设置网格框架中每行的字数、框架中的行数、栏数及栏间距。

4.2.3 转换文本框架与框架网格

文本框架与框架网格是可以转换的,可以将纯文本转换为框架网格,也可以将框架网格转换为纯文本。

图4-23 文章面板

选择要转换的框架，在菜单栏中依次选择【对象】→【框架类型】→【文本框架】或【框架网格】。或者在【文章】面板中的【框架类型】中选择【框架网格】，如图4-23所示。

4.2.4 编辑文本框架

InDesign CS3中，文本框架和其他图形一样，是可以执行各种变换、改变形状。

1) 改变大小

使用【选择】工具，选择框架，在框架四周的任意控制点上拖动鼠标，都可以调整框架的大小（图4-24），按住【Shift】键则可以按比例缩放。

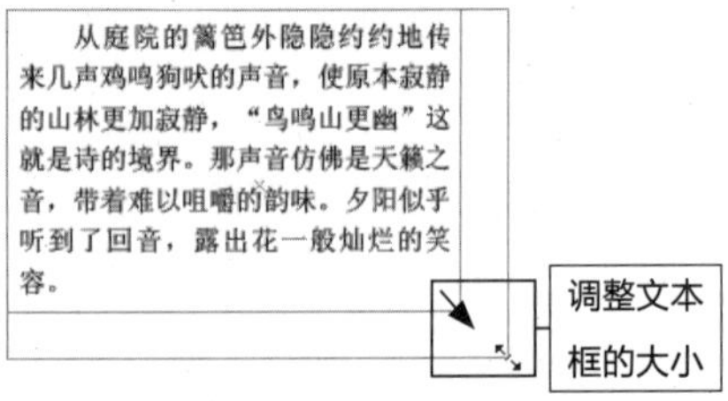

2) 变换

选中文本框架，然后在工具箱中选择【旋转】、【缩放】、【切变】、【自由变换】工具，即可对文本框架应用变换，如图4-25、图4-26所示。

3) 改变形状

使用【直接选取】工具选择文本框架，使显示锚点，然后进行编辑，如图4-27所示。

图4-24 调整文本框的大小

图4-25 使用旋转工具旋转文本框架

图4-26 使用切变工具切变文本框架

图4-27 改变文本框形状

4.3 在路径上输入文字

在InDesign CS3中，可以创建路径文字，并设定文本格式，使其沿着任何形状的开放或封闭路径的边缘排列。

4.3.1 创建路径文字

路径文字，顾名思义就是在路径上排列的文字。

首先，绘制一条让文本遵循的路径，如图4-28所示。可以使用钢笔工具、铅笔工具、矩形工具等绘制。

在工具箱中选择【路径文字】工具。将鼠标指针置于路径上，鼠标指针显示为（图4-29），直接在路径上单击，添加文字光标，如图4-30所示。

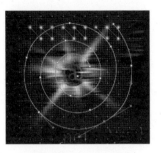 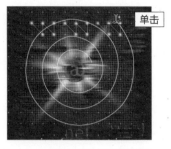 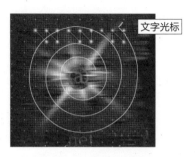

图4-28　绘制路径　　　　图4-29　将路径文字工具置于路径上　　　　图4-30　添加文字光标

输入文字，如图4-31所示。文字将沿路径排列。

4.3.2 更改路径文字的开始和结束位置

路径上的文字的开始位置和结束位置，可以随意移动。

使用【选择】工具，选择路径，然后将鼠标指针放置在路径文字的开始标记或结束标记上，直到指针旁边显示一个小图标▶⊢，如图4-32所示。不要将指针放在标记的进出端上口。

沿路径拖动开始标记或结束标记，改变路径的起始位置和结束位置，如图4-33所示。

图4-31　输入文字　　　　图4-32　将指针放置在路径文字的开始标记或结束标记上　　　　图4-33　改变路径的起始位置和结束位置

4.3.3 设置路径文字效果

选择路径文字，在菜单栏中依次选择【文字】→【路径文字】→【选项】。打开【路径文字选项】对话框，在对话框中单击【效果】文本框右侧单击，在【效果】菜单（图4-34）中选择选择一个选项。

【效果】菜单中的命令如下：

彩虹效果：字符基线的中心与路径的切线平行。这是默认设置，如图4-35所示。

倾斜：字符的垂直边缘保持完全竖直，而字符的水平边缘则遵循路径方向，如图4-36所示。

  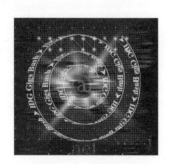

图4-34　【路径文字选项】对话框　　　　图4-35　彩虹效果　　　　图4-36　倾斜效果

3D带状效果：字符的水平边缘保持完全水平，而各个字符的垂直边缘则与路径保持垂直，如图4-37所示。

阶梯效果：在不旋转任何字符的前提下，使各个字符基线的左边缘始终保持位于路径上，如图4-38所示。

重力效果：字符基线的中心始终位于路径上，而各垂直边缘与路径的中心点位于同一直线上，如图4-39。可以通过调整文本路径的弧度，来控制此选项的透视效果。

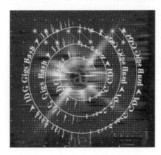  

图4-37　3D带状效果　　　　图4-38　阶梯效果　　　　图4-39　重力效果

4.3.4 设置路径文字的对齐方式

选择路径文字，在菜单栏中依次选择【文字】→【路径文字】→【选项】。打开【路径文字】选项对话框。在【对齐】文本框右侧单击，弹出【对齐】菜单，如图4-40所示。然后在菜单中选择下列选项之一，以指定就字体的总高度来说，如何将所有字符对齐到路径：

图4-40　【路径文字选项】对话框

【对齐】菜单中的命令如下：

全角字框上方：将路径与全角字框的顶部或左侧边缘对齐，如图4-41所示。

居中：将路径与全角字框的中点对齐，如图4-42所示。

全角字框下方：将路径与全角字框的底部或右侧边缘对齐，如图4-43所示。

图4-41　全角字框上方　　　图4-42　全角字框下方　　　图4-43　表意字框上方

表意字框上方：将路径与表意字框的顶部或左侧边缘对齐。

表意字框下方：将路径与表意字框的底部或右侧边缘对齐。

基线：将路径与罗马字基线对齐，如图4-44所示。

在【到路径】菜单中（图4-45）选择下列选项之一，以指定路径的哪个位置与字符对齐：

【到路径】菜单中的命令如下：

上：将文字对齐到其描边的顶边。

下：将文字对齐到其描边的底边。

居中：将路径对齐到描边的中央。这是默认设置。

4.3.5 翻转路径文字

单击选择工具 。将指针放在文字的中点标记上，直到指针旁边显示一个中点图标 。将中点标记在路径中向路径的另一边拖动，使路径上的文字翻转，如图4-46所示。

也可以使用对话框来翻转路径文字。使用选择工具或文字工具，选择路径文字。执行【文字】→【路径文字】→【选项】。然后在【路径文字选项】对话框中选择【翻转】复选框，如图4-47所示，然后单击【确定】。

图4-44　基线

图4-45　【到路径】对齐方式

图4-47　选择【翻转】复选框

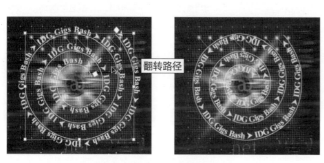

图4-46　翻转路径文字

4.3.6 删除路径文字

删除路径文字时，如果要将路径和文字一起删除，可以直接按【Delete】键删除；如果只删除路径上的文字可以选中一个或多个路径文字对象，然后执行【文字】→【路径文字】→【删除路径文字】命令，如图4-48所示。

图4-48　删除路径文字

4.4 置入文字

由于InDesign CS3是专业的排版软件，一般情况，文档中大部分的文字，都会在文字编辑软件中完成后，再将文字粘贴入或置入。因此，编辑文件时，就必须要学会如何在InDesign中置入文字，及如何避免使置入的文字变乱码的相关操作及设置技巧。

4.4.1 复制与粘贴文字

当想要置入网络上的文字或是其他软件中的一小段文字时，可以直接利用复制与粘贴的方式，将文字贴入文档中。

打开想要复制文字的网页或文字所在的软件，然后选取要复制的文字，再从菜单栏的【编辑】菜单中选择【复制】命令（图4-49），或者按快捷键【Ctrl+C】。

返回到InDesign CS3中，使用文字工具在要粘贴文字的文本框架内单击置入文字光标，然后从菜单栏的【编辑】菜单中选择【粘贴】命令，或者按快捷键【Ctrl+V】，粘贴文字，如图4-50所示。

图4-49　复制文字

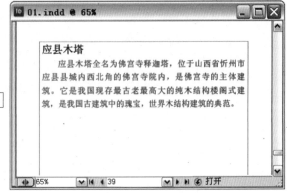
图4-50　粘贴文字

如果没有确定文字所要插入的文字框，就直接从菜单栏的【编辑】菜单中选择【粘贴】或者按快捷键【Ctrl+V】，文字会粘贴的在自动新建的文本框中。

4.4.2 置入纯文本文件

置入纯文本文件".txt"时，可以一次将文字文件中所有内容都置入文件中。一般来说，大部分的中文编码都是使用GB2312来编码的，因此在置入文字时，将文字的编码设置成GB2312，置入的中文字就不会变成乱码。

从菜单栏的【文件】菜单中选择【置入】命令，打开【置入】对话框，从【查找范围】菜单中选择纯文本文件保存的文件夹，并选择想要置入的文件，然后在对话框底部选择【显示导入选项】复选框，如图4-51所示。

单击【打开】按钮。出现【文本导入选项】对话框后，从【字符集】菜单中选择【GB2312】，如图4-52所示。

单击【确定】按钮。将鼠标指针移动到文档窗口中，鼠标指针显示为 时，将指针移动到

图4-52 【文本导入选项】对话框

图4-53 选择置入文字的位置

图4-51 【置入】对话框

要置入文字的位置，如图4-53所示。

单击鼠标左键。完成后，纯文本文件中的数据就会被置入文件中了。图4-54、图4-55所示为【.txt】文件和置入到InDesign CS3后。

图4-54 文本文件

图4-55 文本文件置入到InDesign后

> 提示：置入文件时，如果在【置入】对话框中若选择【应用网格格式】，则置入的文字会以网格文字框的方式将文字上下左右对齐。

4.4.3 置入Word文件

若将已经设置好文字和段落格式的Word文件置入InDesign中，则InDesign会保留文字和段落格式，并让设置的格式显示在文档中，Word文件中的表格或图片都可被置入。

从菜单栏的【文件】菜单中选择【置入】，打开【置入】对话框，如图4-56所示。从【查找范围】菜单中选择Word文件保存的文件夹，并选择想要置入的文件，然后在对话框底部选择【显示导入选项】。

图4-56 【置入】对话框

图4-57 【Microsoft Word导入选项】对话框

单击【打开】按钮,出现【Microsoft Word导入选项】对话框后,设置导入时所要包含的选项及格式。如图4-57所示为【Microsoft Word导入选项】对话框。

【Microsoft Word导入选项】对话框中的选项如下:

包含:选择需要导入的项目。

(1) 目录文本:选择此项,将要导入文件中的目录也作为文本的一部分导入,且作为纯文本导入。

(2) 索引文本:选择此项,将导入文件中的索引作为文本的一部分导入,且作为纯文本。

(3) 脚注:选择此项,将Word 脚注导入为InDesign CS3脚注。

(4) 尾注:选择此项,将尾注作为文本的一部分导入到文本的末尾。

使用弯引号:选择此项后,导入的文本中引号使用中文的弯引号(【 】)和撇号('),而不使用英文的直引号(" ")和撇号(')。

保留文本或表的样式和格式:如果要保留原文本或表的样式和格式,可以选择此项,然后下面的选项中进行设置。

(1) 手动分页:选择文本导入后分页的方式。【保留分页符】将保留Word中使用的分页符;也可以选择【转换为分栏符】或【不换行】。

(2) 导入随文图形:使导入的文本中包含随文图形。

(3) 导入未使用样式:选择此项,导入的文本中包含所有样式,即使文本中未使用的样式也一同导入。

(4) 自动导入样式:

如果【段落样式名称冲突】或【字符样式名称冲突】旁出现黄色警告三角形,则表明Word文档中有些段落样式或字符样式与InDesign CS3中的样式同名。可以在【段落样式名称冲突】或【字符样式名称冲突】的菜单中选择一种解决方法。有:【使用InDesign CS3样式定义】、【重新定义InDesign CS3样式】、【自动重命名】三种解决方法。

(5) 自定样式导入:

选择此项后,单击【样式映射】按钮,打开【样式映射】对话框,如图4-58所示。对话框底部显示样式名称冲突的样式数,要解决这一问题,可以单击与Word样式冲突的InDesign样式,然后在菜单中选择要替换的InDesign样式,或者单击【自动重命名】按钮。

图4-58 【样式映射】对话框

如果要存储当前的 Word 导入选项以便以后重新使用,在对话框右上角单击【存储预设】,然后单击【确定】按钮。

将鼠标指针移动到文档窗口中,鼠标指针显示为时,将指针移动到要置入文字的位置,完成后,Word文件就会被置入文件中了。如图4-59、图4-60所示为Word文件和置入InDesign后。

图4-59 Word文件

图4-60 Word文件置入到InDesign后

4.4.4 置入Excel文件

置入Excel文件的操作方法与置入Word文件相似，只是将文件导入选项不同而已。

从菜单栏的【文件】菜单中选择【置入】命令，打开【置入】对话框，如图4-61所示。从【查找范围】菜单中选择要置入的Excel文件所在的文件夹，并选择要置入的文件，然后选择【显示导入选项】。

单击【打开】按钮，出现【Microsoft Excel导入选项】窗口后，设置所要导入的选项与格式。图4-62所示为【Microsoft Excel导入选项】对话框。

【Microsoft Excel导入选项】对话框中的选项如下：

工作表：选择要导入的工作表。

视图：指定是导入任何存储的自定或个人视图，还是忽略这些视图。

单元格范围：指定单元格的范围，使用冒号（:）来指定范围（如A1:G15）。如果工作表中存在指定的范围，则在【单元格范围】菜单中将显示这些名称。

导入视图中未保存的隐藏单元格：导入时，包括格式化为Excel电子表格中的隐藏单元格的任何单元格。

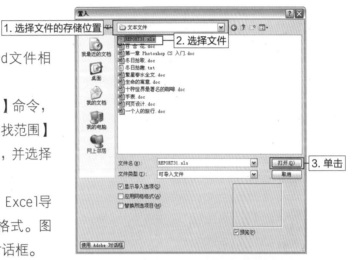

图4-61 【置入】对话框

图4-62 【Microsoft Excel导入选项】对话框

表：指定电子表格信息在InDesign文档中显示的方式。如果选择【有格式的表】，则InDesign尝试保留Excel中用到的相同格式。但单元格中的文本格式可能不会保留。可将电子表格数据导入到无格式的表或无格式的制表符分隔的文本中。

单元格对齐方式：指定导入到文档中后表格的单元格对齐方式。

包含随文图：导入时，在InDesign中保留Excel文档的随文图形。

图4-63 有格式的表

包含的小数位数：指定小数位数。仅当选中【单元格对齐方式】时该选项才可用。

使用弯引号：确保导入的文本包含中文左右引号（" "）和撇号（'），而不包含英文直引号（" "）和撇号（'）。

单击【确定】按钮，将鼠标指针移动到文档窗口中，鼠标指针显示为 时，将指针移动到要置入表格的位置，完成后，Excel表格就会被置入文档中了。

如果选择【带格式的表格】，则导入的内容会以表格的方式显示，且内容会保留原来的格式，如图4-63所示；选择【没有格式的表格】，则导入的内容会以表格的方式显示，但内容不会保留原来的格式如图4-64所示；选择【没有格式的Tab分隔文本】，则导入的内容不会以表格的方式显示，只以一个按键的距离来区分字段的数据，且内容也不会保留原来的格式，如图4-65所示。

移动光标到编辑区上，当光标变成 或 时，在编辑区上单击鼠标左键。

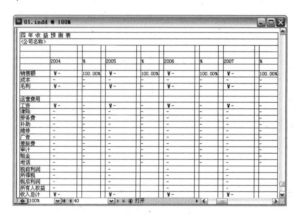

图4-64 无格式的表

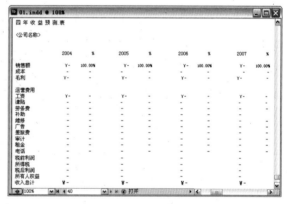

图4-65 无格式制表符分割文本的表

4.5 排文方式设置

在InDesign中的文字，都显示在文本框中，因此，在编排文件时，一定会常常需要处理文字溢流的问题，也就是单一个文本框中无法显示所有文字的问题。如果搞不懂如何处理文本框与文本框之间的关系，可能会使排版操作变得复杂。

4.5.1 文本串接排文方式

所谓的文本串接排文是指连续的文字分别显示在不同的文字框中。

当文字框无法将所有文字内容都显示出来时，就会在该文字框的出文口显示 ，表示该文本框中的文字没有全部显示出来，如图4-66所示。

在工具箱中选择【选择工具】按钮，然后在文本框架右下角的 上单击，然后将鼠标指针移动到页面的空白处，鼠标指针变为 时，单击鼠标左键，以新建一个接续的文本框架，如图4-67所示。

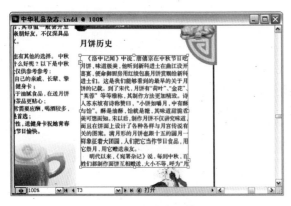
图4-66 文本串接排文

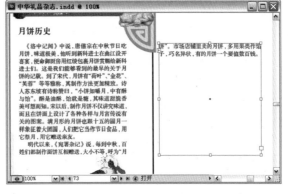
图4-67 接续文本框架

如果已经准备好放置溢流文字的文本框架，在⊞上单击以后，将鼠标指针移动到准备好的文本框架上，鼠标指针变为 时，单击鼠标左键，使未显示出来的文字显示在此框架中。

使用这两种方法，都可以产生串接的文本框架，将文字显示在不同的文本框中。

4.5.2 显示串接顺序

当文档中的文章显示在多个文本框架中时，可以显示文本串接，查看文本串接顺序，避免串接的文本框架顺序排列错误。

从菜单栏的【视图】菜单中选择【显示文本串接】，然后使用选择工具选择文本框架。这样，与选择的文本框架串接的所有框架之间都使用串接线连接起来，以显示串接的顺序，如图4-68所示。

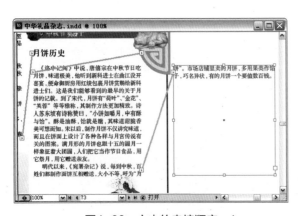
图4-68 文本的串接顺序

由于串接线只是用来避免排版时将串接顺序搞混的辅助线，因此该串接线在文档打印时不会被打印出来。

4.5.3 快速排文

置入大量的文字时，利用选择⊞，再新建文字框的方式，虽然可以让文字符串接显示，但会显得没有效率。

除了想要让文字显示在图形对象或自定义的文字框外，若是想要一次可以选择多个串接位置，快速将文字填满页面或一次就完成串接排文时，只要配合键盘上的按键，即可达成。

1) 半自动排文

所谓半自动排文是指单击时按住【Alt】键，每次新建串接文本框架后，指针将变为载入的文本图标，直到所有文本都排列到文档中为止。

在工具箱中选择【选择工具】，在溢流的文本框架的右下角单击⊞，然后按住键盘上的【Alt】键，当鼠标指针变成后，在想要新建串接文本框架的位置上单击鼠标左键，如图4-69所示。

完成后，鼠标指针会显示为（图4-70），如果文本还未全部显示，可以再按住键盘上的【Alt】按键，使鼠标指针变成后，新建其他的串接文本框架。

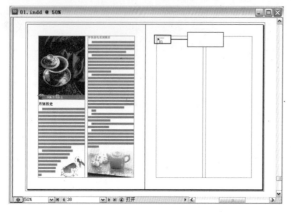 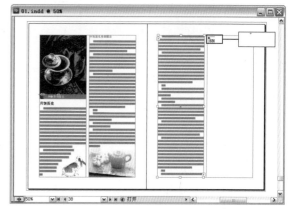

图4-69　半自动排文　　　　　　　　　　　图4-70　新建其他的串接文本框架

2) 自动排文

自动排文功能，将所有文本都排列到当前页面中，但不添加页面，剩余的文本都将成为溢流文本。

在工具箱中选择【选择工具】，在溢流的文本框架的右下角单击⊞，然后按住键盘上的【Shift+Alt】键，当鼠标指针变成后，在想要新建串接文本框架的位置上单击鼠标左键，如图4-71所示。

完成后，自动添加文本框架，填满该页页面，如图4-72所示（如果仍有未显示的内容，仍必须以手动方式来新建页面或选择想要显示的位置）。

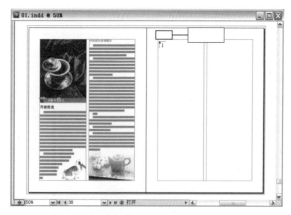 

图4-71　自动排文　　　　　　　　　　　图4-72　文章自动排完

3) 全自动排文

全自动排文会自动添加页面和框架，直到所有文本都排列到文档中为止。

在工具箱中选择【选择工具】，在溢流的文本框架的右下角单击⊞，然后按住键盘上的【Shift】键，当鼠标指针变成后，在想要新建串接文本框架的位置上单击鼠标左键，如图4-73所示。

完成后，自动添加文本框架，显示溢流文本，如果原本的页面不够显示所有文字时，则会自动新建页面，以显示所有的串接文字，如图4-74所示。

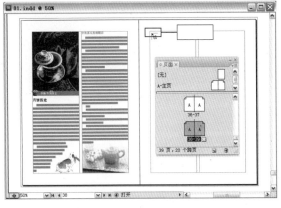

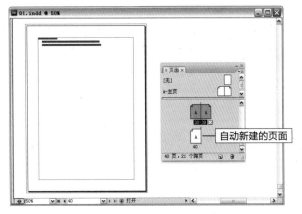

图4-73　全自动排文　　　　　　　　　　图4-74　自动新建页面

4.5.4 自定义串接关系

除了将一个文本框架中的文本，设置为串接文字的方式外，也可以将两个独立的文本框架连接。

在工具箱中选择【选择工具】，选择要当第一个串接的文本框架，在文本框架的出文口上单击鼠标左键，如图4-75所示。

移动鼠标指针到要当成第二个串接的文本框架上，当鼠标指针变成 后（图4-76），单击鼠标左键。

这样，就可以将独立的文本框架设定成串接的文字框架了。

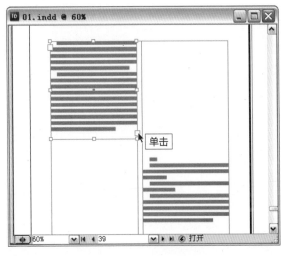

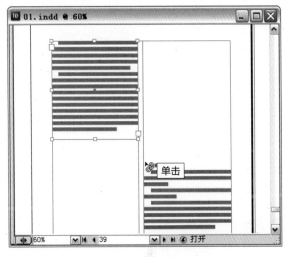

图4-75　单击出文口　　　　　　　　　　图4-76　串接文字框架

4.5.5 文字符串接管理技巧

设置好串接文字显示的位置及串接的顺序后，还有一些关于串接管理的技巧及观念，也是编辑串接文字时必须要知道的。

1) 复制与剪切串接文字框

复制串接文本中的一个框架并执行粘贴时，只会复制该文字框与其中的文字内容；如果复制串接文本中的多个框架，则会将文字框中的串接关系也一起复制。

剪切串接义本框架时，只剪切掉文本框架，而文本框架中的文字会显示在其他未被剪下的串接文本框中。

删除串接文本框架时，也是只会删除文本框架，并不会将文字框中的文字删除。

2) 解除串接文字

如果要取消文本框架之间的串接关系，先选择想要解除串接文字的文字框，在文本框架的入文口或出文口上单击鼠标左键，如图4-77所示。

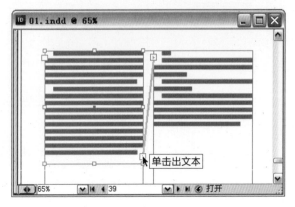

图4-77 单击出文口

当指针变成 时，在原处单击鼠标左键，如图4-78所示。

这样，就解除了两个文本框架之间的串接关系，文字就会跑到上一个文本框架中，不过原本显示串接文字的文字框并不会被删除，如图4-79所示。

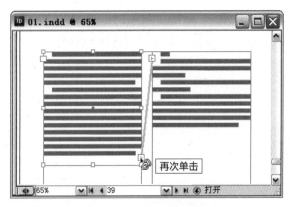

图4-78 在原处单击鼠标

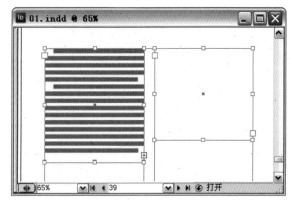

图4-79 取消串接关系之后

4.6 文章检查

在编辑文章时，字符、单词或者文本使用的字体在一篇文章中可能多次出现或使用，如果出现错误，要查找并更改并不是一件容易的事。而在InDesign中，可以使用【查找/更改】对使用的字符、单词或者文本使用的字体等进行查找并更改。

使用【查找/更改】可以搜索文本、GREP、字形、对象，并进行更改。还可以转换全角半角。

在菜单栏中依次选择【版面】→【查找/更改】菜单命令，打开【查找/更改】对话框，如图4-80所示。

查找内容：输入或粘贴要查找的文本。如果要查找特殊符号，单击文本框后面的【要搜索的特殊字符】按钮@，然后在菜单中选择要查找的特殊字符即可，如图4-81所示。

更改为：输入或粘贴要更改为的文本。同样，可以在特殊字符菜单中选择要更改为的特殊字符。

搜索：在菜单中选择搜索范围。

(1) 所有文档：搜索所有打开的文档。

(2) 文档：搜索整个文档。

(3) 文章：搜索当前选中框架中的所有文本，包括其串接文本框架中的文本和溢流文本。

(4) 到文章末尾：从插入点开始搜索。

(5) 选区：仅搜索选中文本。

单击【查找】按钮以开始搜索要查找内容的第一个实例，此时按钮变为【查找下一个】，单击此按钮，查找下一个实例，然后执行下列操作之一：

(1) 更改：更改当前实例查找到的实例。

(2) 全部更改：选择此项，可以一次更改全部内容。单击此按钮时，出现一则消息，显示更改的总数。

(3) 查找/更改：更改当前实例并搜索下一个。

更改完成后，单击【完成】按钮。

图4-80 【查找/更改】对话框

图4-81 选择要搜索的特殊字符

4.7 本章小结

本章主要介绍了Indesign软件的文字置入相关知识，包括输入文字、文字框架与网格设置、在路径上输入文字、置入文字、排文方式设置和文章检查等知识。通过学习本章知识，学生能够基本掌握在Indesign软件中置入文字的基本技巧。

思考与练习

1) 填空题

(1) 路径文字的对齐方式有____、____、____、____、____和____6种方式。

(2) Adobe InDesign除能够置入word文件外,还能够置入_____表格文件。

2) 操作题

(1) 创建文本框架并输入文本。

(2) 创建"Adobe InDesign"文字,并将它设置为围绕着圆形的路径文字。

(3) 导入一篇Word文章,并将其自动排文为双栏排版的文档。

第5章

文字编排技巧

　　InDesign软件提供了格式化字符、字符样式的设置功能，使创建和排版出版物时，文字编排更加便捷、更容易操作。本章将学习InDesign软件的文字编排技巧，包括设置文字格式、设置文字特殊效果、查找与更改字体和应用字符样式等内容，通过学习可以掌握文字编排的一般技法。

本章学习重点与要点：
(1) 设置文字格式；
(2) 设置文字特殊效果；
(3) 查找和更改字体；
(4) 字符样式。

5.1 设置文字格式

将文字输入后，可以依照当时版面的样式来设置文字的格式。在InDesign中，只要先选择想要设置格式的文字或文字框后，再通过字符格式控制面板或字符控制面板中的菜单，就可以重新设置文字的格式。

5.1.1 字符格式设置面板

用于设置字符格式的面板有【控制】面板和【字符】面板。

控制面板的设置选项会随着目前选择的对象，而显示和选择对象相关且较常使用到的设置菜单，以方便快速设置对象的属性，如图5-1所示。窗口中没有出现控制面板时，从菜单栏的【窗口】菜单中选择【控制】命令。

设置文字格式时，除了可以使用控制面板之外，字符面板是专用于设置文字格式的面板，如图5-2所示。要显示字符控制面板时，从菜单栏依序选择【窗口】→【文字和表格】→【字符】命令。

图5-1 控制面板　　　　　　　　图5-2 字符面板

【字符】面板中的选项如表5-1所示：

【字符】面板中的选项　　表5-1

图　示	名　称	说　明
宋体	字体	设置文字的字体
Regular	字体样式	设置文字的字体样式。当选择的字体（例如Arial）中有其他的字体样式时，例如Italic斜体、Bold粗体、Bold Italic粗斜体等，则可以从此菜单中选择
T	字体大小	设置文字的大小
IA	行距	设置行与行之间的距离
IT	垂直缩放	设置文字的垂直缩放比例
T	水平缩放	设置文字的水平缩放比例
AV	字偶间距调整	设置两个字符之间的间距。设置时，将文字光标置于要设置间距的字符间
AV	字符间距调整	设置文字之间的间距。设置时，选中要设置间距的文字
T	比例间距	设置文字之间的间距。此选项只能缩小文字之间的间距，值越大，字符间距越小
▦	网格指定格数	设置文字占据的网格格数
A a+	基线偏移	设置文字的基线位移
T	字符旋转	设置文字旋转的角度
T	倾斜	设置文字倾斜的角度
T	字符前挤压间距	设置文字前挤压的距离
T	字符后挤压间距	设置文字后挤压的距离
语言		设置词典语言

5.1.2 文字选取技巧

在要开始对文字作编辑操作前,必须先选择文字,才能针对被选择的文字进行编辑的操作。选择文字时,会因为需求的不同,需要不同的选择范围,以下将介绍一些选择不同文字范围的方法。

1) 使用鼠标选择

(1) 选择一个或多个字符

将文字光标定位在要选择的文本的第一个字之前,或者定位在要选择的文本的最后一个字之后,然后按下鼠标左键拖过要选中的文本,这些文本将反白显示,如图5-3所示。

(2) 选择大范围的文字

将文字光标定位在要选择的文本的第一个字之前,然后按住键盘上的【Shift】按键,将鼠标指针移动到要选择的最后一个字之后单击鼠标左键,如图5-4所示。

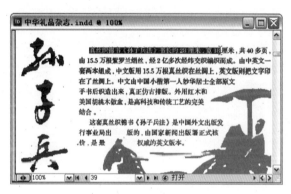

图5-3 选择多个字符

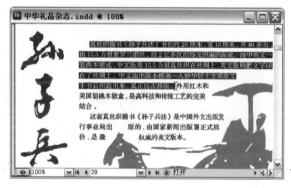

图5-4 选择大范围的文字

(3) 选择一个句子

在要选择的句子中的任意字符之间双击鼠标左键,就会选择标点之间的文字,如图5-5所示。

但是,如果句子中有不同类型的字符时(如阿拉伯数字、英文、中文等),双击鼠标左键会选择这个句子中相邻的同类字符,如图5-6所示。

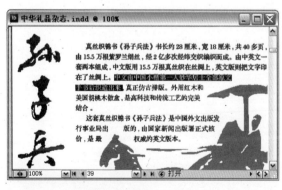

图5-5 选择一个句子

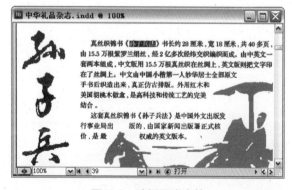

图5-6 选择同类字符

(4) 选择一行

在要选择的行中的任意字符之间单击鼠标左键三次,就会选取光标所在的整行文字,如图5-7所示。

(5) 选择一个段落

在要选择的段落中的任意字符之间单击鼠标左键四次,就会选取光标所在的整段文字,如图5-8所示。

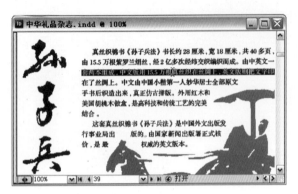

图5-7 选择一行　　　　　　　图5-8 选择一个段落

(6) 选择一篇文章

在要选择的文章中的任意字符之间单击鼠标左键五次,就会选取光标所在的文本框架中的所有文字,如图5-9所示。

如果此文本框架还与其他文本框架有串接关系,单击鼠标左键五次后,串接的文本框架中的文字也全部被选中。

2) 使用快捷键辅助选择

将光标定位于要选取文本的开始处(本实例中文字光标定位于【珍】和【贵】之间),然后执行下列操作之一:

(1) 向左选择一个字符

在键盘上按下【Shift +←】键,将选择光标左侧的一个文字,如图5-10所示。

(2) 向右选择一个字符

在键盘上按下【Shift +→】键,将选择光标右侧的一个文字,如图5-11所示。

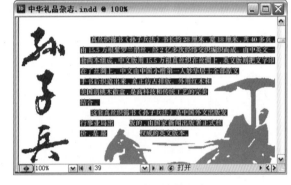

图5-9 选择整篇文章

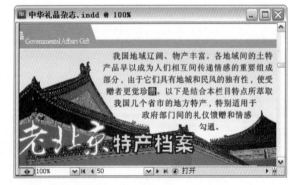

图5-10 向左选择一个字符　　　　　　　图5-11 向右选择一个字符

(3) 向上选择一行

在键盘上按下【Shift +↑】键,将选择上面一行,如图5-12所示。

(4)向下选择一行

在键盘上按下【Shift +↓】键，将选择下面一行，如图5-13所示。

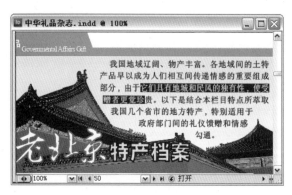

图5-12 向上选择一行

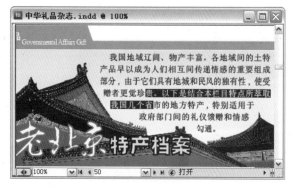

图5-13 向下选择一行

(5)选择到行首的文字

在键盘上按下【Shift+Home】键，将选择光标到行首的文字，如图5-14所示。

(6)选择行尾的文字

在键盘上按下【Shift+ End】键，将选择光标到行尾的文字，如图5-15所示。

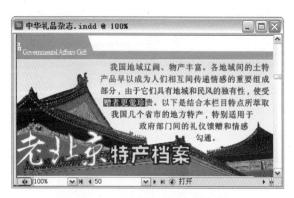

图5-14 光标选择到行首的文字

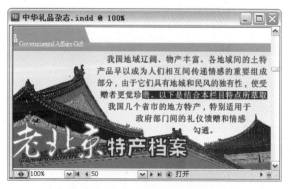

图5-15 光标选择到行尾的文字

(7)选择到段首的文字

在键盘上按下【Shift + Ctrl+ Home】键，将选择光标到段首的文字，如图5-16所示。

(8)选择到段尾的文字

在键盘上按下【Shift + Ctrl+ End】键，将选择光标到段尾的文字，如图5-17所示。

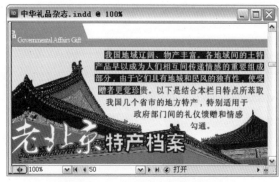

图5-16 光标选择到段首的文字

图5-17 光标选择到段尾的文字

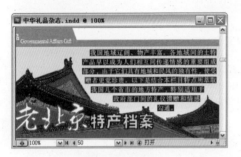

图5-18 全文

(9) 选择全文

在键盘上按下【Ctrl+A】键,将选择光标所在的文本框内的全部文字,以及与此文本框架有串接关系的文本框内的全部文字,如图5-18所示。

5.1.3 设置文字属性

编排文件时,可以改变某些文字的字型、大小或颜色,使版面可以更加美观。

1) 设置字体

使用文字工具选择要设置字体的文字,如图5-19所示。

在【控制】面板或【字符】面板中,在单击【字体】选项框右侧的 ,菜单中选择字体,如图5-20所示。

图5-19 选择文字

图5-20 应用字体

选择字体后,如果字体还有其他样式,则可以在【字体样式】选项中选择字体样式。

也可以从菜单栏中的【文字】菜单中选择【字体】,在弹出的字体菜单中选择一种字体。使用此菜单时,会同时选择字体系列和字体样式。

下面列出几种应用不同字体的例子,如图5-21~图5-27所示。

图5-21 彩云简体　　图5-22 粗倩简体　　图5-23 古隶简体　　图5-24 行楷简体

图5-25 硬笔行书简体　　图5-26 幼圆简体　　图5-27 隶书简体

2) 字体大小

使用文字工具选择要设置的字体大小。

在【控制】面板或【字符】面板的字体大小列表中,选择所需的字体大小,如图5-28所示。

也可以从菜单栏中的【文字】菜单中选择【大小】,然后菜单中选择合适的大小选项。如果选择【其他】,则可以在【字符】面板中输入新的文字大小值。

下面列出几种应用不同字体大小的例子,如图5-29~图5-32所示。

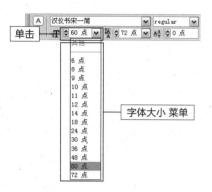

图5-28　字体大小列表

图5-29　文字大小为14点　　图5-30　文字大小为30点　　图5-31　文字大小为48点　　图5-32　文字大小为72点

3) 字符间距

InDesign将字距的设置分为字符间距和字偶间距两种,字符间距只调整两个文字间的距离;而字偶间距则是较常用到的字距设置,它可以调整所有选择文字间的距离。

(1) 字偶间距

字偶间距调整是增大或减小特定字符对之间间距的过程。

在要进行字偶间距调整的字符间定位文本插入点(图5-33),或选择要进行字偶间距调整的文本,然后在【字符】面板或【控制】面板中,单击【字偶间距调整】图标右侧的,然后在菜单中选择合适的选项。图5-34所示为字偶间距调整菜单。

菜单中有3个选项为自动调整字偶间距的方式,其余的选项则可以根据需要选择,菜单中自动进行字偶间距调整的选项如下:

视觉:根据相邻字符的形状调整他们之间的间距,适合用于罗马字形中。

原始设定-仅罗马字:偶间距调整只针对罗马字进行微调。

原始设定:针对特定的字符对(字偶)预先设定间距调整值。

选择字偶间距调整值,是调整两个字符间距的理想方法,如图5-35~图5-37所示。

图5-33　定位文本插入点　　　　图5-34　字偶间距调整菜单　　　　图5-35　字偶间距调整值为-100

图5-36　字偶间距调整值为50　　　图5-37　字偶间距调整值为200

(2) 字符间距

使用文字工具选择加宽或紧缩字符间距的文本，如图5-38所示。

在【控制】面板或【字符】面板中，单击【字符间距调整】图标右侧的▼，然后在菜单中选择合适的选项。下面列出几个应用不同字偶间距调整值的例子，如图5-39～图5-42所示。

图5-38　选择文字　　　图5-39　字符间距调整值为-100　　　图5-40　字符间距调整值为25

图5-41　字符间距调整值为100　　　图5-42　字符间距调整值为200

4) 行距

所谓行距是指文字中行与行之间的距离，设置行距时，只要选择该行中的某一个或几个文字后，再设置行距，则整行的行距都会跟着改变，而不会只单独变更所选文字的行距。

使用文字工具选择要设置行距的段落中的任意文字（如果要设置多个段落的行距，则需要选中这些段落），单击【行距】图标右侧的▼，然后在菜单中选择合适的选项。

菜单中的【自动】选项，是按照文字的大小不同，行距相应增大或减小，自动行距一般为文字大小的120%，如果菜单中的选项不能满足需要，可以在文本框内输入数值。

下面列出几个应用不同行距的例子，如图5-43～图5-46所示。

图5-43　应用【自动】

图5-44　行距为18点

图5-45　行距为36点　　　　　图5-46　行距为72点

5) 设置文字的水平和垂直缩放比例

默认的情况下，文字的水平和垂直缩放比例为100%，更改文字的水平或垂直缩放比例，会使文字变得较宽或较长。

使用文字工具选择要设置水平或垂直缩放比例的文字，如图5-47所示。

图5-47　选择要设置水平或垂直缩放的文字

在【字符】调板或【控制】调板中的【垂直缩放】或【水平缩放】菜单中选择百分比值，或者的文本框中输入合适的百分比值。

下面列出几个应用不同【水平缩放】值和【垂直缩放】值的例子，如图5-48～图5-55所示。

图5-48　水平缩放50%　　　图5-49　水平缩放80%　　　图5-50　水平缩放150%

图5-51　垂直缩放50%　　　图5-52　垂直缩放80%　　　图5-53　垂直缩放150%

6) 基线偏移

使用基线偏移可以使文字相对于周围文本的基线向上或向下偏移。

使用文字工具选择要使文字基线偏移的文字，在【控制】面板或【字符】面板中，在【基线偏移】文本框中输入偏移值，或在【基线偏移】框中单击，然后按向上或向下箭头。

正值将使该字符的基线移动到这一行中其余字符基线的上方，如图5-54所示；负值将使其移动到这一行中其余字符基线的下方，如图5-55所示。

图5-54　"u、t、r、l"的基线偏移-15点　　　图5-55　"u、t、r、l"的基线偏移30点

7) 文字旋转

使用文字工具选择文字（图5-56），然后在【字符】面板中的【字符旋转】菜单中选择旋转角度，如果菜单中提供的选项不合需要，同样可以自己输入角度值。

下面是应用菜单中的选项旋转文字的效果，如图5-57～图5-59所示。

  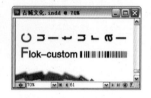 

图5-56　选择文字　　图5-57　文字旋转45°　　图5-58　文字旋转90°　　图5-59　文字旋转180°

图5-60　选择文字

8) 字符倾斜

使用文字工具选择文字（图5-60），然后在【字符】面板中的【倾斜】文本框中输入文字倾斜的角度（-85°～85°）。输入正值，文字向右倾斜；输入负值，文字向左倾斜。

下面是应用常用的几个倾斜角度的效果，如图5-61～图5-64所示。

图5-61　文字倾斜15°　　图5-62　文字倾斜30°　　图5-63　文字倾斜45°　　图5-64　文字倾斜60°

9) 字符前/后积压间距

字符前积压间距和字符后积压间距选项主要是在字符前或字符后添加空格以增加字符前后的间距。

使用文字工具选择要增大字符前或字符后的间距的文字，如图5-65所示。

在【控制】面板或【字符】面板中的【字符前积压间距】或【字符后挤压间距】菜单中选择合适的空格。

下面是应用常用的【字符前积压间距】中的选项增加字符前间距的效果，如图5-66～图5-71所示。

图5-65　选择文字　　图5-66　1/8全角空格　　图5-67　1/4全角空格

图5-68　1/3全角空格　　图5-69　1/2全角空格　　图5-70　3/4全角空格　　图5-71　1个全角空格

5.2 设置文字特殊效果

在InDesign中,文字还有许多的效果可以设置,例如上标和下标文字、为文字添加下划线、添加删除线、在文字旁加入着重号及将文字转成外框等效果,使文件编辑时,可以依照不同的情况应用不同的效果。

5.2.1 上标和下标

文字的上标和下标也是常用的文字编辑方式,比如要用到平方、立方等。

1) 上标

使用文字工具选择要上标的文字,如图5-72所示。

在【控制】面板中单击【上标】按钮,也可以在【字符】面板菜单中选择【上标】命令,选择的文字自动移到上标的位置,如图5-73所示。

2) 下标

使用文字工具选择要下标的文字,然后在【控制】面板中单击【下标】按钮,也可以在【字符】面板菜单中选择【下标】命令,选择的文字自动移到下标的位置,如图5-74所示。

$(a+b)3=(a+b)(a2-ab+b2)$

图5-72 选择文字

$(a+b)^3=(a+b)(a^2-ab+b^2)$

图5-73 文字上标

$(a+b)_3 \neq (a+b)(a_2-ab+b_2)$

图5-74 文字下标

5.2.2 下划线

下划线用于标明重点或者特殊的文字,下划线的粗细、类型、位移、颜色等都可以自己设置。

使用文字工具选择要添加下划线的文字,如图5-75所示。

在【控制】面板中单击【下划线】按钮,也可以在【字符】面板菜单中选择【下划线】命令,选择的文字下面就会添加默认格式的下划线,如图5-76所示。

如果要自定义下划线的样式,在【字符】面板菜单中选择【下划线选项】命令,打开【下划线选项】对话框,如图5-77所示。

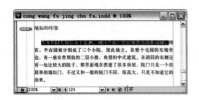
图5-75 选择文字

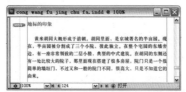
图5-76 添加的默认下划线

图5-77 【下划线选项】对话框

在对话框中设置下划线的粗细、类型、位移、颜色、色调、间隙颜色及间隙色调,最后单击【确定】按钮。

【下划线选项】对话框中的选项说明如下:

启用下划线:在选中的文字中启用下划线。如果选中的文字还未应用下划线,打开对话框时，需要选择此项，才能设置其他选项；如果选中的文字已经应用下划线，则打开对话框后，此选项默认选中。

粗细：在菜单中选择一个选项或在文本框中输入一个值，以确定下划线的线条粗细。

类型：在菜单中选择一种类型，效果如图5-78～图5-81所示。

位移：设置下划线的垂直位置。位移从基线算起，正值将使下划线移到基线的下方，负值将使下划线移到基线的上方，如图5-82所示。

颜色：选择下划线颜色。

色调：选择下划线的色调。

间隙颜色：如果指定了【实底】以外的线条类型，则可以选择间隙颜色，如图5-84所示。

间隙色调：如果指定了【实底】以外的线条类型，则可以为间隙颜色选择色调，如图5-85所示。

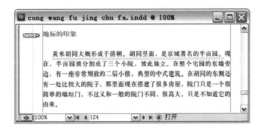
图5-78　细-细

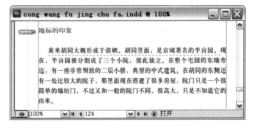
图5-79　虚线

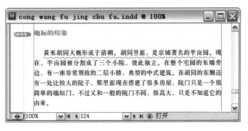
图5-80　波浪线

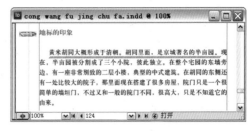
图5-81　右斜线

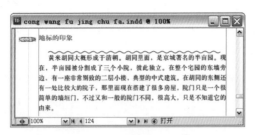
图5-82　下划线位移-5毫米

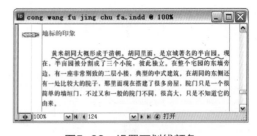
图5-83　设置下划线颜色

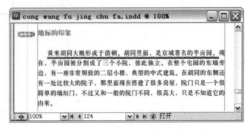
图5-84　为下划线应用间隙颜色

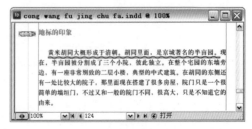
图5-85　为下划线的间隙颜色设置色调

5.2.3 删除线

删除线用于标明需要删除的文字。

使用文字工具选择要添加删除线的文字，如图5-86所示。

在【控制】面板中单击【删除线】按钮，也可以在【字符】面板菜单中选择【删除线】命令，选择的文字下面就会添加默认格式的删除线，如图5-87所示。

如果要自定义删除线的样式，在【字符】面板菜单中选择【删除线选项】命令，打开【删除选项】对话框，如图5-88所示。

在对话框中设置删除线的粗细、类型、位移、颜色、色调、间隙颜色及间隙色调，最后单击【确定】按钮。

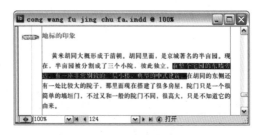

图5-86　选择文字

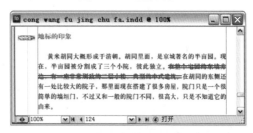

图5-87　添加的默认删除线

图5-88　【删除选项】对话框

5.2.4 着重号

着重号和下划线、删除线一样，用于标记或强调特殊文字。既可以从现有着重号形式中选择点的类型，还可以通过调整着重号设置，指定其位置、缩放和颜色。

1) 应用着重号

使用【文字】工具选择要添加着重号的文字，如图5-89所示。

在【字符】面板菜单或【控制】面板菜单中选择【着重号】，显示在着重号菜单，如图5-90所示。

着重号菜单中列出了InDesign自带的着重号样式，有实心芝麻点、空心芝麻点、鱼眼、实心圆点、实心小圆点、牛眼、实心三角形、空心三角形、空心圆点、空心小圆点。

可以在菜单中选择一种着重号样式，如图5-91所示。

图5-89　选择要添加着重号的文字　　图5-90　着重号菜单　　图5-91　添加着重号

2) 着重号设置

应用InDesign中提供的着重号时，如果不满意默认的位置、大小、颜色等，都可以在【着重号设置】对话框中重新定义。

(1) 着重号设置

选择将要应用或者已应用着重号的文字，然后在【字符】面菜单或【控制】面板菜单中，选择【着重号】→【着重号】，打开【着重号设置】对话框，如图5-92所示。

从【字符】中选择一种着重号字符，例如【鱼眼】或【空心圆点】。

【着重号】对话框中的选项说明如下：

位置：指定着重号与字符之间的间距，如图5-93～图5-95所示。

图5-92 【着重号】对话框

图5-93 位置为0点

图5-94 位置为-8点

图5-95 位置为-22点

位置：指定着重号的附加位置。选择【上/右】，着重号将附加在横排文本上方或直排文本右方，如图5-96、图5-97所示；选择【下/左】，着重号将附加在横排文本下方或直排文本左方。

大小：指定着重号字符的大小。

对齐：指定着重号应居中对齐(显示在字符全角字框的中心)，还是左对齐(显示在左端，若是直排文本，则将显示在全角字框的上端)，如图5-98所示。

水平缩放和垂直缩放：指定着重号字符的高度和宽度缩放。

图5-96 位置为【上/右】

图5-97 位置为【下/左】

图5-98 左对齐

(2) 着重号颜色

如果要更改着重号的颜色，在对话框左侧的列表框中单击【着重号颜色】，以显示设置着重号颜色选项，如图5-99所示。

图5-99 着重号颜色

在颜色列表框左上角单击选择【填色】或【描边】，然后在颜色列表框中选择着重号的填充颜色或描边颜色。

在【色调】选项中，选择填充颜色或描边颜色的色调，在【粗细】选项中，选择描边线条的粗细，然后单击【确定】。

5.2.5 更改排版方向

当编辑杂志或海报等，因版面的需要，而必须将排版方向修改成水平走向或垂直走向时，只要直接设置文字的走向即可，而不必将文字重新粘贴到适合排版方向的文本框中。

在工具箱中选择【选择】工具，然后选择要更改排版方向的文本框，如图5-100所示。

然后从菜单栏中选择【文字】→【排版方向】/【水平】或【垂直】命令，该文本框中的全部文字就会变成指定的排版方向了，如图5-101所示。

图5-100　选择文本框架　　　　　　　图5-101　更改排版方向

5.2.6 创建轮廓

如果想要像编辑图形那样编辑文字，可以应用【创建轮廓】命令将文字转换为图形。转换后，文字就变成图形格式，因此也无法再对该文字进行修改文字内容或应用文字格式等操作。

选择想要转换的文字，然后执行【文字】→【创建轮廓】命令，如图5-102所示。

执行完命令后，文字变为图形，可以使用工具箱中的工具作为路径编辑，如图5-103所示。

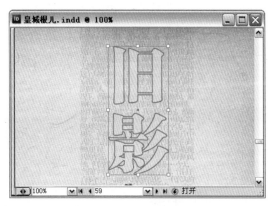 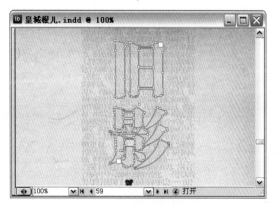

图5-102　创建轮廓　　　　　　　图5-103　转换为图形的文字

5.3 查找和更改字体

使用【查找字体】命令，可以搜索并列出整篇文档所使用的字体，然后可用系统中的其他任何可用字体替换搜索到的所有字体(导入的图形中的字体除外)。

在菜单栏中依次选择【文字】→【查找字体】，打开【查找字体】对话框，如图5-104所示。

文档中的字体：选择要查找的字体。列表中显示的图标表示字体类型或字体状况，如 ⚠ 表示缺失字体，◯ 表示OpenType字体，Ⓣ 表示TrueType字体，ⓐ 表示PostScript字体，🖼 表示导入的图像。

替换为：在【字体系列】和【字体样式】中选择替换为的字体和字体样式，如图5-105所示。

查找第一个：查找使用该字体的第一处文本。然后根据需要在对话框右侧选择不同的按钮。

更改：更改选定字体的某个实例。

更改/查找：更改选定实例中的字体，然后自动查找下一实例。

全部更改：更改列表中选定字体的所有实例。

图5-104 【查找字体】对话框

图5-105 设置替换为的字体和字体样式

> 要更改导入的图形中的字体，可以使用最初导出该图形的程序，然后替换该图形或使用【链接】面板更新链接。

5.4 字符样式

应用样式是排版过程的重要的环节，不仅节省时间，而且可以使排版的文件风格统一、和谐。在样式设置对话框中，可以设置基本属性如字体、大小、字间距、行间距、段落线等，还可以设置框架、表格、图片等。

5.4.1 创建字符样式

字符样式可以设置文字的大小、颜色、字距、旋转角度、倾斜等与文字格式相关的设置，当文件中有需要常使用到相同字符样式的设置时，则可以为这些文字格式新建一个字符样式，以减少许多文字格式设置的操作。

使用文字工具选择文字，在菜单栏中依次选择【窗口】→【文字与表格】→【字符样式】命令，以显示【字符样式】面板，如图5-106所示。

图5-106 字符样式面板

在【字符样式】面板菜单中,选择【新建字符样式】,打开【新建字符样式】对话框,如图5-107所示。

样式名称:文本框中输入新建的样式名称。

基于:菜单中选择新建的字符样式要以哪一个字符样式为基础。

快捷键:文本框内单击鼠标左键,然后输入应用此样式的快捷键。

在对话框左边选择【基本字符格式】,然后在窗口右边的选项中设置文字的基本格式,如字体系列、字体样式、大小等,如图5-108所示。

同样的,设置字符样式的其他属性。然后单击【确定】按钮。【字符样式】面板中就会显示新建的字符样式,如图5-109所示。

图5-107 【新建字符样式】对话框

选择对话框左下角的【预览】,以便察看字符样式的效果。

图5-108 设置基本字符格式

图5-109 新建的字符样式

图5-110 载入样式

5.4.2 载入字符样式

除了可以在InDesign中新建字符样式外,还可以从其他InDesign文档中载入样式。

在【字符样式】面板菜单中选择【载入字符样式】,如图5-110所示。

打开【打开文件】对话框后,找到包含要导入字符样式的InDesign CS3文档,如图5-111所示。

单击【打开】按钮。这时,会打开【载入样式】对话框中,在对话框中选则要导入的样式,如图5-112所示。

单击【确定】按钮,这样就将选中的文档中的字符样式载入了,如图5-113所示。

图5-111 选择要载入样式的文档

图5-112 【载入样式】对话框

图5-113 载入样式

5.4.3 应用字符样式

使用文字工具选择要应用字符样式的文字，然后在【字符样式】面板中选择字符样式的名称，如图5-114所示。

5.4.4 删除字符样式

删除一个样式时，可以选择其他样式来替换它。

在【字符样式】面板中选择要删除的样式名称，在面板菜单中选择【删除样式】，或者单击面板底部的【删除选定样式】图标，也可以将该样式拖到【删除选定样式】图标上，如图5-115所示。

在打开的【删除段落样式】对话框中，在【并替换为】中选择替换删除样式的字符样式，或者选择【[无]】，然后选择【保留格式】复选框，以便保留应用了删除的样式的文本的格式，如图5-116所示。

图5-114　应用字符样式

图5-115　删除字符样式

图5-116　选择替换的样式

要删除所有未使用的样式，可以在【样式】面板菜单中选择【选择所有未使用的】，然后单击【删除选定样式】图标。当删除未使用的样式时，不会提示替换该样式。

5.5　本章小结

本章主要介绍了InDesign软件的设置文字格式、设置文字特殊效果、查找与更改字体和应用字符样式等知识。通过学习本章知识，学生能够基本掌握Indesign软件的文字编排技巧，自如的编排文字，进而为设计的实现提供了工具应用技术支持。

思考与练习

1) 填空题

(1) 编排文件时，可以改变某些文字的____、____和____，使版面可以更加美观。

(2) 如果想要像编辑图形那样编辑文字，可以应用____命令将文字转换图形。

2) 操作题

(1) 格式化标题字符，如设置字体、大小、颜色等。

(2) 设置文字的行距和字距。

(3) 调整文字的对齐方式为居中对齐。

第 6 章

段落编排技巧

格式化段落和设置段落样式同格式化文字和设置文字样式一样重要，都是排版设计中应用最为广泛的软件操作技术，本章将重点讲解 InDesign 软件的设置段落编排方式、设置段落特殊效果、文章编辑器和段落样式等段落编排技巧。通过学习本章知识，学生能够基本掌握 InDesign 软件文字段落的编排技巧，将设计理论知识有效地与软件技术应用结合起来。

本章学习重点与要点：
(1) 设置段落编排方式；
(2) 设置段落特殊效果；
(3) 文章编辑器；
(4) 段落样式。

6.1 设置段落编排方式

在排版软件中，文件中的段落是属于一个独立的个体，因此每个段落都可以有属于自己的编排方式，与设定文字不同的地方在于，设定段落的编排方式时，只要在该段落上单击鼠标左键即可，而不必选取整个段落文字。

6.1.1 段落格式设置面板

用于设置字符格式的面板有【控制】面板和【段落】面板。

选择文字、段落或者在段落中置入插入点，然后在控制面板左侧单击【段落格式控制】¶，控制面板中就会显示段落格式设置选项，如图6-1所示。

设置段落格式时，除了可以使用段落格式控制面板之外，段落面板是专用于设置段落格式的面板，如图6-2所示。要显示段落面板时，从菜单栏依序选择【窗口】→【文字和表格】→【段落】命令。

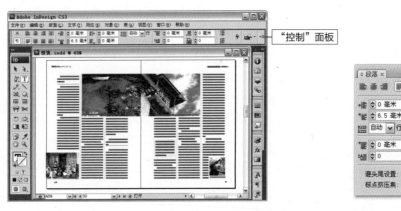

图6-1 【控制】面板　　　　　　　　图6-2 【段落】面板

【段落】面板中的选项如下(表6-1)：

段落面板选项说明　　　　　　　　　　　　　　　　　　　表6-1

图示	名称	说明
→≣	左缩进	设置段落与文本框左边缘的距离
≣←	右缩进	设置段落与文本框右边缘的距离
˚≣	首行左缩进	设置段落首行向右缩进的距离
≣.	末行右缩进	设置段落末行向左缩进的距离(应用于段落右对齐时)
⊞	强制行数	设置段落中行与行的间隔行数，以行为单位，范围值为0～10行
≣	段前间距	设置与前一个段落之间的距离
≣	段后间距	设置与后一个段落之间的距离
↑A≣	首字下沉行数	设置段首的文字放大后，所占的行数
A̲a̲≣	首字下沉一个或多个字符	设置段首想要放大的字符数量

6.1.2 设置段落对齐方式

在InDesign CS3中可以使用对齐方式，使得文本段落的设置非常方便。

使用文字工具选择要设置段落对齐方式的段落，然后在段落控制面板，或者【段落】面板中选择段落对齐方式。

在【段落】面板中，对齐方式图标显示在【段落】面板顶部，从左到右依次为左对齐、居中对齐、右对齐、双齐末行居左、双齐末行居中、双齐末行居右、全部强制双齐、朝向书脊对齐和背向书脊对齐九种，如图6-3所示。

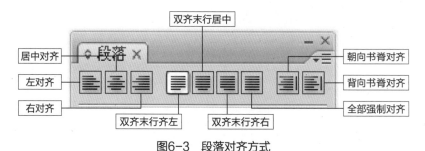

图6-3　段落对齐方式

段落对齐方式图标说明如下：

左对齐：左对齐是将段落中每行文字的左边对齐，如图6-4所示。

居中对齐：居中对齐是将段落中每行文字的中间对齐，如图6-5所示。

图6-4　左对齐　　　　　　　　　　图6-5　居中对齐

右对齐：右对齐是将段落中每行文字的右边对齐，如图6-6所示。

双齐末行齐左：双齐末行居左是将段落中最后一行文本左对齐，而其他文本的其他行的左右两边分别对齐文本框的左右边界，如图6-7所示。

图6-6　右对齐　　　　　　　　　　图6-7　双齐末行齐左

双齐末行居中：双齐末行居左是将段落中最后一行文本居中对齐，而其他文本的其他行的左右两边分别对齐文本框的左右边界，如图6-8所示。

双齐末行齐右：双齐末行居左是将段落中最后一行文本右对齐，而其他文本的其他行的左右两边分别对齐文本框的左右边界，如图6-9所示。

图6-8 双齐末行居中

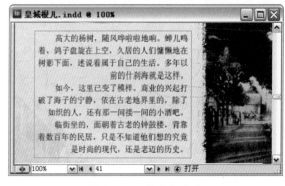

图6-9 双齐末行齐右

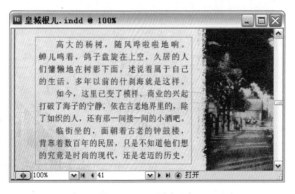

图6-10 强制双齐

强制双齐：强制双齐是将段落中的所有文本行左右两端分别对齐，如图6-10所示。

朝向书脊对齐：左手页（偶数页）的文本行将向右对齐，右手页（奇数页）的文本行将向左对齐。

背向书脊对齐：左手页（偶数页）的文本行将向左对齐，右手页（奇数页）的文本行将向左右对齐。

6.1.3 设置段落缩进格式

段落缩进是使文本从框架的左边缘或右边缘向内移动一定距离。

例如，文本框的左内缩距离为5mm，段落文字左缩进距离为7mm时，则文字与文本框左边边界的距离则为12mm。

在【控制】面板或【段落】面板中提供的缩进包括：左缩进、右缩进、首行左缩进、末行右缩进。

使用文字工具将文字光标定位在段落中，然后在【控制】面板或【段落】面板中设置缩进，如图6-11~图6-14所示。

如果文本框设定了内边距，然后又设定左缩进或右缩进的距离时，则文字与文本框边界的距离大小会为两个距离的值相加。

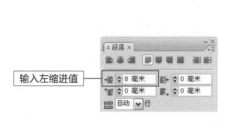
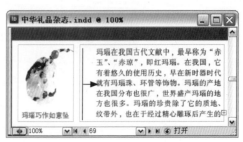

图6-11 左缩进

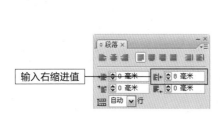 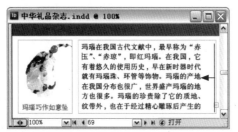

图6-12 右缩进

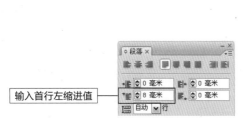 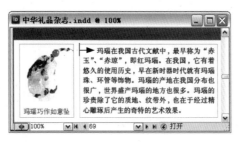

图6-13 首行左缩进

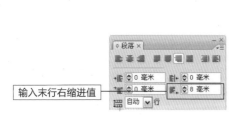 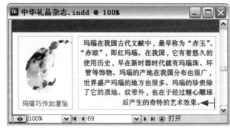

图6-14 末行右缩进

6.1.4 强制行数

强制行数是以行数来设置行与行之间的距离。应用【强制行数】设置的行距，在文字放大或缩小时，行距会自动调整，这样，就可以避免叠字的情形发生。

使用文字工具在要设置强制行距的段落中单击置入文字光标，然后在【控制】面板或【段落】面板中的【强制行数】菜单中选择合适的行数。

应用各个选项的效果如图6-15～图6-20所示。

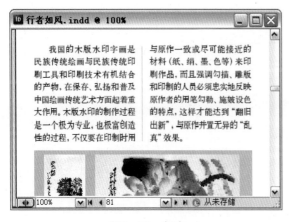 

图6-15 自动　　　　　　　　　　　图6-16 1行

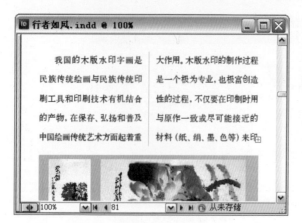
图6-17 2行

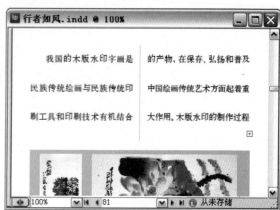
图6-18 3行

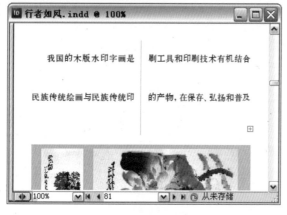
图6-19 4行

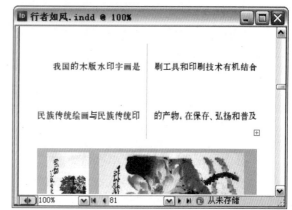
图6-20 5行

6.1.5 设置段落前后间距

一般情况下，段落与段落间会以默认的间距区隔，不过若觉得这样的版面太挤，或是有其他特殊的版面需求时，也可以在段落的前后，设定该段落与前、后段落间的距离。

使用文字工具在要设置段前间距或段后间距的段落中单击置入文字光标，然后在【段落】面板或【控制】面板中，为【段前间距】或【段后间距】输入数值，如图6-21所示。

图6-21 设置段前间距和段后间距

6.1.6 首字下沉

首字下沉是将段落的第一个或前几个文字放大显示，阅读文件时，也可以一眼就看出段落的起始位置。可以设定放大文字时所要占用的行数，占用的行数越多，文字就会被放得越大，但最多不可超过25行。

使用文字工具在要设置首字下沉效果的段落中单击置入文字光标,然后在【控制】面板或【段落】面板中的【首字下沉行数】文本框中输入下沉行数,在【首字下沉字数】文本框中输入下沉字数。

首字下沉效果如图6-22~图6-24所示。

 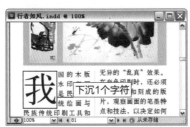 

图6-22 下沉2行,1个字符　　图6-23 下沉4行,1个字符　　图6-24 下沉2行,下沉2个字符

6.2 设置段落特殊效果

除了可以在段落控制面板中设定缩进外,还可以利用制表符来精确地设定文字显示的位置,或是文字对齐的方式;设定段落嵌线,则可使段落与段落间的区隔更加明显;添加项目符号和编号则使文章条理、清晰。

6.2.1 制表符

编辑文字时,有时候需要在文字中插入空格,使文字之间空开一定的空间,或者使文字移动到某个位置上,但是使用这样的方式调整文字的位置时,可能没有办法使文字显示在准确的位置上。

图6-25 制表符面板

这时,可以使用制表符将文字精确地对齐在设定的位置上,除此之外,还可在制表符面板中设定前导符、首行左进、左缩进及右缩进等。

从菜单栏的【文字】菜单中选择【制表符】命令,或依次从菜单栏的【窗口】→【文字与表格】→【定位】命令,都可打开制表符面板,如图6-25所示。

制表符面板中的选项说明如下(表6-2):

制表符面板选项说明　　　　　　　　　　　　　　表6-2

选　项	说　明
左对齐制表符	使水平文字向左靠齐,垂直文字向上靠齐
居中对齐制表符	使文字居中对齐
右对齐制表符	使水平文字向右靠齐,垂直文字向下靠齐
对齐小数位制表符	将小数点或所设置的符号对齐
X	设置所选择的制表符或▲、▼、◀等符号的位置
前导符	输入制表符前空白区域要显示的符号
对齐位置	如果选择了对齐小数位制表符,在此设置小数点以外的对齐符号
	将面板放在文本框架上方
	设置段落首行的缩进距离
	设置段落左边的缩进距离
	设置段落右边的缩进距离

1) 新建制表符

新建制表符前,在制表符面板中选择制表符对齐方式,新建制表符后,再按【Tab】键指定分割点,使文字对齐在新建的制表符上。

使用文字工具选择要新建制表符的段落,然后打开【制表符】面板,在面板右下角单击 按钮,使制表符面板放在文本框架上方,如图6-26所示。

在制表符面板中选择制表符的对齐方式,如图6-27所示。

在制表符面板的标尺上单击鼠标左键,显示右对齐制表符后,再拖移制表符到适当的位置,也可以在X文本框中输入数值,按下【Enter】键,指定制表符的位置,如图6-28所示。

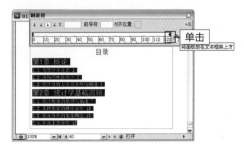

图6-26　将制表符面板放在文本框架上方

图6-27　选择制表符的对齐方式

图6-28　指定制表符的位置

在【前导符】文本框中输入制表符前空白区域要显示的符号,如图6-29所示。

图6-29　输入前导符

在想要移动的文字前置入文字光标(图6-30),然后单击键盘上的【Tab】键,就可以使文字对齐到新建的制表符位置上了,设定的前导符号就会填满定位点前方空白的范围,如图6-31所示。

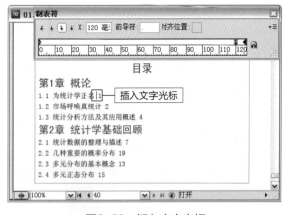

图6-30　插入文字光标

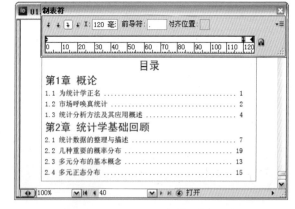

图6-31　【Tab】按键对其制表符

想要移除制表符时,只要在标尺上按住想要移除的制表符,接着往上或下拖移,将定位点移到标尺之外的范围,就可以将其删除了。

2) 设置段落缩进

除了可以在段落控制面板设定段落左、右缩进的距离或段落首行的缩进外,也可以在制表符面板中设定。

使用文字工具在设置缩进的段落中单击置入文字光标，然后移动标尺中的标志符，设置段落的缩进。

首行左缩进：单击选择标尺左侧上面的标志符，然后向右拖动，或者在X文本框中输入数值指定其位置，如图6-32所示。

左缩进：单击选择标尺左侧下面的标志符，然后向右拖动，或者在X文本框中输入数值指定其位置，如图6-33所示。

 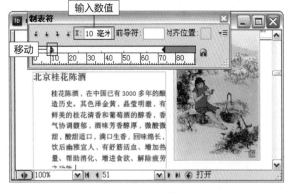

图6-32　首行左缩进　　　　　　　　　　图6-33　左缩进

右缩进：单击选择标尺右侧的标志符，然后向左拖动，或者在X文本框中输入数值指定其位置，如图6-34所示。

悬挂缩进：先将段落左缩进，然后选择标尺左侧上面的标志符，然后向左拖动，或者在X文本框中输入负数值指定其位置，如图6-35所示。

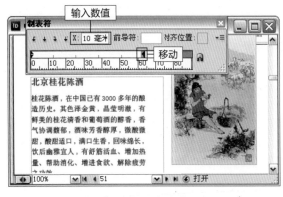 

图6-34　右缩进　　　　　　　　　　图6-35　悬挂缩进

6.2.2 添加段落线

想要利用线条来区隔段落的范围或美化版面时，除了可以在文件上绘制直线外，还可以利用段落嵌线功能，直接在段落的前、后加入线条。

设定段落嵌线时，可以依据版面的需求来设定线段的宽度、颜色、类型、色调、偏移量等设定。

使用【文字】工具在要添加段落线的段落中单击置入文字光标，然后在【段落】面板菜

单中选择【段落线】,打开【段落线】对话框,在对话框中单击选择【启用段落线】对话框,然后在左侧的选项中选择是添加段前线还是段后线,如图6-36所示。

图6-36 启用段落线

【段落选项】对话框中的选项说明如下:

粗细:在菜单中选择一个选项或在文本框中输入一个值,以确定段落线的线条粗细。

类型:在菜单中选择段落类型。

颜色:选择段落线颜色。

色调:选择下划线的色调。色调以所指定颜色为基础。

间隙颜色:如果指定了【实底】以外的线条类型,则可以选择间隙颜色。

间隙色调:如果指定了【实底】以外的线条类型,则可以为间隙颜色选择色调。

宽度:设置段落线的宽度。选择【栏宽】,从栏的左边缘到栏的右边缘,如图6-37所示;选择【文本】,从文本的左边缘到该行末尾,如图6-38所示。如果框架的左边缘设置了内边距,段落线将会从该内边距处开始。

图6-37 栏宽

图6-38 文本

位移:设置段落线的垂直位置。在【位移】中输入一个值,输入正值,段前线向上移动,段后线向下移动;输入负值,段前线向下移动,段后线向上移动。

左缩进:设置段落线(而不是文本)的左缩进距离。

右缩进:设置段落线(而不是文本)的右缩进距离。

6.2.3 项目符号和编号

在书中使用项目符号与编号不仅可以使书的内容条理、清晰、美观,而且更利于阅读。

使用编号可以使每个段落的开头都有一个编号和分隔符。如果向原有文本中添加段落或从中移去段落,则其中的编号会自动更新。

1) 项目符号

使用项目符号可以使每个段落的开头都有一个项目符号字符。

使用文字工具选择要应用项目符号的段落,如图6-39所示。

在【段落】面板菜单中选择【项目符号和编号】选项,打开【项目符号和编号】对话框,在对话框【列表

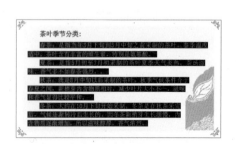

图6-39 选择段落

图6-40 【项目符号和编号】对话框

类型】中选择【项目符号】,显示项目符号设置选项,如图6-40所示。

在【项目符号和编号】对话框中设置下列选项:

项目符号字符:在项目符号字符的表格中选择项目符号,如图6-41所示。

如果没有想要的字符,可以单击右侧的【添加】按钮,打开【添加项目符号】对话框,在对话框下部的【字体系列】和【字体样式】中,选择一种字体和字体样式,然后在上面的列表框中选择要添加的字符,然后单击右侧的【添加】按钮,如果不再添加其他字符,可以单击【确定】按钮。

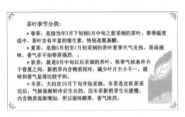

图6-41 应用项目符号"*"

如果想删除列表框中的某个字符,可以在列表框中单击选择,然后单击右侧的【删除】按钮。

此后的文本:输入要在项目符号符后面添加的文本,也可以单击文本框后面的三角▶,然后在菜单中选择选项,如半角空格、半角破折号、小节符、省略号等。

字符样式:选择应用于项目符号的字符样式。

对齐方式:设置项目符号与首行缩进位置的对齐方式(图6-42~图6-44)。

      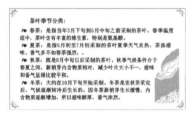

图6-42 左对齐   图6-43 居中对齐   图6-44 右对齐

左缩进:设置段落向右缩进的距离。

首行缩进:设置段落首行向右缩进的距离。

制表符位置:设置项目符号的制表符位置。

2) 编号

使用编号可以使每个段落的开头都有一个编号和分隔符。如果向原有文本中添加段落或从中移去段落,则其中的编号会自动更新。

使用文字工具选择要应用编号的段落,如图6-45所示。

在【段落】面板菜单中选择【项目符号和编号】选项,打开【项目符号和编号】对话框,在

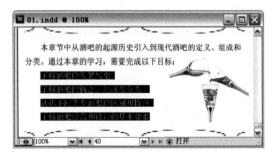

图6-45 选择段落

图6-46 【项目符号和编号】对话框

对话框【列表类型】中选择【编号】,显示编号设置选项,如图6-46所示。

在【项目符号和编号】对话框中设置下列选项:

样式:从样式中选择一种编号类型,如【1、2、3、4……】【一、二、三、四……】【A、B、C、D……】等,如图6-47~图6-51所示。

编号:输入要在编号后面显示的文本,也可以单击文本框后面的三角▶,然后在菜单中选择特殊符号或编号占位符。

字符样式:选择应用于编号的字符样式。

模式:选择编号的模式,如果要自定开始编号,选择【开始编号】,然后在右侧的文本框中输入开始的编号,然后再选择【从上一个编号继续】,这样段落就从设置的开始编号继续编号,如图6-52所示。

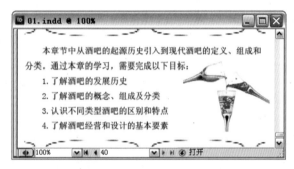

图6-47 1、2、3、4……

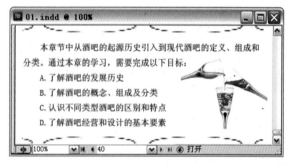

图6-49 A、B、C、D……

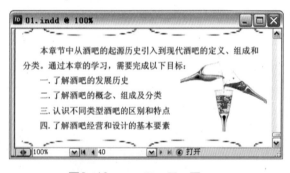

图6-48 一、二、三、四……

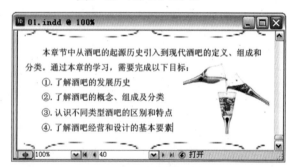

图6-50 圆编号

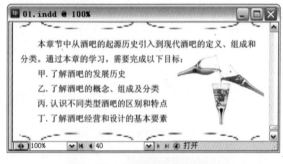

图6-51 中文天干地支编号

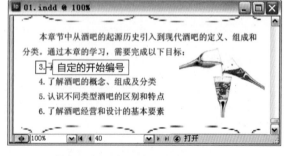

图6-52 自定【开始编号】

对齐方式:设置编号与首行缩进位置的对齐方式。

左缩进:设置段落向右缩进的距离。

首行缩进：设置段落首行向右缩进的距离。

制表符位置：激活制表符位置，以在编号与列表项目之间生成空格。

6.3 文章编辑器

文章编辑器是专用于编辑文章的窗口，文章编辑器中只显示所选择的单一文字框或同一个串接文字排文中的文字，针对这些文字进行阅读、校对、编辑等。当关闭窗口切换回版面中编辑状态时，内容也会自动更新。

6.3.1 打开文章编辑器

每篇文章都显示在不同的文章编辑器窗口中，且可以同时打开多个文章编辑器窗口。文章中的所有文本（包括溢流文本）都显示在文章编辑器中。

选择要在文章编辑器中编辑的文本所在的框架，如图6-53所示。

从菜单栏中的【编辑】菜单中选择【在文章编辑器中编辑】，打开文章编辑器，如图6-54所示。

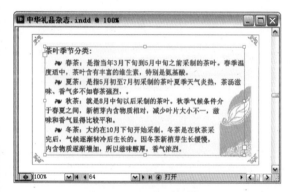

图6-53 选择文本框架　　　　　图6-54 文章编辑器

文章编辑器中只显示所选择的单一文字框或同一个串接文字排文中的文字，针对这些文字进行阅读、校对、编辑等。

完成对文章的编辑之后，单击窗口右上角的关闭按钮，即可关闭窗口。

6.3.2 显示或隐藏文章编辑器项目

在文章编辑器中，可以显示或隐藏样式名称栏和深度标尺，也可扩展或折叠脚注。

选择要更改设置的文章编辑器窗口，从菜单栏中的【视图】菜单中选择【文章编辑器】，然后在菜单中选择要显示或隐藏的项目，如图6-55所示。

图6-55 显示/隐藏文章编辑器项目

6.4 段落样式

在创建段落样式时，不仅要设置与段落相关的选项，还可以设置字符样式。段落样式包含基本字符格式、高级字符格式、缩进和间距、制表符、段落线等。

6.4.1 创建段落样式

在菜单栏中依次选择【窗口】→【文字与表格】→【段落样式】命令，以显示【段落样式】面板，如图6-56所示。

图6-56 段落样式面板

在【段落样式】面板菜单中，选择【新建段落样式】，打开【新建段落样式】对话框，如图6-57所示。

样式名称：文本框中输入新建的段落样式名称。

基于：菜单中选择新建的段落样式要以哪一个段落样式为基础。

下一样式：选择此样式的下一样式，以便输入了样式为【标题二】的段落以后，按【Enter】键输入的段落应用此处选择的【下一样式】。

快捷键：文本框内单击鼠标左键，然后输入应用此样式的快捷键。

在对话框左边选择【基本字符格式】，设置段落的基本字符格式，如字体系列、字体样式、大小、行距等，如图6-58所示。

图6-57 【新建段落样式】对话框　　　　图6-58 设置段落的缩进和间距

图6-59 新建的段落样式

同样的，设置段落样式的其他属性。然后单击【确定】按钮。【段落样式】面板中就会显示新建的段落样式，如图6-59所示。

6.4.2 载入段落样式

除了可以在InDesign中新建段落样式外，也同样可以从其他InDesign文档中载入样式。

在【段落样式】面板菜单中选择【载入段落样式】，打开【打开文件】对话框后，找到包含要导入段落样式的 InDesign CS3文档，如图6-60所示。

单击【打开】按钮。这时，会打开【载入样式】对话框中，在对话框中选择要导入的样式，如图6-61所示。

单击【确定】按钮,这样就将选中的文档中的字符样式载入了,如图6-62所示。

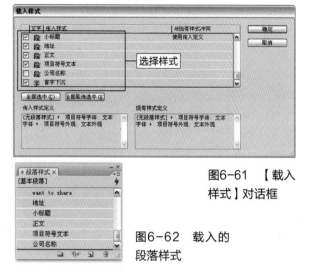

图6-60 选择要载入样式的文档

图6-61 【载入样式】对话框

图6-62 载入的段落样式

6.4.3 应用段落样式

使用文字工具选择要应用段落样式的全部或部分段落,然后在【段落样式】面板中选择段落样式的名称,如图6-63所示。

默认情况下,在应用一种样式时,可以选择移去现有格式,但是,应用段落样式并不会移去段落局部所应用的任何字符格式或字符样式。如果选定文本既使用一种字符或段落样式又使用不属于应用样式范畴的附加格式,则【样式】面板中当前段落样式的旁边就会显示一个加号(+),这种附加格式称为覆盖(图6-64)。

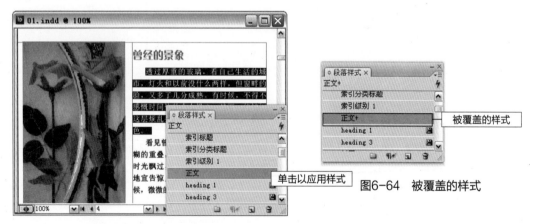

图6-63 应用字符样式

图6-64 被覆盖的样式

样式出现覆盖时,有以下几种解决方法:

(1) 应用段落样式并保留字符样式,但要移去覆盖。

单击【段落样式】面板中的样式的名称时,按住【Alt】键。

(2) 应用段落样式并将字符样式和覆盖都移去:单击【段落样式】面板中的样式的名称时,按住【Alt+Shift】。

(3) 移去字符覆盖但保留段落格式覆：单击【段落样式】面板中的【清除覆盖】图标时按住【Ctrl】键。

(4) 移去段落级覆盖但保留字符级覆盖：单击【段落样式】面板中的【清除覆盖】图标时按住【Shift+Ctrl】。

(5) 移去段落和字符格式：从【段落样式】面板中选择【清除覆盖】，或者单击【段落样式】面板中的【清除选区中的覆盖】图标，如图6-65所示。

6.4.4 快速应用样式

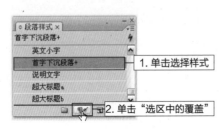

图6-65 清除覆盖

使用【快速应用】，可以在包括很多样式的文档中快速找到需要的样式。不必将所有的样式面板都显示，【快速应用】对话框中可以快速查找到各种样式，如段落样式、字符样式、对象样式、表样式、单元格样式。

选择要应用样式的文本或框架。在菜单栏中依次选择【编辑】→【快速应用】，或者单击样式面板右上方的【快速应用】按钮，可以打开【快速应用】对话框，如图6-66所示。

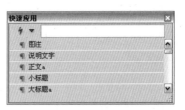

图6-66 【快速应用】对话框

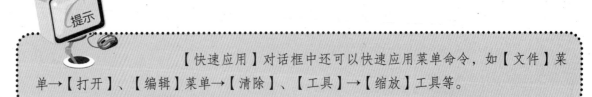

【快速应用】对话框中还可以快速应用菜单命令，如【文件】菜单→【打开】、【编辑】菜单→【清除】、【工具】→【缩放】工具等。

在对话框顶部的文本框中，输入要应用样式的名称（输入的名称不必和样式的名称一模一样），或者拖动对话框右侧的滚动条，然后选择要应用的样式。

单击对话框中的，在弹出的菜单中可以选择要在【快速应用】对话框中显示的项目类型，项目前显示✔说明，对话框中显示此类项目，如图6-67所示。

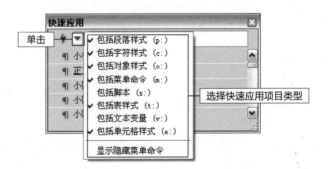

图6-67 快速应用项目类型

6.4.5 删除段落样式

将不需要的段落样式删除时，可以选择一种段落样式替换它。

在【段落样式】面板中选择要删除的样式，在面板菜单中选择【删除样式】，或者单击面板底部的【删除选定样式】图标，也可以将该样式拖到【删除选定样式】图标上，如图6-68所示。

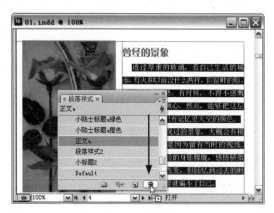

图6-68　删除段落样式

在打开的【删除段落样式】对话框中，在【并替换为】中选择替换删除样式的段落样式，或者选择【[无段落样式]】，然后选择【保留格式】复选框，以便保留应用了删除的样式的文本的格式，如图6-69所示。

图6-69　选择替换的样式

> 提示
>
> 要删除所有未使用的样式，可以在【样式】面板菜单中选择【选择所有未使用的】，然后单击【删除选定样式】图标。当删除未使用的样式时，不会提示替换该样式。

6.5　本章小结

本章主要介绍了InDesign软件的设置段落编排方式、设置段落特殊效果、文章编辑器和段落样式等知识。通过学习本章知识，学生能够基本掌握InDesign软件文字段落的编排技巧。

思考与练习

1) 填空题

(1) 用于设置字符格式的面板有____面板和____面板。

(2) 在创建段落样式时,不仅要设置与段落相关的选项,还可以设置字符样式。段落样式包含____、____、____、____和____等内容。

2) 操作题

(1) 设置一段中文的首行缩进为2个字符,设置一段英文的首字母下沉2个字符位置。

(2) 设置一段文字的前后间距。

(3) 格式化文本中的段落,如设置缩进、段前间距或段后间距、使首字下沉等。

第 7 章

制作表格

在出版物中经常要用到表格，用于统计数据等。在InDesign CS3中可以方便地创建、编辑表格，还可以导入或粘贴其他软件中创建的表格。本章将详细介绍在文档中插入表格、表格文字设定技巧、表格格式设置、单元格格式设置、表头和表尾的设置以及表格样式的设置等内容。

本章学习重点与要点：
(1) 表格文字设定技巧；
(2) 表格格式设置；
(3) 表头和表尾；
(4) 表格样式。

7.1 在文档中插入表格

使用表格可以将杂乱的资料分门别类，使需要比较与分析的数据得以清楚呈现，使得文件更具可读性。

7.1.1 插入表格

在InDesign CS3中，将表格视为文字对象的一种，所以插入表格放置在文本框中。

在工具箱中选择【文字】工具，绘制一个新的文本框架，或者将在文本框架中要插入表格的位置单击鼠标左键，插入文字光标。

在菜单栏中依次选择【表】→【插入表】，打开【插入表】对话框，如图7-1所示的。

图7-1 绘制一个新的文本框架

图7-2 【插入表】对话框

【插入表】对话框中的选项如下：

(1) 正文行：输入要创建的表格的正文行行数。

(2) 列：输入要创建的表格的列数。

(3) 表头行：输入表头行数，如果不需要可以不做更改，保持默认数值0。当表格的数据过多而必须跨页时，表头行可以使跨页的表格重复表头的内容。

(4) 表尾行：输入表尾行数。表尾行同样是在表格跨页时，重复表尾的内容。

在对话框右上角单击【确定】按钮，就在文本框架中创建了如图7-3所示的3列×6行的表格。

另外，在表格中还可以创建表格。使用文字工具在单元格中单击鼠标左键，在菜单栏中依次选择【表】→【插入表】，插入表格，就会形成嵌套表格，如图7-4所示。

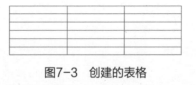
图7-3 创建的表格

图7-4 嵌套表格

> 提示：表的排版方向取决于用来创建该表的文本框架的排版方向，当用于创建表格的文本框架的排版方向为直排时将创建直排表。当文本框架的排版方向改变时，表的排版方向会随之改变。

7.1.2 表格选取技巧

选择表格中的行、列、单元格或者表格，就可以进行表格属性的设置，例如修改表格中单元格的线条与颜色，或者进行复制、搬移、删除等操作。

1) 选择行

(1) 在工具箱中选择文字工具,然后将鼠标置于要选择的行左侧,当鼠标指针变为 ➡ 时,单击鼠标左键,即可选择整行,如图7-5所示。

图7-5 选择行

(2) 在工具箱中选择文字工具,然后将文字光标置于要选择的行中的任意单元格内,在菜单栏中依次选择【表】→【选择】→【行】,如图7-6所示。

图7-6 选择行

(3) 将文字光标置于要选择行的第一个单元格内,然后单击并拖动到最后一个单元格内,如图7-7所示。

2) 选择列

(1) 在工具箱中选择文字工具,然后将鼠标置于要选择的列的上方,当鼠标指针变为 ⬇ 时,单击鼠标左键,即可选择整列,如图7-8所示。

图7-7 选择行

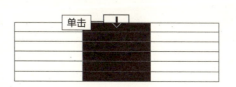

图7-8 选择列

(2) 在工具箱中选择文字工具,然后将文字光标置于要选择的列中的任意单元格内,在菜单栏中依次选择【表】→【选择】→【列】,如图7-9所示。

图7-9 选择列

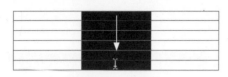

图7-10 选择列

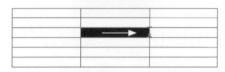

图7-11 选择一个单元格

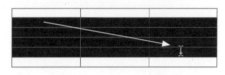

图7-12 选择多个单元格

（3）将文字光标置于要选择的列中第一个单元格内，然后单击并拖动到最后一个单元格内，如图7-10所示。

3) 选择单元格

（1）在工具箱中选择文字工具，然后将鼠标置于要选择的单元格内，按住鼠标并向右拖动到此单元格末，可以选择此单元格，如图7-11所示。

（2）在工具箱中选择文字工具，然后将鼠标置于要选择的第一个单元格内，按住鼠标并拖动到要选择的最后一个单元格末，可以选择多个单元格，如图7-12所示。

（3）在工具箱中选择文字工具，然后将文字光标置于要选择的单元格内，在菜单栏中依次选择【表】→【选择】→【单元格】菜单命令，如图7-13所示。

图7-13 选择单元格

4) 选择表格

（1）在工具箱中选择文字工具，然后将鼠标置于表格的左上角，当鼠标指针变为↘时，单击鼠标左键，即可选中整个表格，如图7-14所示。

（2）在工具箱中选择文字工具，然后将文字光标置于表格中的任意单元格内，在菜单栏中依次选择【表】→【选择】→【表】，如图7-15所示。

图7-14 选择表格

图7-15 选择表格

(3) 将文字光标置于表格中的第一个单元格内，然后单击并拖动到最后一个单元格内，如图7-16所示。

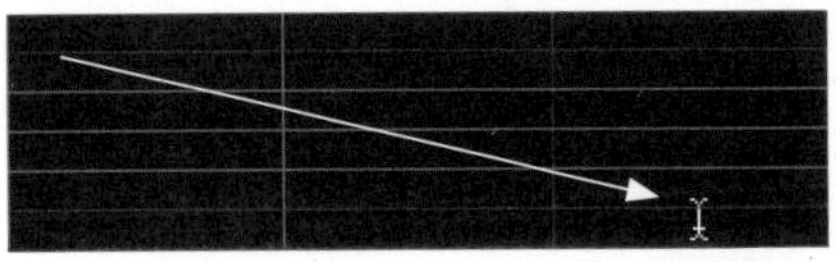

7.1.3 添加/移除行与列

图7-16　拖动鼠标选择整个表格

在应用表格时，如果表格中的行数或列数不够时，可以插入行和列；当表格中的行数与列数太多时，也可以删除行和列。

1) 插入行

使用文字工具将插入点放置在希望新行添加到的位置的下面一行或上面一行，然后在菜单栏中依次选择【表】→【插入】→【行】，打开【插入行】对话框，如图7-17所示。

在【行数】文本框中输入要插入的行数，选择【上】或【下】指定行的插入位置。然后单击【确定】按钮。这时，在文本插入点的上方或下方，添加指定的行数。

2) 插入列

将插入点置于希望新列出现的位置的左面一行或右面一行。在菜单栏中依次选择【表】→【插入】→【列】，打开【插入列】对话框，如图7-18所示。

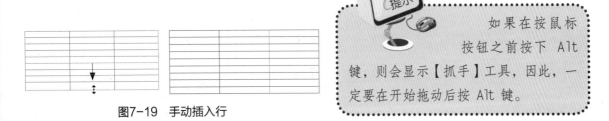

图7-17　【插入行】对话框　　　　图7-18　【插入列】对话框

在【列数】文本框中输入要插入的列数，选择【左】或【右】指定行的插入位置。单击【确定】按钮。这时，在表格中指定位置的左侧或右侧，添加了指定的列数。

3) 手动插入行和列

将文字工具放置在行线或列线上，鼠标指针变为双箭头图标（↔或↕）时，开始向下或向右拖动，然后按住Alt键，向下拖动可以添加行（图7-19），向右拖动可以添加列。

图7-19　手动插入行

> 如果在按鼠标按钮之前按下Alt键，则会显示【抓手】工具，因此，一定要在开始拖动后按Alt键。

4) 删除行、列或表

(1) 将插入点放置在要删除的行或列的任意单元格内，或者选择要删除的行或列的任意单元格内的文本，然后在菜单栏中依次选择【表】→【删除】→【行】、【列】或【表】，如图7-20所示。

(2) 将指针放置在表的底部或右侧的边框上，便会出现一个双箭头图标（↔或↕），开始向上或向左拖动，然后按住Alt键，向上拖动可以删除行（图7-21），向左拖动可以删除列。

图7-20　删除行、列或表　　　　图7-21　手动删除行

7.1.4 调整表格大小

创建表格时，表格的宽度自动设置为文本框架的宽度。默认情况下，每一行的宽度相等，每一列的高度也相等。不过，在应用过程中，可以根据需要调整表、行和列的大小。

1) 手动调整表格大小

图7-22　调整表格大小

使用【文字】工具，将指针放置在表的右下角，使指针变为箭头形状↘时，然后拖动以增加或减小表的大小，如图7-22所示。按住【Shift】键以保持表的高宽比例。

2) 手动调整行高和列宽

（1）调整行高

选择文字工具，然后将鼠标指针置于行线上，当指针变成↕时，按住鼠标左键向上或向下拖移，如图7-23所示。

（2）调整列宽

选择文字工具，然后将鼠标指针置于列线上，当光标变成↔时，按住鼠标左键向左或向右拖移，如图7-24所示。

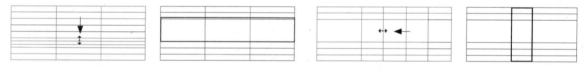

图7-23　调整行高　　　　图7-24　调整列宽

> 提示：在调整行高与列宽时，同时按下键盘上的【Shift】按键，可以在不影响表格大小的情形下，将指定的行高与列宽放大或缩小。

3) 自动调整行高和列宽

使用均匀分布行和均匀分布列，可以在调整行高或列宽时，自动依据选择行的总高度与所选择的列的总宽度，平均分配选择的行和列。

(1) 均匀分布行

使用文字工具选择应当等高的行，如果要使整个表格的行高全部相等，可以选择整个表（图7-25），然后在菜单栏中依次选择【表】→【均匀分布行】。这样，选中的行或者整个表中的行的高度会平均分布，如图7-26所示。

(2) 均匀分布列

使用文字工具选择应当等宽的列，如果要使整个表格的列宽全部相等，可以选择整个表（图7-27），然后在菜单栏中依次选择【表】→【均匀分布列】。这样，选中的列或者整个表中的列的宽度会平均分布，如图7-28所示。

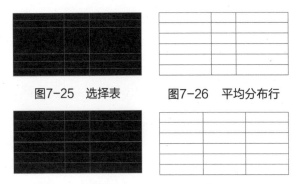

图7-25　选择表　　图7-26　平均分布行

图7-27　选择表　　图7-28　平均分布列

7.1.5 水平与垂直拆分单元格

在向表格中添加内容时，有时候需要将一个单元格拆分为几个，单元格可以水平或垂直拆分。

1) 水平拆分单元格

将插入点放置在要拆分的单元格中，或者选择行、列（图7-29）或单元格块，在菜单栏中依次选择【表】→【水平拆分单元格】，这样选中列中的单元格全被水平拆分，如图7-30所示。

2) 垂直拆分单元格

将插入点放置在要拆分的单元格中，或者选择行（图7-31）、列或单元格块，在菜单栏中依次选择【表】→【垂直拆分单元格】，这样选中行中的单元格全被垂直拆分，如图7-32所示。

 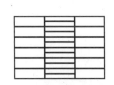

图7-29　选择列　　图7-30　水平拆分列中的单元格

7.1.6 合并/取消合并单元格

1) 合并单元格

表格中可以将同一行或列中的两个或多个单元格合并为一个单元格。

使用【文字】工具，选择要合并的单元格（图7-33），然后在菜单栏中依次选择【表】→【合并单元格】。这样，选中的单元格被合并为一个单元格，如图7-34所示。

图7-31　选择行　　图7-32　垂直拆分行中的单元格

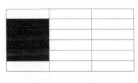 

图7-33　选择要合并的单元格　　图7-34　合并后的单元格

2) 取消合并单元格

合并单元格后除了使用【还原】命令，还可以使用【取消合并单元格】取消此操作，且不会还原其他对象的操作。

使用【文字】工具，选择已合并的单元格或者将插入点放置在合并的单元格中，然后在菜单栏中依次选择【表】→【合并单元格】。这样，已经合并的单元格取消合并。

7.2　表格文字设定技巧

表格中的文字的输入、编辑、格式设置都与一般文字的方法大同小异。

7.2.1　输入表格内容

创建好表格并调整好大小以后，就可以在表格中添加文字了。

将插入点放置在单元格中，然后输入文本（图7-35）。当输入的文本宽度超过单元格宽度时将自动换行，按【Enter】键可以在同一单元格中开始一个新段落。按【Tab】键或【Shift+Tab】键可以将插入点相应后移或前移一个单元格。

图7-35　输入文字

7.2.2　在表格中添加图形

除了可以在表格中添加文本之外，还可以向表格中添加图形。添加到表格中的图片，仍可针对图片进行大小缩放、旋转、裁剪路径去背等图片相关格式设置。

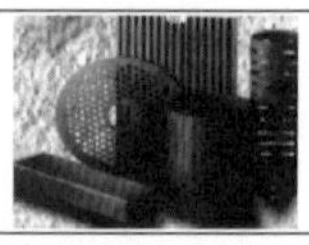

1）置入图形

将插入点放置在要添加图形的单元格内，执行【文件】→【置入】，然后在【置入】对话框中双击要置入的图形的文件名，这样图片就直接置入到了指定的单元格内，如图7-36所示。

图7-36　置入图形

> 提示
> 为避免单元格溢流，可以先将图形置入到表的外面，然后使用【选择】工具调整图形的大小并剪切图形，然后再将图形粘贴到单元格中。

2）插入定位对象

将插入点放置在要添加图形的位置上，执行【对象】→【定位对象】→【插入】，然后指定定位对象的内容、对象样式、段落样式、高度、位置等，再将图形添加到定位对象中，如图7-37所示。

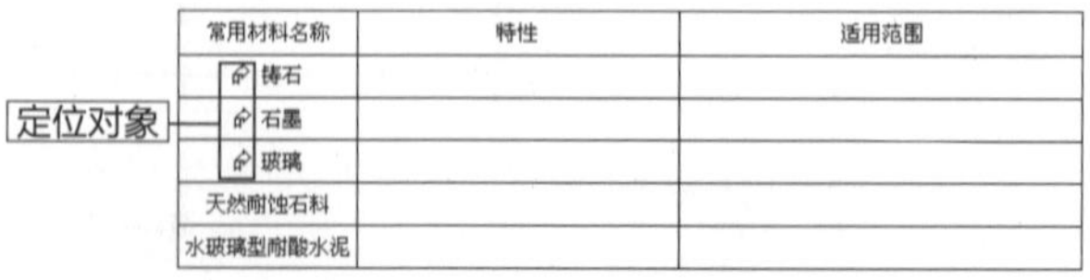

图7-37　插入定位对象

7.2.3　复制与移动内容

在输入表格数据时，如果遇到相似或相同的数据，可以利用复制的技巧，将数据复制并修改成所需的属性，不仅可以快速输入资料，也可快速应用文字相关格式；而通过移动，将位置错置的数据搬移至正确的位置，以加速表格数据的编辑。

1）复制单元格内容

使用文字工具选择要复制的文字或数据（图7-38），然后从菜单栏中依次选择【编辑】→

【复制】命令，或者按下快捷键【Ctrl+C】复制内容。

使用文字工具在要粘贴入文字或数据的单元格内单击以置入文字光标，然后从菜单栏中依次选择【编辑】→【粘贴】命令，或者按下快捷键【Ctrl+V】。

完成后，就会在指定的单元格中出现复制的内容，然后修改为此单元格中应当输入的内容即可，如图7-39所示。

图7-38 选择要复制的内容　　　图7-39 复制的单元格内容

2) 移动单元格内容

使用文字工具选择要复制的文字或数据（图7-40），然后从菜单栏中依次选择【编辑】→【剪切】命令，或者按下快捷键【Ctrl+V】复制内容。

使用文字工具在要粘贴入文字或数据的单元格内单击以置入文字光标，然后从菜单栏中依次选择【编辑】→【粘贴】命令，或者按下快捷键【Ctrl+V】。

完成后，就会在指定的单元格中出现剪切的内容，如图7-41所示。

图7-40 选择要复制的内容　　　图7-41 复制的单元格内容

3) 复制行与列

使用文字工具选择想要移动的行（图7-42），然后从菜单栏的【复制】菜单中选择【复制】命令。

使用文字工具选择想要将复制内容移动到的行，如图7-43所示。

从菜单栏的【编辑】菜单中选择【粘贴】命令，就会在指定的单元格中出现复制的内容，然后修改为此单元格中应当输入的内容即可，如图7-44所示。

复制列的方式与复制行相同，只是在选择要复制的数据时，必须选择整列，而执行复制后，必须选择要复制的目的列，再执行粘贴功能即可。

同样的，移动行或列时，必须先选择要搬移的行或列，接着【剪切】，然后选择要搬移的目的行或列，再粘贴，便可将数据快

图7-42 选择要复制的行

图7-43 选择要粘贴内容的行

图7-44 移动并修改内容后

速移动至目的位置。执行剪切功能后，所选择的行或列，会与数据一并被剪切，而搬移至所指定的目的位置。

7.2.4 重复表眉/表尾

当表格数据太长必须在另一页或另一文字框继续时，应用重复表眉与表尾的功能，可以在不必重新输入的情形下，快速设置跨页的表格标题与之前的标题相同。表尾的功用，通常是用来标示某些特定的重要事项，例如：备注事项，而通过表尾重复功能。

图7-45　转换行

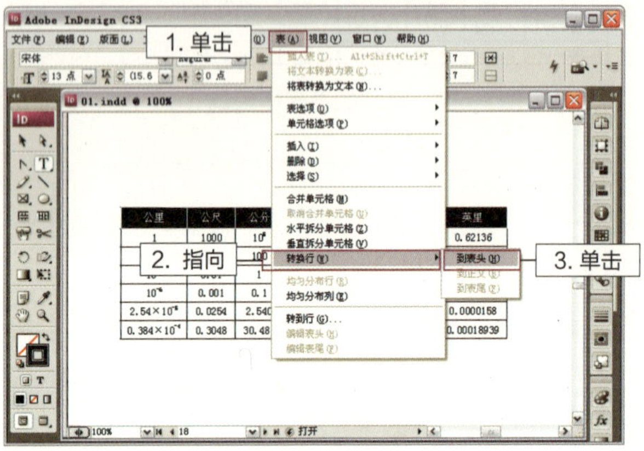

使用文字工具移动指针选择想要重复的表头行或表尾行，然后从菜单栏中依次选择【表格】→【转换行】命令，再从菜单中选择【到表头】或【到表尾】命令，如图7-45所示。

完成后，所选择的表格标题，就会转换为表眉，并自动在跨过另一页或另一文字框中的表格内，重复所指定的表眉标题属性，如图7-46所示。

公里	公尺	公分	公厘	公寸	英尺	英里
1	1000	10^5	10^6	39370	3280.83	0.62136
0.001	1	100	1000	39.37	3.28083	0.0006214

10^{-5}	0.01	1	10	0.3937	0.032808	0.0$_{6}$62
10^{-6}	0.001	0.1	1	0.03937	0.003281	0.0$_{6}$62
2.54×10^{-5}	0.0254	2.540	15.40005	1	0.08333	0.0000158
0.384×10^{-4}	0.3048	30.480	304.801	12	1	0.00018939

公里	公尺	公分	公厘	公寸	英尺	英里
1	1000	10^5	10^6	39370	3280.83	0.62136
0.001	1	100	1000	39.37	3.28083	0.0006214

公里	公尺	公分	公厘	公寸	英尺	英里
10^{-5}	0.01	1	10	0.3937	0.032808	0.0$_{6}$62
10^{-6}	0.001	0.1	1	0.03937	0.003281	0.0$_{6}$62
2.54×10^{-5}	0.0254	2.540	15.40005	1	0.08333	0.0000158
0.384×10^{-4}	0.3048	30.480	304.801	12	1	0.00018939

图7-46　重复表头前和重复表头后

重复表尾的设置方式与表头的设置方式相同，必须将想要设成表尾数据的行转换为表尾，InDesign便会自动在跨过另一页或另一文字框中的表格内，重复所指定的表尾数据属性。

另外，通过【表选项】对话框中的【表头和表尾】设置，同样可以执行表眉与表尾重复的功能，甚至可自定义重复的模式，不过利用此方式所设置的表眉与表尾重复，只会将所选择的表眉与表尾格式重复，而不会将数据一并重复与应用。

7.2.5 转换文字与表格

InDesign CS3提供表格转换功能，可将不需要以表格显示的表格内容转换为一般文字数据，同样的，也可将现有文字内容，转换成一表格。

图7-47　选择表格

1) 将表格转换成文字

使用文字工具选择要转换的表格（图7-47）。

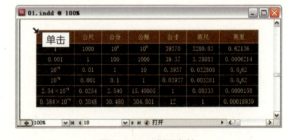

在菜单栏中一次选择【表格】→【表格转换成文本】命令。打开【表格转换成文本】对话框后，分别设置转换时表格中列与行的分隔

符（图7-48），然后单击【确定】按钮。

单击【确定】按钮，选择的表格就会转换成一般的文本，并根据指定的符号来区分每行与每列的内容，如图7-49所示。

2) 将文字转换成表格

将文字转换成表格的操作方式与将表格转换成文字相似，只是在转换之前，需要先将文字内容以分隔符来分隔，以便在转换时作为转换为行或列的依据。

使用文字工具选择选择要进行转换的文字内容（图7-50）。

图7-48　设置列与行的分隔符

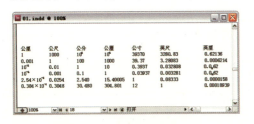

图7-49　由表转换的文本

图7-50　选择表格

在菜单栏中依次选择【表格】→【文本转换成表格】命令。打开【文本转换成表格】对话框后，分别设置转换时表格中列与行的分隔符（图7-51），在【表样式】中选择要应用于表的样式，然后单击【确定】按钮。

单击【确定】按钮，选择的文本就会显示在创建的表格中，如图7-52所示。

图7-51　设置列与行的分隔符

7.2.6　置入现成表格

InDesign中，可以将现成的Word或Excel中创建的表格置入进来，置入时，也可将现有的表格数据，轻松地置入到文件中。

选择要置入表格的文字框（图7-53），然后从菜单栏中依次选择【文件】→【置入】命令。

打开【置入】对话框后，从【查找范围】菜单中选择存放文件的文件夹，并选择想要置入的文件名称，然后在对话框底部选择【显示导入选项】和【替换选中项目】，再单击【确定】按钮。

这时，会打开【Microsoft Word导入选项】对话框，如图7-54所示。

图7-52　由文本转换的表

图7-53　选择文本框架

图7-54　【Microsoft Word导入选项】对话框

在【格式】选项组中设置表格的导入方式：

(1) 移去文本和表的样式和格式：从导入的文本（包括表中的文本）移去格式，如字体、文字颜色和文字样式。如果选中该选项，则不导入段落样式和随文图形。

(a) 保留本地覆盖：选择移去文本和表的样式和格式时，可选择【保留本地覆盖】以保持应用到段落的一部分的字符格式。取消选择该选项可移去所有格式。

(b) 转换表为：选择移去文本、表的样式和格式时，可将表转换为无格式的表或无格式的制表符分隔的文本。

(2) 保留文本和表的样式和格式：在InDesign文档中保留Word文档的格式。可使用【格式】部分的其他选项来确定保留样式和格式的方式。

完成设置后，单击【确定】按钮，就会在指定的文字框中置入所选择的Word表格数据。

如果原Word表格中含有InDesign不能辨识的字型，导致置入后的表格数据呈现乱码的情形。此时，只要将呈现乱码的文字重新应用字体，便可使乱码文字呈现原始面貌了。

公里	公尺	公分	公厘	公寸	英尺	英里
1	1000	10^5	10^6	39370	3280.83	0.62136
0.001	1	100	1000	39.37	3.28083	0.0006214
10^{-5}	0.01	1	10	0.3937	0.032808	0.0_062
10^{-6}	0.001	0.1	1	0.03937	0.003281	0.0_062
2.54×10^{-5}	0.0254	2.540	15.40005	1	0.08333	0.0000158
0.384×10^{-3}	0.3048	30.480	304.801	12	1	0.00018939

(a)

公里	公尺	公分	公厘	公寸	英尺	英里
1	1000	10^5	10^6	39370	3280.83	0.62136
0.001	1	100	1000	39.37	3.28083	0.0006214
10^{-5}	0.01	1	10	0.3937	0.032808	0.0_062
10^{-6}	0.001	0.1	1	0.03937	0.003281	0.0_062
2.54×10^{-5}	0.0254	2.540	15.40005	1	0.08333	0.0000158
0.384×10^{-3}	0.3048	30.480	304.801	12	1	0.00018939

(b)

图7-55　置入前的Word表格和置入到InDesign中后
(a) Word表格；(b) 置入InDesign后

置入现有的Excel表格，方式与置入Word表格相同，不同的是，置入Excel表格数据时，在【Microsoft Excel导入选项】对话框中，可以自定义表格式和单元格对齐方式，如图7-56所示。

图7-56　【Microsoft Excel导入选项】对话框

7.3　表格格式设置

创建好表格以后，如果觉得所建立的表格过于单调，可以通过表格选项或单元格选项，便可针对表格进行边框、填充等美化表格的设置。

7.3.1　表设置

利用表格选项可以设置表格的大小、表外框、表间距和表格线绘制顺序。

执行【表】→【表选项】→【表设置】，打开【表设置】对话框，如图7-57所示。

(1) 表尺寸：设置表格中的正文行数和列数、表头行行数、表尾行行数。

(2) 表外框：设置表格外框的粗细、框架类型、颜色、色调、间隙颜色、间隙色调，可以根据需要设置不同风格的外框，如图7-58所示。

(3) 表间距：表格距与表后距是指表格的前面和表格后面离文字或者其他周围对象的距离。

(4) 表格线绘制顺序：

① 最佳连接：如果选中此项，则行线将在不同颜色的描边交叉点处显示在前面。当描边（如双线）交叉时，描边会连接在一起，并且交叉点也会连接在一起。

② 行线在上：选择此项，表格中的行线将会显示在前面。

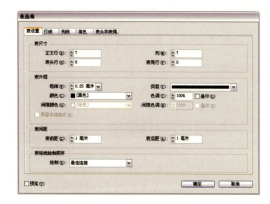

图7-57 【表设置】选项

常用材料名称	特性	适用范围
铸石	耐磨、耐腐蚀、绝缘、抗压	铸石加工生产各类板材、管材、导型及型材
石墨	导热性极高，化学稳定性好	各类热交换器、盐酸合成炉、泵类、砖板
玻璃	不耐氢氟酸、热浓碱的腐蚀	化学仪器和高级玻璃制品、无碱玻璃纤维
天然耐蚀石料	耐酸性强	
水玻璃型耐酸水泥	耐酸不耐碱	用于硫酸、盐酸、磷酸、醋酸、氯气、二氧化硫

图7-58 应用【粗-细】类型

③ 列线在上：选择此项，表格中的列线将会显示在前面。

④ InDesign CS3 2.0兼容性：如果选择此项，行线会显示在前面。当描边（如双线）交叉时，描边会连接在一起，而交叉点仅在描边在 T 形状中的交叉点处连接在一起。

7.3.2 行线与列线设置

利用【行线】选项可以设置表格行线的格式。列线的设置同行线相同。

执行【表】→【表选项】→【交替行线】，打开【行线】对话框，如图7-59所示。

(1) 交替模式：指定使用的交替模式类型，或者选择【自定】，然后自定义交替行数。

(2) 粗细：分别为指定的前几行或后几行指定表格中行线的粗细。

(3) 类型：分别为指定的前几行或后几行指定线条样式。如实底、细—粗—细、三线、虚线、右斜线、点线、波浪线。

图7-59 【行线】对话框

(4) 颜色：分别为指定的前几行或后几行指定行线的颜色，如图7-60所示。

常用材料名称	特性	适用范围
铸石	耐磨、耐腐蚀、绝缘、抗压	铸石加工生产各类板材、管材、导型及型材
石墨	导热性极高，化学稳定性好	各类热交换器、盐酸合成炉、泵类、砖板
玻璃	不耐氢氟酸、热浓碱的腐蚀	化学仪器和高级玻璃制品、无碱玻璃纤维
天然耐蚀石料	耐酸性强	
水玻璃型耐酸水泥	耐酸不耐碱	用于硫酸、盐酸、磷酸、醋酸、氯气、二氧化硫

图7-60 交替描边颜色

(5) 色调：分别为指定的前几行或后几行指定要应用于描边指定颜色的油墨百分比。

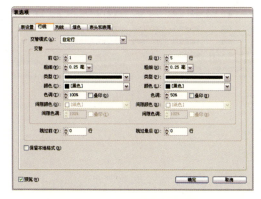

(6) 叠印：将使【颜色】下拉列表中所指定的油墨应用于所有底色之上，而不是挖空这些底色。

(7) 间隙颜色：分别为指定的前几行或后几行指定应用于虚线、点或线条之间的区域的颜色。如果为【类型】选择了【实线】，则此选项不可用。

(8) 间隙色调：分别为指定的前几行或后几行指定应用于虚线、点或线条之间的区域色调。如果为【类型】选择了【实线】，则此选项不可用。

(9) 跳过前或跳过后：指定不希望填色属性在其中显示的表开始和结尾处的行或列数。

(10) 保留本地格式：选择此项可以使以前应用于表的格式填色保持有效。

7.3.3 行与列填色

利用填色选项可以设置表格行与列的填色。

执行【表选项】→【交替填色】打开【填色】对话框，如图7-61所示。

(1) 交替模式：指定使用的交替模式类型，或者选择【自定】，然后自定义交替行数。

图7-61 【填色】对话框

常用材料名称	特性	适用范围
铸石	耐磨、耐腐蚀、绝缘、抗压	铸石加工生产各类板材、管材、异型及型材
石墨	导热性极高，化学稳定性好	各类热交换器、盐酸合成炉、泵类、砖板
玻璃	不耐氢氟酸、热浓碱的腐蚀	化学仪器和高级玻璃制品、无碱玻璃纤维
天然耐蚀石料	耐酸性强	
水玻璃型耐酸水泥	耐酸不耐碱	用于硫酸、盐酸、磷酸、醋酸、氯气、二氧化硫

图7-62 前1行和后5行交替

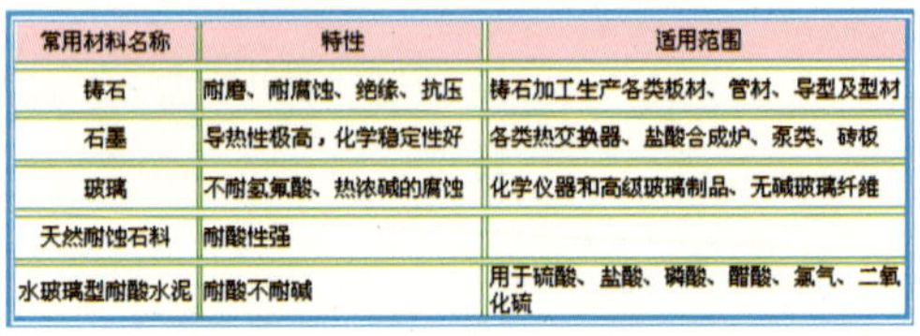

(2) 前：默认【交替模式】中的设置或指定要填色的表格中的前几行、后几行、前几列或后几列。图7-62所示为前1行和后5行。

(3) 颜色：在菜单中选择要填的颜色。

(4) 色调：指定要应用于描边或填色的指定颜色的油墨百分比。

(5) 叠印：选择此项，将导致【颜色】下拉列表中所指定的油墨应用于所有底色之上，而不是挖空这些底色。

(6) 跳过前：指定填色时跳过表格的最后几行。

(7) 跳过最后几行：指定填色时跳过表格的最后几行。

(8) 保留本地格式：选择此项可以使以前应用于表的格式填色保持有效。

7.4 单元格格式设置

表格中的单元格格式可以通过【单元格选项】设置。

7.4.1 单元格中文本的设置

利用【文本】选项可以设置单元格内边距、文本排版方向、对齐方式等。

执行【单元格选项】→【文本】打开【文本】对话框，如图7-63所示。

(1) 排版方向：设置单元格内文本的走向为垂直或是水平。

(2) 单元格内边距：设置文字与单元格的距离。增加单元格内边距间距将增加行高。如果将行高设置为固定值，设置内边距时必须留出足够的空间，以避免导致溢流文本。

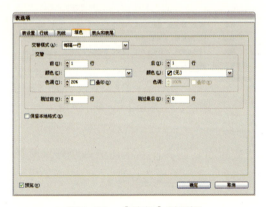

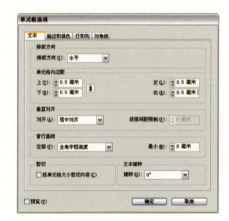

图7-63 【文本】对话框

(3) 垂直对齐：在【对齐】中设置单元格内文本的对齐方式。如果选择【撑满】，则可以设置要在段落间添加的最大空白量。

(4) 首行基线：设置文本将如何偏离单元格顶部。在【位移】菜单中选择一个选项，以确定单元格中第一行文字的基线高度。也可以通过在【最小】中调整数字来调整基线位移。

(5) 剪切：如果图像对于单元格而言太大，则它会扩展到单元格边框以外。选择此项，可以剪切扩展到单元格边框以外的图像部分。

(6) 文本旋转：使文本旋转一定的度数。

7.4.2 单元格描边和填色

利用【描边和填色】选项可以设置单元格描边的粗细、类型、颜色、色调、间隙颜色、间隙色调，设置单元格填色的颜色、色调。

执行【单元格选项】→【描边和填色】打开【描边和填色】对话框，如图7-64所示。

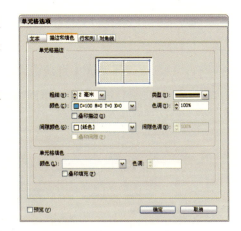

图7-64　【描边与填色】对话框

(1) 粗细：指定表格描边的粗细。

(2) 类型：指定单元格的描边类型。

(3) 颜色：指定单元格描边颜色。

(4) 色调：指定要应用于描边指定颜色的油墨百分比。

(5) 间隙颜色：如果描边使用虚线、点或其他时，指定应用于线条之间的区域的颜色。如果为【类型】选择了【实线】，则此选项不可用。

(6) 间隙色调：如果描边使用虚线、点或其他时，指定应用于虚线、点或线条之间的区域色调。如果为【类型】选择了【实线】，则此选项不可用。

(7) 单元格填色：指定需要为单元格所填的颜色及使用的色调。

7.4.3 设置单元格大小

利用【行和列】选项可以设置单元格的行高、列宽和保持选项等。

执行【单元格选项】→【行和列】打开【行和列】对话框，如图7-65所示。

(1) 行高：指定单元格高度的最小值与精确值。在【最大值】中指定单元格行高的最大值。

(2) 列宽：指定单元格的宽度。

(3) 起始行：指定当创建的表比它驻留的框架高而使框架出现溢流时换行的位置。可以指定换到下一文本栏、下一框架、下一页、下一奇数页、下一偶数页或选择任何位置。

(4) 与下一行接排：选择此项，可以将选定行保持在一起。

图7-65　【行和列】对话框

7.4.4 对角线

利用【对角线】选项可以设置单元格的行高、列宽和保持选项等。

执行【单元格选项】→【对角线】打开【对角线】对话框，如图7-66所示。

图7-66 【对角线】对话框

(1) 对角线类型：单击要使用的对角线类型，如图7-67～图7-70所示。

(2) 线条描边：设置描边对角线所需的粗细、类型、颜色和间隙颜色以及【色调】百分比。根据情况选择或取消选择【叠印】选项。

(3) 绘制：如果选择【对角线置于最前】对角线将放置在单元格内容的前面；选择【内容置于最前】对角线将放置在单元格内容的后面。

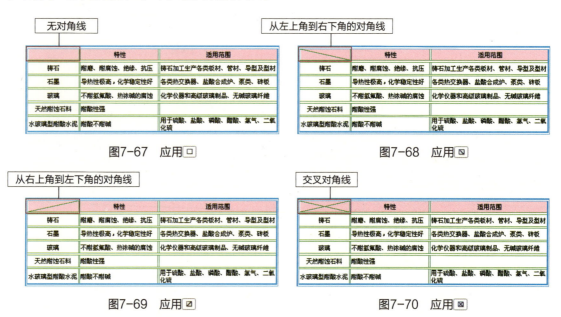

图7-67 应用 ▫　　　　　图7-68 应用 ▨

图7-69 应用 ▨　　　　　图7-70 应用 ▨

7.5 表头和表尾

创建较长的表格时，表可能会跨多个栏、框架或页面。使用表头或表尾，可以在表的每个拆开部分的顶部或底部重复信息。

可以在创建表时添加表头行和表尾行。也可以使用【表选项】对话框来添加表头行和表尾行并更改它们在表中的显示方式。或者将正文行转换为表头行或表尾行。

7.5.1 表头和表尾设置

将插入点放置在表中，然后在菜单栏中一次选择【表】→【表选项】→【表头和表尾】，打开【表头和表尾】对话框，如图7-71所示。

(1) 表尺寸：指定表头行或表尾行的数量。可以在表的顶部或底部添加空行。

(2) 页眉：指定表中的信息是显示在每个文本栏中（如果文本框架具有多栏），还是每个框架显示一次，或是每页只显示一次。

(3) 页脚：指定表尾中的信息是显示在每个文本栏中（如果文本框架具有多栏），还是每个框架显示一次，或是每页只显示一次。

(4) 跳过第一个/最后一个：选择【跳过第一个】，表头信息将不会显示在表的第一行中。选择【跳过最后一个】，表尾信息将不会显示在表的最后一行中。

单击【确定】。

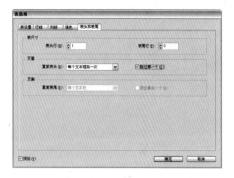

图7-71 【表头和表尾】对话框

7.5.2 将表头行或表尾行转换为正文行

执行下列任一操作：

(1) 将插入点放置在表头行或表尾行，然后选择【表】→【转换行】→【到正文】。

(2) 执行【表】→【表选项】→【表头和表尾】，然后指定另一个表头行数或表尾行数。单击【确定】按钮以确认删除。

7.6 表格样式

表格样式包括表样式和单元格样式。表样式应用于整个表格，单元格样式应用于单元格。

7.6.1 表样式

表样式包括表设置、行线、列线和填色。

1) 创建表样式

在【表样式】面板菜单中选择【新建表样式】选项，或者在【表样式】面板底部单击【创建新样式】按钮，然后在【表样式】面板中双击刚创建的表样式，打开【表样式选项】对话框，如图7-72所示。

样式名称：输入表样式名称。

样式信息：指定新样式基于的表样式，然后添加表样式快捷键。

单元格样式：分别设置表头行、表尾行、表体行、左列、右列应用的单元格样式。

在对话框左侧选择一个项目，然后在对话框右侧设置该项目的选项，设置完后，单击【确定】按钮。

图7-72 【表样式选项】对话框

2) 设置表样式

【新建表样式】对话框中，左侧显示可以添加到表样式的项目，右侧显示这些属性的设置选项。

(1) 表设置

在【新建表样式选项】对话框左侧列表框中选择【表设置】，显示【表设置】对话框，如图7-73所示。

在【表设置】对话框中可以设置表外框的属性、表间距和表格线绘制顺序。

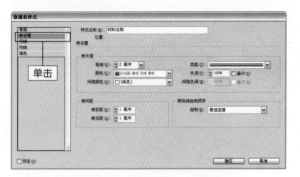

图7-73　【表设置】对话框

(2) 行线

在【新建表样式选项】对话框左侧列表框中选择【行线】，显示【行线】对话框，如图7-74所示。

在【行线】对话框中，设置表格行线的属性，如交替模式、粗细、类型、颜色等。

(3) 列线

在【新建表样式选项】对话框左侧列表框中选择【列线】，显示【列线】对话框，如图7-75所示。

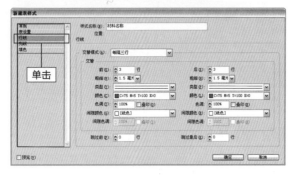

图7-74　【行线】对话框

在【列线】对话框中，设置表格行线的属性，如交替模式、粗细、类型、颜色等。

(4) 填色

在【新建表样式选项】对话框左侧列表框中选择【填色】，显示【填色】对话框，如图7-76所示。

图7-75　【列线】对话框

图7-76　【填色】对话框

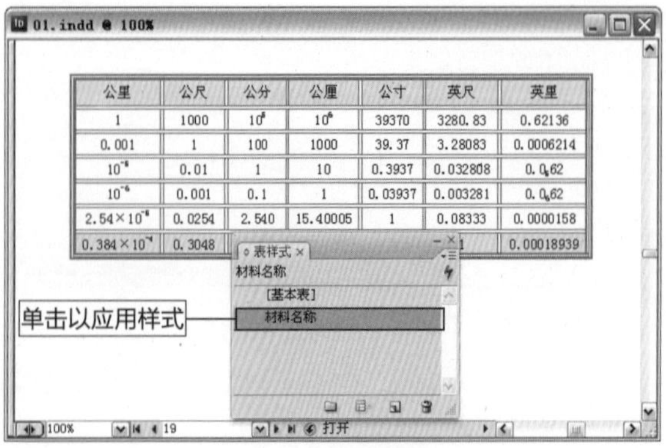

在【填色】对话框中，设置表格的填色属性，填色模式可以行与行交替填充，也可以是列与列交替填充。

(5) 应用表样式

使用文字工具选择表格，或者将文字光标置入到表格中。在【表样式】面板或【控制】面板中单击要应用的表样式，如图7-77所示。

图7-77　应用表样式

7.6.2 单元格样式

单元格样式是专用于表中的单元格的样式。单元格样式包括文本、描边和填色、对角线。

1) 创建单元格样式

在【单元格样式】面板菜单中选择【新建单元格样式】选项，或者在【单元格样式】面板底部单击【创建新样式】按钮，然后在【单元格样式】面板中双击刚创建的单元格样式，打开【单元格样式选项】对话框，如图7-78所示。

样式名称：输入单元格样式名称。

样式信息：指定新样式基于的表样式，然后添加单元格样式快捷键。

段落样式：选择要应用于单元格的样式。

在对话框左侧选择一个项目，然后在对话框右侧设置该项目的选项，设置完后，单击【确定】按钮。

图7-78　【单元格样式选项】对话框

2) 设置单元格样式

【新建单元格】对话框中，左侧显示可以添加到单元格样式的项目，右侧显示这些属性的设置选项。

(1) 文本

在【新建单元格样式选项】对话框左侧列表框中选择【文本】，显示【文本】对话框，如图7-79所示。

在【文本】对话框中可以设置表外框的属性、表间距和表格线绘制顺序。

(2) 描边和填色

在【新建单元格样式选项】对话框左侧列表框中选择【描边和填色】，显示【描边和填色】对话框，如图7-80所示。

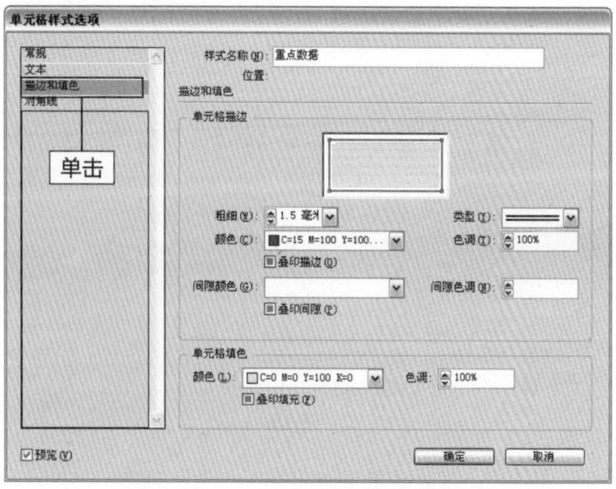

在【描边和填色】对话框中可以设置单元格描边属性和单元格填色属性。

(3) 对角线

在【新建单元格样式选项】对话框左侧列表框中选择【对角线】，显示【对角线】对话框，如图7-81所示。

在【对角线】对话框中可以选择一种对角线，然后设置对角线线条描边。

图7-79　【文本】对话框

图7-80　【描边和填色】对话框

3) 应用单元格样式

使用文字工具选择单元格，或者将文字光标置入到单元格中。在【单元格样式】面板或【控制】面板中单击要应用的单元格样式，如图7-82所示。

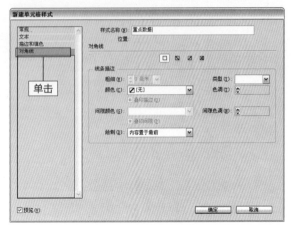

图7-81 【对角线】对话框

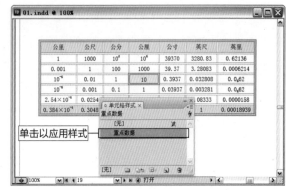

图7-82 应用单元格样式

7.7 本章小结

本章详细讲解了如何创建和置入表格，如何选择、编辑表，如何插入、选择、编辑行与列，如何选择、合并、拆分、编辑单元格，以及如何设置表头行与表尾行，转换表头行、正文行与表尾行。

1) 填空题

(1) 在菜单栏中依次选择【____】→【_____】命令，就可以将文本转化为表格。

(2) 向表格中添加文本的方法为_____、_____和_____。

2) 操作题

(1) 制作通讯录。要求：根据自己的喜好设置行线、列线，为行填充颜色。

通讯录项目：姓名、手机或固定电话、地址、邮箱、生日。

(2) 制作本月日历。

(3) 制作工资表。

第8章

图文编排

在排版当中，除了文字的编排与设置之外，图片的版式设计也是不可忽视的。在InDesign CS3中，可以导入各种常用的格式图片，应用Photoshop和Alpha通道可以剪切路径。本章将学习InDesign软件的图文编排技巧，包括加入图片、图片剪切路径、图片与文字的编排方式、定位对象和利用链接面板管理图片等内容，通过学习学生可以掌握运用计算机软件设计图文排版的技术。

本章学习重点与要点：
(1) 图片基本编辑；
(2) 图片剪切路径；
(3) 图片与文字的编排方式；
(4) 定位对象；
(5) 利用链接面板管理图片。

8.1 加入图片

在InDesign加入图片，有几种简单的方法，其中包括直接置入、先绘制框架再置入、以拖移方式或利用复制的方式置入等，可根据习惯或需求，选择适当的图片置入方式。

8.1.1 置入图片

使用【置入】命令置入图片时，可以直接置入，图片会放置在自动建立的框架内，也可以先绘制一个图形框架，将图片置入到预先绘制好的框架内。

1) 直接置入图片

在菜单栏中依次选择【文件】→【置入】，打开【置入】对话框中，从【查找范围】中选择文件所在的文件夹，然后选择要置入的文件名称，如图8-1所示。

单击【确定】按钮。鼠标指针显示置入图标和图片预览，如图8-2所示。

在文档中要置入图片的位置单击鼠标左键，就会将所选择的图片置入指定的位置中，如图8-3所示。

利用直接置入的方式，InDesign会自动建立一个适合图片大小的图片框，以呈现完整的图片大小。

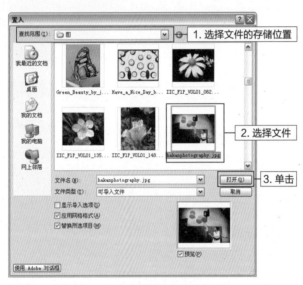

图8-1 选择要置入的图片

这种方法置入图片后，图片是以链接的方式来显示的，当原始图文件删除或保存路径改变，都可能会影响文件中图片的正常显示，所以需将原始图文件妥善保存。

图8-2 单击置入图标置入图片

图8-3 置入的图片

2) 将图片置入到指定的框架内

使用框架工具绘制一个图形框架并使框架保持选中状态。在菜单栏中依次选择【文件】→【置入】，在打开的【置入】对话框中，从【查找范围】中选择文件所在的文件夹，然后选择要置入的文件名称。

单击【确定】按钮。图片自动置入到指定的图形框架内，如图8-5所示。

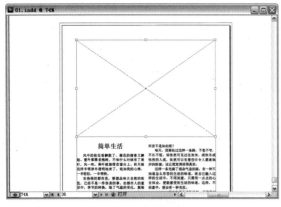

图8-4　绘制的框架

图8-5　置入到图形框架内的图片

3) 从其他应用软件中置入图片

除了置入的方式，在InDesign CS3中，还可以将图片由正在打开的其他应用软件中，以直接拖移的方式将图片加入至文件中。

首先在其他应用软件打开想要置入的图片文件，然后使用该应用软件中的移动工具在图片上按住鼠标左键，接着拖移至InDesign中，如图8-6所示。

图8-6　从其他软件中置入图片

放开鼠标左键完成后，图片就会被贴至InDesign文件中。

这种方式置入图片后，图片是内嵌在文件中的，原始图文件删除或保存路径改变，都不会影响图片的显示。不过以此方式将图片内嵌在文件，会使InDesign文件的文件变大。

4) 从其他软件中粘贴图片

对打开的图片所在的原始应用软件，在菜单栏中依次选择【编辑】→【复制】，然后转到Indesign CS3中，在菜单栏中依次选择【编辑】→【粘贴】。同样可以将图片加入文件中，以此方式加入图片，也是将图片内嵌在文件中。

8.1.2 置入PSD格式图片

Photoshop 格式（PSD）是默认的文件格式。由于 Adobe产品之间是紧密集成的，因此其他Adobe应用程序（如Adobe Illustrator、Adobe InDesign、Adobe Premiere、Adobe After Effects和Adobe GoLive）可以直接导入PSD文件并保留许多Photoshop功能，如路径、通道、图层等。

在菜单栏中依次选择【文件】→【置入】，打开【置入】对话框中，从【查找范围】中选择文件所在的文件夹，找到要置入的PSD格式文件，然后在对话框底部选择【显示导入选项】复选框，如图8-7所示。

单击【打开】按钮。在打开的【图像导入选项】对话框中，可以设置导入图片的图像、颜色以及图层。

在打开的对话框中默认显示【图像】选项卡，如果导入的图片中存储有路径、模版或Alpha通道，可以选择应用Photoshop路径或Alpha通道褪除背景，在对话框左侧选择【显示预览】，可以预览应用Photoshop路

图8-7 【置入】对话框

径或Alpha通道的效果，如图8-8所示。

单击对话框中的【颜色】标签，显示有关颜色配置的选项，如图8-9所示。如果置入的图片包含嵌入的ICC颜色管理配置文件，可以覆盖图像的嵌入配置文件，或在InDesign CS3中给图形指定其他颜色配置文件。

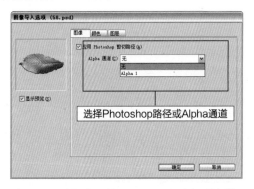

图8-8 选择应用的Photoshop路径或通道

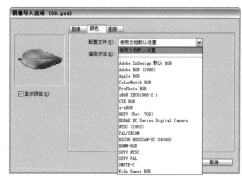

图8-9 指定颜色配置文件

单击对话框中的【图层】标签，显示设置图层可视性的选项，如图8-10所示。设置图片在InDesign CS3中顶层图层的可视性，以及查看不同的图层复合。

选项设置完毕后，单击【确定】按钮，在文档中单击置入图片，如图8-11所示。

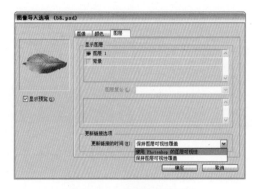

图8-10 设置图层可视性

图8-11 置入的图片

8.1.3 置入PDF格式文件

PDF格式文件保留了在许多不同应用程序中创建的版面、排版设置、位图图像、透明度和矢量图形文件。PDF在充分压缩页面以便进行在线发布和查看的同时，保留了印前制作所需的颜色品质和版面精度。

使用【置入】命令，可以将一个PDF页面作为单个图形置入InDesign中。如果PDF文件包含多个页面，可以先指定要置入的页面，然后依次置入。

在菜单栏中依次选择【文件】→【置入】菜单命令，打开【置入】对话框，在对

图8-12 选择要置入的PDF文件

话框中选择要置入的PDF文件，然后在对话框底部单击选择【显示导入选项】，如图8-12所示。

单击【打开】按钮。这时，将打开【置入PDF】对话框，单击对话框左下角【显示预览】前的复选框，可以预览文件页面。

单击选择【常规】标签，显示【常规】选项卡，如图8-13所示。

图8-13 【常规】选项卡

> 如果是从包含多个页面的PDF文件置入页面，单击预览框下面的箭头，或在预览图像下输入页码，以便预览特定页面。

页面：指定要将哪些页面导入多页面的PDF文件中。可以置入PDF文件的单个页面、一定范围的页面或所有页面。利用多页面PDF文件，设计者可以将一本出版物中的若干插图组合到一个文件中。

裁切到：指定PDF页面中要置入的范围。

透明背景：选择此选项，将显示在InDesign版面中位于PDF页面下方的文本或图形。取消选择此选项，将置入带有白色不透明背景的PDF页面。

单击选择【图层】标签，显示【图层】选项卡，如图8-14所示。

在此选项卡中，可以设置在InDesign中图层的可视性，查看不同的图层复合，以及设置更新链接的方式。

图8-14 【图层】选项卡

单击【确定】按钮，在页面上单击置入图标，置入PDF页面，如图8-15所示。

图8-15　置入的PDF页面

8.2　图片基本编辑

本节主要介绍置入图片后，图片的显示质量的控制、图片与框架的调整和移动。

8.2.1　图片显示质量

在编排文件中的图片时，有时候因文件中的图片分辨率过高，导致图片的显现速度变慢，甚至影响整份文件的编排工作；当然有时也会需要以高分辨率的显示模式来进行排版工作。

1) 更改文档的显示性能

InDesign CS3特别针对各种不同需求，可自行修改图片显示分辨率的功能，以供调整成适合需求的显示模式。

图8-16　设置显示性能

在菜单栏中依次选择【视图】→【显示性能】，然后从子菜单中选择一个选项，如图8-16所示。

InDesign CS3提供三个显示性能选项：【快速】、【典型】和【高品质】。这些选项控制着图形在屏幕上的显示方式，但不影响打印品质或导出的结果。

（1）快速：将图片以灰色色块显示，如图8-17所示。快速显示质量最低，但是翻阅包含大量图像或透明效果的跨页时，速度较快。

（2）典型：以中间质量来显示图片与其透明度，如图8-18所示。【典型】是默认选项，并且是显示可识别图像的最快捷方法。

（3）高品质：以高分辨率来显示图片与其透明度，如图8-19所示。此选项显示的图片质量最好，但执行速度最慢。一般需要微调图像时使用。

图8-17　快速显示　　　　图8-18　典型显示　　　　图8-19　高品质显示

2) 更改对象的显示性能

InDesign CS3中不仅可以更改整个文档的显示性能，还可以单独针对某个对象更改其显示性能。更改对象的显示性能应用的是【对象】菜单中的命令，【对象】菜单中的显示选项和【视图】菜单中的效果相同。

首先要更改首选项中的设置。在菜单栏中依次选择【编辑】→【首选项】→【显示性能】，打开【首选项】对话框，在对话框中选中【保留对象级显示设置】，如图8-20所示。

在菜单栏中依次选择【视图】→【显示性能】，选中【允许使用对象级显示设置】。然后使用【选择】工具或【直接选择】工具，选择要更改显示性能的导入图形。

在菜单栏中依次选择【对象】→【显示性能】，然后选择一个显示设置，如图8-21所示。

图8-20　选择【保留对象级显示设置】　　　　图8-21　更改对象的显示性能

> 设置InDesign的图片显示模式，只会影响图片的显示质量，并不会影响图片印刷的质量，所以屏幕上的显示结果会与印刷后的结果有些许出入，这是排版时值得注意的重要观念。

8.2.2　手动调整图片或框架

将图片置入到绘制的图形框架内时，置入的图片大小与图形框架可能大小不一致，可以手动进行调整。

1) 调整图片的大小

使用【直接选择】工具选择图片，显示图片的框架（图8-22），然后使用【自由变换】工具，调整图片框架的长宽比例，使图片完全显示，如图8-23所示。

图8-22 选择图片

图8-23 调整图片大小

2) 调整框架的大小

使用选择工具选择图片所在的框架，如图8-24所示。

选中框架后，使用选择工具调整框架的大小，使图片完全显示，如图8-25所示。

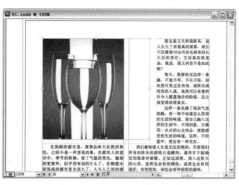
图8-24 选择图片所在的框架

图8-25 调整框架的大小

8.2.3 自动调整图片或框架

当将一个对象置入或粘贴到框架中时，默认情况下，它出现在框架的左上角。如果框架和其内容的大小不同，可以使用【适合】命令自动实现完美吻合。

使用选择工具选择图片所在的框架，如图8-26所示，在菜单栏中选择【适合】命令，然后在【适合】菜单中选择一个选项，如图8-27所示。

图8-26 选择【适合】选项

【适合】选项的说明如下：

使内容适合框架：调整内容大小以适合框架并允许更改内容比例，如图8-28所示。框架不会更改，但是如果内容和框架具有不同比例，则内容可能显示为被拉伸。

使框架适合内容：调整框架大小以适合其内容，如图8-29所示。如果有必要，可改变框架的比例以匹配内容的比例。这对于重置不小心改变的图形框架非常有用。

内容居中：将内容放置在框架的中

图8-27 原图

图8-28 使内容适合框架

心,如图8-30所示。框架及其内容的比例会被保留。

按比例适合内容:调整内容大小以适合框架,同时保持内容的比例,如图8-31所示。框架的尺寸不会更改。如果内容和框架的比例不同,将会导致一些真空区。

按比例适合框架:调整内容大小以填充整个框架,同时保持内容的比例,如图8-32所示。框架的尺寸不会更改。如果内容和框架的比例不同,框架的定界框将会裁切部分内容。

图8-29 使框架适合内容

图8-30 内容居中

图8-31 按比例适合内容

图8-32 按比例适合框架

8.2.4 自定框架适合选项

【适合】菜单中的选项是以固定的模式使框架与图片适合,如果需要更精确的调整方式,可以在【框架适合选项】对话框中自定参数。

使用选择工具选择图片所在的框架,在菜单栏中选择【适合】命令,然后在【适合】菜单中选择【框架适合选项】,打开【框架适合选项】对话框,如图8-33所示。

图8-33 【框架适合选项】对话框

【框架适合选项】对话框中的选项如下：

(1) 参考点

在设置框架适合选项之前，先定位参考点。裁切和适合操作都会以参考点为准。

例如，如果选择左上角作为参考点并选择【按比例适合框架】，则图像可能在底边进行裁剪，如图8-34所示；如果选择右下角作为参考点并选择【按比例适合框架】，则图像可能在上边进行裁剪，如图8-35所示。

图8-34　选择左上角作为参考点

图8-35　选择右下角作为参考点

(2) 裁切量

在上、下、左、右文本框中输入数值，指定图像外框相对于框架的位置。使用正值可裁剪图像，这样会裁掉图片，如图8-36所示；使用负值可在图像的外框和框架之间添加间距，这样可以使图片和框架之间出现空白区域，如图8-37所示。

图8-36　在【上】中输入正值

图8-37 在【上、下、左】中输入负值

(3) 适合空框架

指定框架与图片的适合方式。

8.2.5 移动图片或框架

置入的图片是放在框架中的,当使用【选择】工具移动框架时,框架的内容也一起移动。下面介绍相互独立只移动框架或内容的方法。

1) 将图片合框架一起移动

使用【选择】工具单击图片所在的框架(图8-38),选中框架后,直接移动即可,如图8-39所示。

2) 移动图片而不移动其框架

在工具箱中选择【直接选择工具】,当【直接选择】工具被放置到导入图形上时,它自动变为【抓手】形状,按下鼠标选择图片(图8-40),然后拖动图片,如图8-41所示。

移动图片后,被移动到框架以外的部分不可见,如图8-42所示。

图8-42 移动图片后

图8-38 选择图片的框架　　图8-39 移动框架和内容

图8-40 选择图片　　图8-41 移动图片

如果移动前在图形上按住鼠标按钮几秒,然后移动,则会出现框架外部的动态图形预览。这样,更容易查看整个图像在框架内的位置。

3) 移动框架而不移动内容

使用【直接选择】工具，单击选择框架（图8-43），再单击其中心点以使所有锚点都变为实心的，如图8-44所示。

使用直接选择工具拖动该框架，如图8-45所示（不要拖动框架的任一锚点，这样做会改变框架的形状）。移动框架后，框架以外的图片的部分不可见，如图8-46所示。

图8-43　使用选择工具选择框架　　　图8-44　单击中心点以选择所有锚点

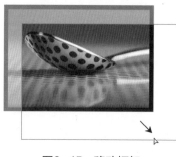
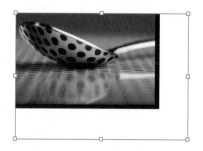

图8-45　移动框架　　　图8-46　移动框架后

8.3　图片剪切路径

InDesign CS3中，在排版时，一些对图片的简单的编辑不再需要另外打开图片编辑软件来修改图片。例如，通过【剪切路径】功能，可以将置入的图片褪除背景。本节就介绍几种褪除背景的方法。

8.3.1　自动创建剪切路径

InDesign CS3中的【检测边缘】功能，可用来为图片制作去背效果。如果置入图片以后才发现需要去背景，则可以使用此方法，【检测边缘】自动为图片执行去背处理。不过，此功能仅适合用在处理背景较单纯或颜色差别较大的图片上。

使用选择工具选择导入的图形（图8-47），然后在菜单栏中依次选择【对象】→【剪切路径】，打开【剪切路径】对话框中，选择【类型】菜单中的【检测边缘】，如图8-48所示。

【剪切路径】对话框中的选项说明如下：

阈值：设置图片生成的剪切路径的最暗的像素值。数值

图8-47　要去除背景的图片　　　图8-48　剪切路径对话框

越小，则图片包含愈浅的色域值，所选择的范围也就越小，如图8-49所示；数值愈大，图片包含越深的色域值，所选择的范围就越广，如图8-50所示。

 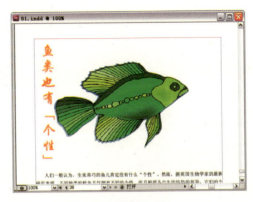

图8-49　阈值为103　　　　　　　　图8-50　阈值为121

容差：设置裁剪路径与临界值之间的距离。数值越小，选择范围较容易呈现锯齿状；数值越大，则选择范围较平滑。

内陷框：扩展或收缩图片边缘想要显示的范围，如图8-51、图8-52所示。

图8-51　内陷框为2　　　　　　　　图8-52　内陷框为-2

反转：通过将最暗色调作为剪切路径的开始，来切换可见和隐藏区域，如图8-53所示。
包含内边缘：使存在于原始剪切路径内部的区域变得透明，如图8-54所示。

图8-53　反转路径　　　　　　　　图8-54　包含内边缘

限制在框架中：创建终止于图形可见边缘的剪切路径。

使用高分辨率图像：为了获得最大的精度，应使用实际文件计算透明区域。

8.3.2 手动创建剪切路径

在InDesign中，可以使用【贴入内部】命令剪切路径，被贴入到路径内的图形还可以调整显示的位置，而路径也可以使用工具编辑其形状。

图8-55 绘制路径

在工具箱中选择【钢笔】工具，沿着要保留的图形绘制封闭路径，如图8-55所示。

使用选择工具选择图片，将图片移开就可以清楚地看到绘制的路径了，如图8-56所示。

使用选择工具选择图片，然后在菜单栏中依次选择【编辑】→【复制】，再使用选择工具选择路径，在菜单栏中依次选择【编辑】→【贴入内部】。这样，图形被贴入到绘制的路径内部了，如图8-57所示。

执行【贴入内部】命令后，路径中显示的图形可能不准确，所以需要使用【位置】工具调整。在工具箱直接选择工具组中选择【位置】工具，在路径内单击，选择图片（图8-58），按下鼠标并拖动，调整图形的显示位置，如图8-59所示。

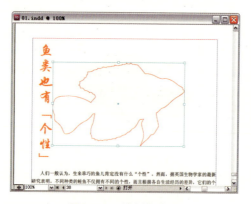

图8-56 绘制的路径

图8-57 将图片贴入到路径内部

图8-58 选择图片

图8-59 调整图形的显示位置

8.3.3 使用Photoshop路径进行剪切

如果置入的图片中存储有在Photoshop中存储的路径，可以使用【剪切路径】功能中的【Photoshop路径】选项对图片进行剪切。

使用选择工具选择导入的图片，如图8-60所示。

在菜单栏中依次选择【对象】→【剪切路径】。打开【剪切路径】对话框，从【类型】菜单中选择【Photoshop路径】，在【路径】中选择要应用的路径，如图8-61所示。

单击【确定】按钮，图片应用在Photoshop中存储的路径剪切路径，如图8-62所示。

图8-60　导入的图片

图8-61　【剪切路径】对话框

图8-62　应用Photoshop路径剪切路径

8.3.4 使用Alpha通道进行剪切

如果图片颜色和形状较为复杂时，可以将图片在Photoshop制作并存储一个通道，然后置入到InDesign文档中，应用剪切路径功能中的Alpha通道进行剪切。

使用选择工具选择导入的图片，如图8-63所示。

在菜单栏中依次选择【对象】→【剪切路径】。打开【剪切路径】对话框，从【类型】菜单中选择【Alpha 通道】，在【Alpha 通道】选项中选择要应用的通道，如图8-64所示。

与应用Photoshop不同的是，应用Alpha 通道时，还可以调整阈值和容差。根据需要设置其他选项，单击【确定】按钮，图片应用在Photoshop中存储的通道剪切路径，如图8-65所示。

图8-63　导入的图片

图8-64　【剪切路径】对话框

图8-65　应用Alpha通道剪切路径

8.4　图片与文字的编排方式

如何将文件中的文字与图片完美的整合在一起，其实是一门看似复杂，实际上却是相当简单的操作。通过InDesign CS3 的文本绕排功能，便可轻松地将图片与文字融合成一体；另外，利用在文字中插入图片的功能，可将图片与文字结合而成一个对象。

8.4.1 文本绕排

InDesign CS3中的文本绕排功能，可以用来设置图片与文字的排列方式，利用不同的排列方式来呈现不同的效果，使得图片与文字的结合更趋于完美。

使用选择工具选择要应用文本绕排的图片，如图8-66所示。

1) 文本绕排方式

显示文本绕排面板，然后在面板中选择一种绕排方式。文本绕排面板的上方的一排图标为绕排方式，从左到右分别为无文本绕排、沿定界框绕排、沿对象形状绕排、上下型绕排、下型绕排，如图8-67所示。

无文本绕排：图片与文字不会有排挤效果，文字与图片还是重叠状态，如图8-68所示。

图8-66 选择要应用文本绕排的图片

沿定界框绕排：文本沿对象的定界框绕排，如图8-69所示。

图8-67　文本绕排面板　　　图8-68　无文本绕排　　　图8-69　沿定界框绕排

沿对象形状绕排：文本沿着图片或图形的形状绕排。文本与对象的距离可以自行设定，如图8-70所示。

上下型绕排：文本跳过对象所在行，只在对象的上下有文本存在，如图8-71所示。

下型绕排：文本只在对象的上方，文字走到对象上方后会自动跳到下一页，如图8-72所示。

反转文本绕排：将绕排在图像周围的文本放置在图像中，图像的左右无文本，如图8-73、图8-74所示。

图8-70　沿对象形状绕排　　　图8-71　上下型绕排　　　图8-72　下型绕排

图8-73　应用沿对象形状绕排　　　图8-74　反转文本绕排

2) 位移值

设置绕排位移值。在文本绕排面板上、下、左、右位移文本框中设置绕排位移值。如果是负值，绕排边界将位于框边缘内，如图8-75所示；如果是正值，绕排将远离框边缘，如图8-76所示。

如果图片应用沿对象形状绕排，则只有上位移可以设置，在上位移文本框中输入数值，即可控制绕排对象四周的位移，如图8-77、图8-78所示。

3) 绕排至

单击【绕排至】右侧的按钮，绕排至菜单中列出了几个绕排选项，如图8-79所示。这些选项使文本绕排至对象的特定一侧，或是书脊的特定一侧，如图8-80～图8-83所示。

（此项仅在选择了【沿定界框绕排】或【沿对象形状绕排】时，此选项才可用）

图8-75　位移值为负值

图8-76　位移值为正值

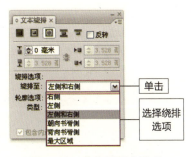

图8-77　绕排位移为0毫米　　图8-78　绕排位移为5毫米　　图8-79　【绕排至】选项

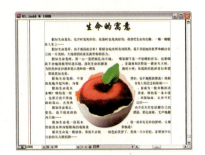

图8-80　绕排至右侧　　图8-81　绕排至左侧　　图8-82　绕排至左侧和右侧

图8-83　绕排至最大区域

4) 类型

如果是导入的带有Alpha通道或者Photoshop路径的图片，并且应用【沿对象形状绕排】时，则可以在【类型】中选择绕排要应用的轮廓，如图8-84所示。

定界框：文本沿图片本身的框架排列，如图8-85所示。

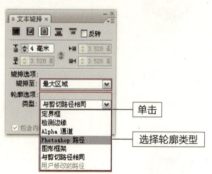 

图8-84 选择要应用的轮廓类型　　　　图8-85 轮廓类型应用图片的定界框

探测边缘：如果图片中有白色的背景，选择此项可使文字忽略图片白色背景，而依图片的边缘来排列。

Alpha通道：当图片中含有Alpha通道时，此选项可使文本沿图片的Alpha通道的外围排列。

Photoshop路径：当图片中含有Photoshop路径时，此选项可使文本沿图片Photoshop路径的外围来排列。

图形框架：文本沿图片所在的框架来排列。

与剪切路径相同：文字沿图片去背时所应用的裁剪路径来排列。

8.4.2 自定义文本绕排

如果觉得图片的框架或轮廓不满足需要，可以修改绕图片的框架或轮廓，使文本绕排效果与实际需求更相符。

其实修改文本绕排路径的方式很简单，单击工具箱的 直接选择工具按钮，利用拖移锚点的方式，便可自行依需求来修改文字想要绕排的路径。

使用【直接选择】工具，选择已应用轮廓绕排的图片对象，此时，图片对象周围会出现许多锚点，如图8-86所示。然后使用【钢笔】工具和【直接选择】工具来编辑路径，如图8-87所示。

图8-86 使用【直接选择】工具选择图片　　　　图8-87 编辑后的路径

8.5 定位对象

定位对象是一些附加或者定位到特定文本的项目，如图形图像或文本框架。重排文本时，定位对象会与包含锚点的文本一起移动。可以将定位对象用于所有要与特定文本行或文本块相关联的对象。

8.5.1 创建定位对象

创建定位对象有以下几种方法。

1) 粘贴定位对象

在使用【选择】工具选择要添加的对象，在菜单栏中依次选择【编辑】→【复制】，然后使用【文字】工具在文本中要插入定位对象的位置单击置入插入点，如图8-88所示。

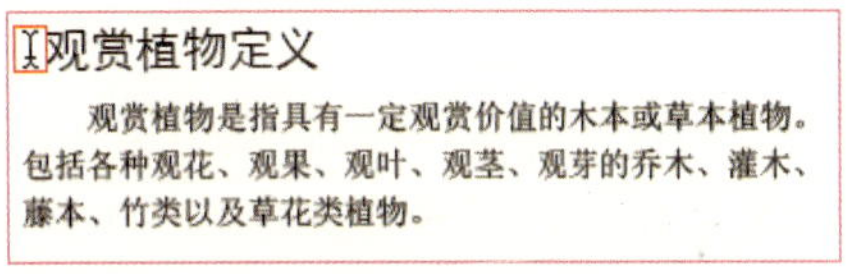

在菜单栏中依次选择【编辑】→【粘贴】，将对象粘贴到文本中。默认情况下，定位对象的位置为随文，如图8-89所示。

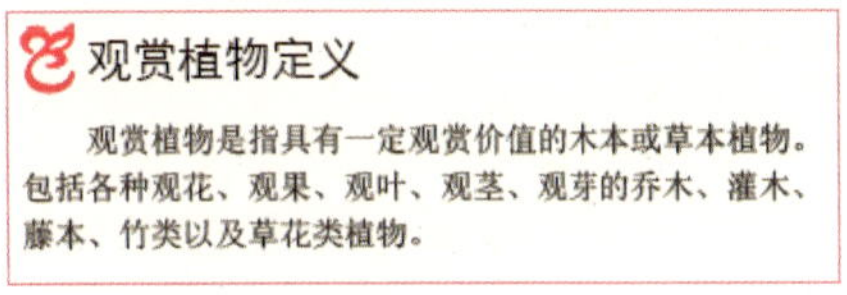

图8-88 确定定位对象的锚点的插入点

图8-89 粘贴入的定位对象

2) 插入定位对象

使用【文字】工具在文本中要插入定位对象的位置单击置入插入点，然后在菜单栏中依次选择【文件】→【置入】，在【置入】对话框中选择要置入的对象，然后单击【确定】按钮。这样，选择的对象就定位到指定的字符之间。

3) 添加占位符框架

如果要添加的对象一时还没有确定，可以先添加一个占位符框架。

使用【文字】工具在文本中要插入定位对象的位置单击置入插入点，然后在菜单栏中依次选择【对象】→【定位对象】→【插入】，打开【插入定位对象】对话框，对话框的顶部显示设置定位对象的对象选项，如图8-90所示。

【插入定位对象】对话框中的选项如下：

(1) 内容：指定占位符框架将包含的对象类型，可以指定为文本、图形，如果不确定，可以选择【未指定】。

(2) 对象样式：指定占位符框架将包含的对象要应用的对象样式。如果定义并保存了对象样式，它们将显示在此菜单中。

图8-90 对象选项

(3) 段落样式：指定占位符框架将包含的对象要应用的段落样式（仅当占位符的内容指定为【文本】时，此项才可用）。如果定义并保存了段落样式，它们将显示在此菜单中。

(4) 高度和宽度：指定占位符框架的尺寸。

8.5.2 定位对象的位置

插入定位对象或占位符框架以后，就可以指定定位对象的位置了。定位对象位置有以下3种。

(1) 行中

将定位对象与插入点的基线对齐，如图8-91所示。可以调整Y位移，将该对象定位到基线之上或之下。这是默认类型的定位对象位置，这些对象称为随文图。

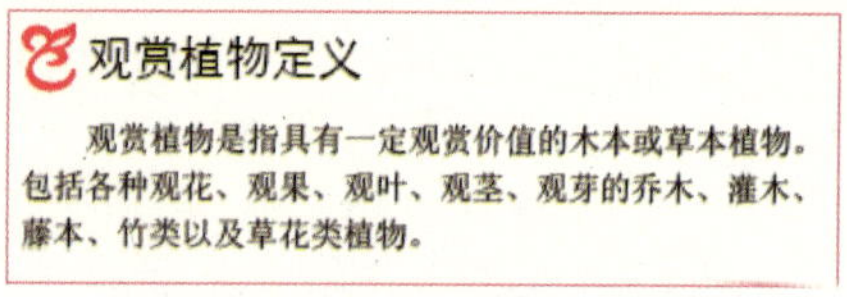

图8-91　定位对象的位置为行中

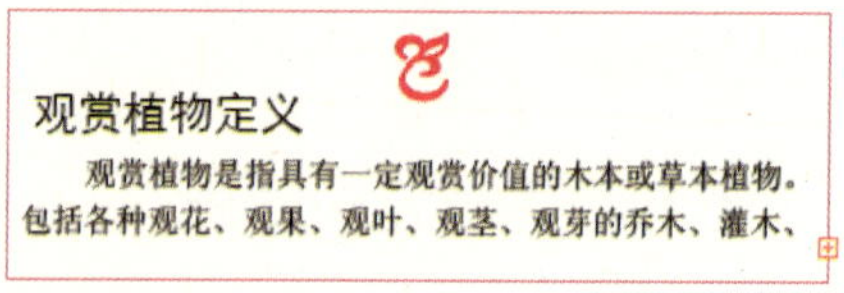

(2) 行上方

使定位对象位于行的上方，如图8-92所示。可以选择下列对齐方式将定位对象置入到行上方：左、中、右、朝向书脊、背向书脊和文本对齐方式。【文本对齐方式】是应用于含有锚点标志符的段落的对齐方式。

图8-92　定位对象的位置为行上方(居中)

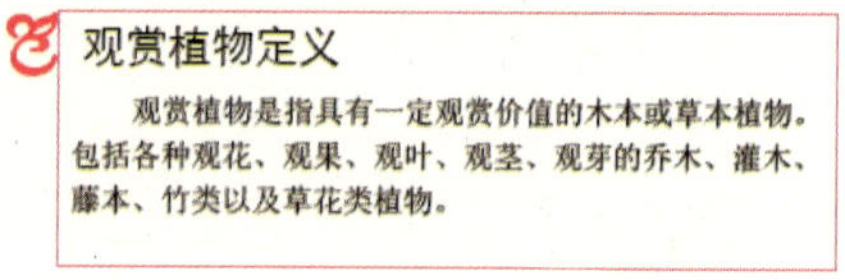

(3) 自定

可以将定位对象定位到任意位置，如图8-93所示。将定位对象置入到在【定位对象选项】对话框中定义的位置。可以将对象定位到文本框架内外的任何位置。

图8-93　自定的定位对象位置

8.5.3 将定位对象定位到行中

将定位对象定位到行中时，定位对象的底边（横排文本中）或左侧（直排文本中）与基线对齐，定位对象可以在Y轴上移动。

沿Y轴向上移动时（即输入正值），位移值不能超出行距高度；沿Y轴向下移动时（即输入负值），位移值不能超出定位对象的高度。

使用选择工具选中对象，然后在菜单栏中依次选择【对象】→【定位对象】→【选项】菜单命令，打开【定位对象选项】对话框。在【位置】选项中选择【行中或行上】，如图8-94所示。

在对话框中单击选项【行中】单选按钮，然后在【Y位移】文本框中输入数值，调整定位对象在Y轴上的位置（图8-95、图8-96），也可以使用鼠标在页面上垂直拖动对象。

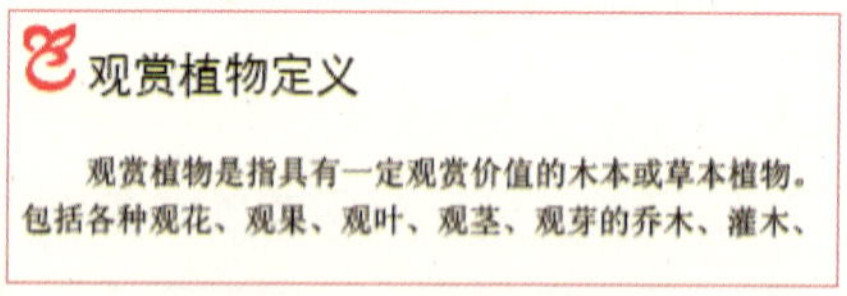

图8-95　Y位移为5毫米

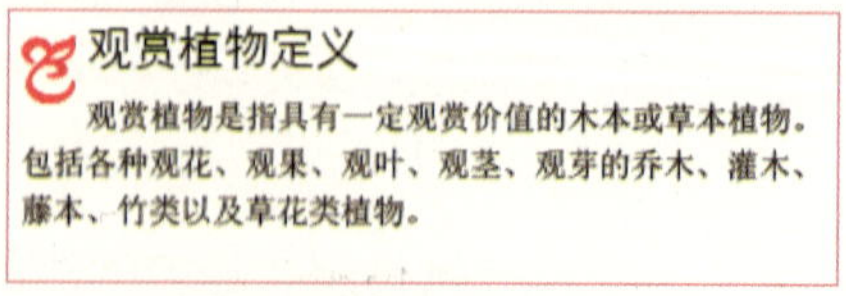

图8-94　【定位对象选项】对话框

图8-96　位移为-5毫米

8.5.4 将定位对象定位到行上

【行上方】会将对象对齐到包含锚点标志符的文本行上方。但是，如果定位对象在直排文本中,【行上方】会将对象对齐到包含锚点标志符的文本行右侧。

使用选择工具选中对象,然后在菜单栏中依次选择【对象】→【定位对象】→【选项】菜单命令,打开【定位对象选项】对话框。在【位置】选项中选择【行中或行上】,如图8-97所示。

在对话框中单击选项【行上方】单选按钮,以激活【行上方】设置选项,选项如下:

对齐方式:设置定位对象在文本框内的对齐方式,有左、右和居中3种对齐方式,如图8-98～图8-100所示。

(1)前间距:指定对象相对于前一行文本的距离。输入负值时,前间距大小不能超过定位对象的高度。

(2)后间距:指定对象相对于对象下方的行中第一个字符的大写字母高度的距离。后间距为0时,会将对象的底边与大写字母高度位置对齐,如图8-101所示;后间距为正数时,会将对象下方的文本向下移,如图8-102所示;后间距为负数时,会将对象下方的文本向上移,如图8-103所示。

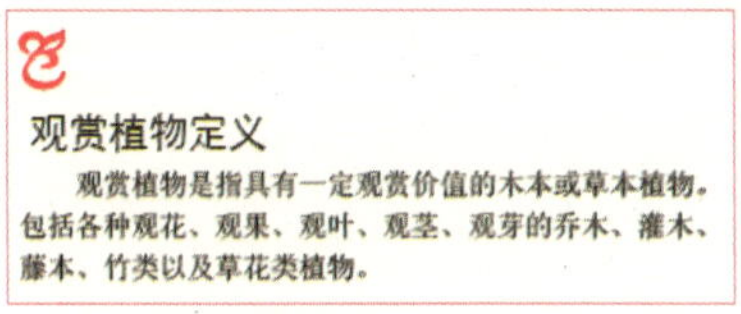

图8-97 【定位对象选项】对话框

图8-98 居左 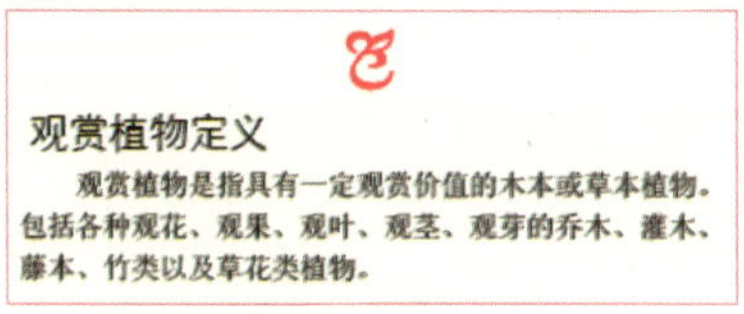　　　　图8-99 居中 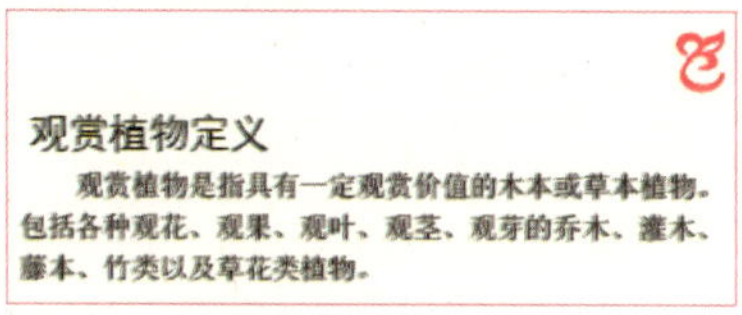　　　　图8-100 居右

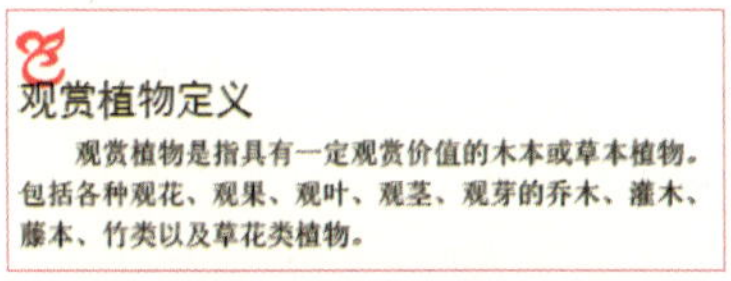

图8-101 后间距为0 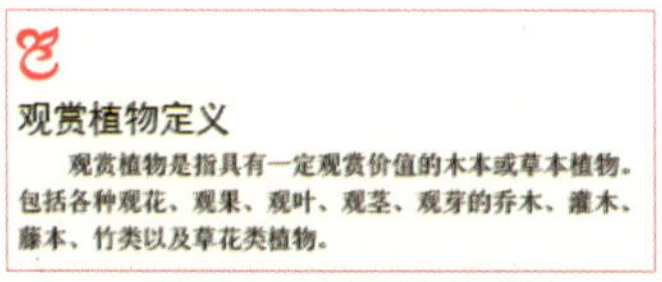　　图8-102 后间距为5 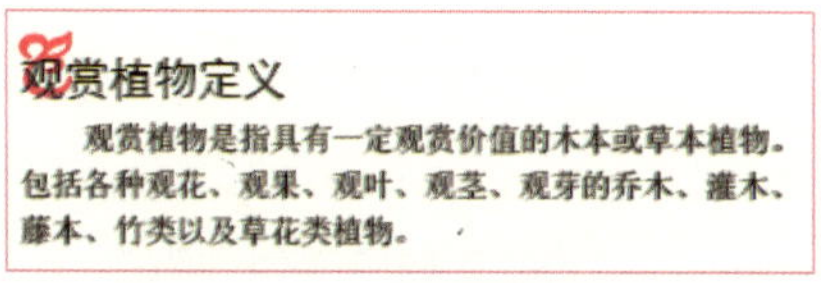　　图8-103 后间距为-5

8.5.5 自定定位对象位置

如果行中或行上的位置均不满意时,可以自定义定位对象的位置。自定位置选项包括四个主要选项:两个参考点代理和【X相对于】及【Y相对于】菜单。

使用选择工具选择文本中的定位对象,然后在菜单栏中依次选择【对象】→【定位对象】→【选项】,打开【定位对象选项】对话框,在【位置】下拉菜单中选择【自定】,如图8-104所示。

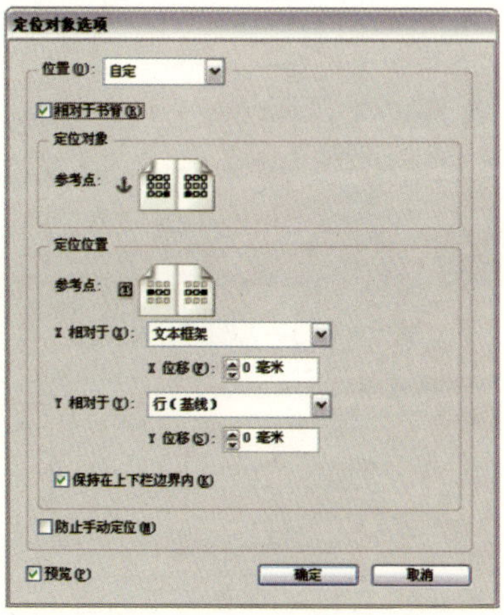

图8-104 【定位对象选项】对话框

要在指定选项时看到对象在页面上的移动,可以选择对话框底部的【预览】复选框。

(1) 相对于书脊：使对象保留在页面上相对于文档书脊的同一侧。如果选择此选项，定位对象参考点代理将显示为两页的跨页。这两个页面互为镜像。

(2) 定位对象参考点⚓：指定对象上要用来与页面上的位置（由X相对于和Y相对于指定）对齐的位置。图8-105～图8-109所示为X相对于【页边距】，Y相对于行（基线）时应用【定位对象参考点】定位的对象的位置。

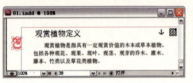　　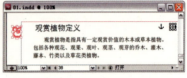　　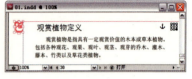

图8-105　定位对象参考点为"右上"　　图8-106　定位对象参考点为"右"　　图8-107　定位对象参考点为"右下"

　　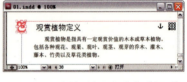

图8-108　定位对象参考点为"下"　　图8-109　定位对象参考点为"左下"

(3) 定位位置参考点：指定页面上要将对象与之对齐的位置。如图8-110～图8-112所示为X相对于【文本框架】，Y相对于行（基线）时应用【定位位置参考点】定位的对象的位置。

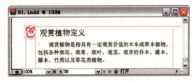　　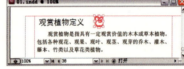　　

图8-110　定位位置参考点为"居左"　　图8-111　定位位置参考点为"居中"　　图8-112　定位位置参考点为"居右"

(4) X相对于：选择要用作对象对齐方式的水平基准的页面项目。如图8-113～图8-116所示为【定位对象参考点】选择左下角的点，【定位位置参考线】应用左边的点时【X相对于】选择不同选项的效果。

(5) Y相对于：选择要用作对象对齐方式的垂直基准的页面项目。

(6) X位移和Y位移：将对象从对齐点水平或垂直移动。

(7) 保持在上下栏边界内：使对象不会延伸到栏边缘的下方或上方。仅当在【Y相对于】菜单中选择了行选项，如：【行（基线）】时，此选项才可用。

在实际的定位对象的操作中，不一定需要按照顺序设置选项。将定位对象的位置设置满意以后，单击【确定】按钮。

图8-113　X相对于锚点　　图8-114　X相对于文本框架

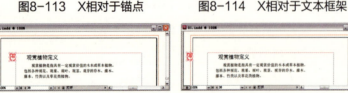

图8-115　X相对于页边距　　图8-116　X相对于页面边缘

8.5.6 手动重新定位页面上的定位对象

将对象定位在某个位置以后，也可以手动移动它的位置，但是如果该对象是相对于边距或页面定位的，则需要将对象更改为相对于其他页面项目对齐。

使用【选择】工具或者【直接选择】工具选择对象，然后在水平框架中垂直拖动（图8-117），或者在垂直框架中水平拖动。在横排文本中，仅可以在垂直方向移动随文对象，而不能水平移动。

> 提示
> 在移动定位对象之前，在【定位对象】对话框中为该对象取消选中【防止手动定位】选项，或者选择【对象】→【解除锁定位置】。

8.5.7 调整定位对象大小

在调整定位对象的大小之前，需要在【定位对象】对话框中取消选择【防止手动定位】选项。

使用【选择】工具或【直接选择】工具选择对象，然后拖动控制手柄，就可以像缩放其他图形一样缩放定位对象，如图8-118所示。

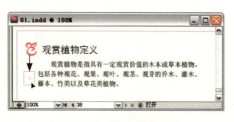

图8-117　移动定位对象

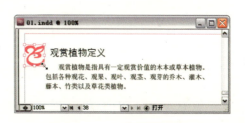

图8-118　缩放定位对象

> 提示
> 垂直地调整随文或行上锚点标志符可能导致对象溢流。如果锚点标志符溢流，对象也会溢流。

8.5.8 释放定位对象

如果不再希望对象放在文本当中，与它所在的文本框架文本移动，可以释放它。

使用选择工具选中定位对象，然后在菜单栏中依次选择【对象】→【定位对象】→【释放】菜单命令，如图8-119所示。

图8-119　释放定位对象

8.6 利用链接面板管理图片

将图片置入至 InDesign 文件之后，InDesign 是通过连结的方式来显示图片。由于图形可以存储在文档文件外部，因此，使用链接可以最大程度地降低文档大小。置入图形后，不会使文档大小明显增大。

8.6.1 链接面板

【链接】面板中列出了文档中置入的所有文件，如图8-120所示。【链接】面板显示图片连结是否正常，并可以及时更新或重新链接，将图片的链接维持在正常状态下。

链接的文件以下方式之一显示在链接面板中：

图8-120　链接面板

(1) 最新：最新文件只显示图片的名称以及它在文档中所处的页面。

(2) 缺失：带问号的红色圆形，为缺失文件的链接图标，表示图形不再位于导入时的位置，可能是存放位置或文件名称已修改，抑或是已被删除了，但仍存在于某个地方。

(3) 修改：带感叹号的黄色三角形，为修改文件的链接图标。表示图片已被修改，而文档中的图片的属性是修改之前的属性。必须更新才会显示新的图片属性。

(4) 嵌入：嵌入的文件会显示一个方形，其中的形状表示嵌入的文件或图形。表示图片已嵌入到文件中，即使图片位置修改或删除图片，都不会不影响文件中图片的连结状态。取消嵌入文件，就会恢复对相应链接的管理操作。

8.6.2 在打开文档时链接文件

如果文档中包含缺失或已修改的文件链接，可能会出现链接状态有问题的提示窗口，如图8-121所示。

如果不想修复，可以单击【不修复】，如果要重新修复这些链接，单击【自动修复链接】按钮，打开【重新链接】对话框，如图8-122所示。

【位置】文本框中显示图片所在的位置，如果要重新链接，在文本框中输入此图片的位置（或者要替换此），或者单击【浏览】按钮，打开【定位】对话框（图8-123），在对话框中找到此

图8-121　提示窗口

图8-122　【重新链接】对话框　　图8-123　【定位】对话框

文件，然后单击【确定】，继续链接其他文件。

如果遇到不需要重新链接文件，选择【跳过】按钮。

8.6.3 重新链接

重新建立（重新链接）文件链接时，文件将保留在InDesign中执行的任何变换。

要恢复缺失链接，在【链接】面板中选择任何标记有缺失的链接图标 的项目；要使用其他文件替换链接，在【链接】面板中选择此链接；要恢复所有缺失链接，单击【链接】调板的底部，取消选择所有链接，或者选择所有缺失链接，如图8-124所示。

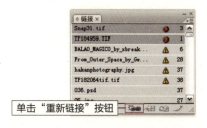

图8-124 选择所有缺失的链接

在面板底部单击【重新链接】按钮，或在【链接】面板菜单中选择【重新链接】，然后找到目标文件或者选择新的替换文件。

8.6.4 转至链接

应用【转至链接】命令，可以很快找到链接的文件在文档中的位置，以便选择和查看链接图形。InDesign会以选定图形为中心显示内容。

在【链接】面板中选择链接项目，然后单击面板底部的【转至链接】按钮 按钮（图8-125），或者选择面板菜单中的【转至链接】命令。

应用转至链接命令后，文档转至文件所在页面，并且将文件显示在视图中，如图8-126所示。

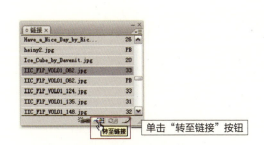

图8-125 转至链接

图8-126 转至链接文件

8.6.5 更新链接

如果链接文件的原文件已经进行修改，而且置入到InDesign CS3种的文件也需要更新为已修改的文件，则可以【链接文件】。

要更新特定链接，选择一个或多个标记有修改的链接图标的链接；要更新所有修改的链接，单击【链接】调板的底部，取消选择所有链接，或者选择所有已修改的链接文件。然后在面板底部单击【更新链接】按钮（图8-127），或在【链接】调板菜单中选择【更新链接】。

图8-127 更新链接

8.6.6 编辑原始文件

如果要编辑链接文件的原始文件，可以【编辑原稿】命令，找到原始文件，如果原始文件是在某个应用软件中创建或编辑过的，则会在这些软件中打开。

在文档版面中选择要编辑的图形，然后选择【编辑】→【编辑原稿】。或者，在【链接】面板中选择一个链接，然后单击【编辑原稿】按钮，如图8-128所示。

文件将会在原始应用程序中打开，如图8-129所示。编辑并存储文件后，InDesign CS3将使用新版本的图形更新文档。

图8-128　编辑原稿

图8-129　文件在Photoshop中打开

如果是下载的图片，且没有在任何软件中编辑过，则文件能在图片查看器中打开。

8.6.7 检查文件链接

文档制作完成后，准备打包、打印前，如果要查看文档中置入的图片的链接情况，可以使用【链接信息】对话框检查。对话框中列出了选定链接文件的特定信息。如文件名称、修改日期、大小、色彩空间、配置文件、文件类型、内容状态等。

在【链接面板】中双击要查看链接信息的项目，或选择项目，然后在【链接】面板菜单中选择【链接信息】，打开的【链接信息】对话框，如图8-130所示。

图8-130　【链接信息】对话框

对话框中列出了选定链接文件的特定信息。如文件名称、修改日期、大小、色彩空间、配置文件、文件类型、内容状态等。

对话框中的按钮说明如下：

上一步：显示上一个链接文件的信息。

下一步：显示下一个链接文件的信息。

转至链接：和链接面板中的【转至链接】命令的功能相同，转至链接文件所在的位置。如果不确定对话框中【位置】文本框中显示的是哪个文件，可以单击【转至链接】，查看文件。

重新链接：如果对话框中显示文件的链接有问题，可以单击【重新链接】，找到目标文件或替换文件。

8.6.8 将文件嵌入文档中

将文件嵌入文档中后，置入文件与原始文件将断开链接，当原始文件发生更改时，【链接】面板将不会发出警告，也无法自动更新相应文件，且嵌入文件会增加文档文件的大小。

1) 将文件嵌入文档中

在【链接】面板中选择一个文件，在【链接】面板菜单中选择【嵌入文件】，文件嵌入文档之后，文件将保留在【链接】面板中，并标记有嵌入的链接图标，如图8-131所示。

图8-131 嵌入的文件

2) 取消嵌入链接文件

如果要取消嵌入链接文件在【链接】面板中选择一个的文件。在【链接】面板菜单中选择【取消嵌入】。单击【重新链接】按钮，或在【链接】面板菜单中选择【重新链接】。

8.7 本章小结

本章详细介绍了图文编排的基本知识，包括加入图片、图片剪切路径、图片与文字的编排方式、定位对象和利用链接面板管理图片等内容，通过学习学生可以掌握运用计算机软件设计图文排版的技术。

思考与练习

1) 填空题

(1) 在InDesign加入图片，有几种简单的方法，其中包括____、____、____或____置入等，可根据习惯或需求，选择适当的图片置入方式。

(2) 在设置框架适合选项之前，先定位____。裁切和适合操作都会以____为准。

2) 操作题

(1) 新建一个文档，然后置入不同格式的图片。

(2) 在文档中输入或置入一段文本，将图片放置到文档中并应用文本绕排方式，查看效果。

(3) 选择有Photoshop通道或路径的图片，试着创建剪切路径。

第 9 章

图形绘制与管理

InDesign CS3的工具箱中的工具可以绘制出各种路径及图形，配合其他命令可以使设计的构想变成现实。本章将介绍如何使用工具箱中的工具绘制基本图形，以及掌握路径编辑技巧、创建复合形状和复合路径等知识。

本章学习重点与要点：
(1) 绘制基本图形；
(2) 路径编辑技巧；
(3) 路径高级编辑技巧；
(4) 复合路径和复合形状。

9.1 绘制基本图形

在InDesign CS3中绘制基本图形，使用工具箱中的工具就可以解决，可以绘制直线、由直线构成的图形、曲线、由曲线构成的图形、多边形图形。

9.1.1 绘制直线

绘制直线是最简单也最常使用的图形绘制技巧。

1) 使用直线工具绘制直线

直线工具用于绘制直线段。使用直线工具可以绘制水平直线、垂直直线以及倾斜的直线。

在工具箱中选择【直线】工具，将鼠标移动到页面上时，鼠标显示为 ┼，在要绘制直线的起点位置单击并拖动鼠标（图9-1），绘制到满意的长度以后，即可松开鼠标。

如果要绘制水平、垂直及45°的倍数的倾斜线，可以在绘制的同时，按住【Shift】键。图9-1所示为用直线组成的图形。

图9-1 绘制直线

2) 使用钢笔工具绘制直线

使用【钢笔】工具可以绘制的最简单路径是直线。通过连续单击，可以创建一个由直线段构成的路径，每个直线段由角点连接。

在工具箱中单击选择【钢笔】工具，将鼠标移动到页面上时，鼠标显示为 形状，将钢笔笔尖置于要绘制的直线段的起点，然后单击以定义第一个锚点（不要拖动），然后松开鼠标，就可以看到绘制的第一个点，如图9-3所示。添加下一个点之前，此锚点保持选定状态（实心）。

图9-2 用直线组成的图形　　图9-3 单击定义第一个锚点

> 提示：单击第二个锚点之前，绘制的第一个段将不可见。此外，如果锚点处显示方向线，则表示意外拖动了【钢笔】工具；可以在菜单栏中选择【编辑】→【还原】菜单命令并再次单击。

将钢笔笔尖移动到要绘制直线的终点单击，（按住【Shift】键单击以将段的角度约束到45°的倍数。）这样就绘制了一条直线，如图9-4所示。

如果不再继续绘制，在工具箱中选择任意工具，就结束了直线的绘制，如果要继续绘制，继续在其他位置单击【钢笔】工具以创建与它相连的直线段，如图9-5所示。

要使路径保持开放状态，按住【Ctrl】键单击所有对象以外的任何位置，或者在菜单栏中选择【编辑】→【全部取消选择】菜单命令，也可以在工具箱中选择一个其他工具。

图9-4 在要绘制直线的终点单击　　图9-5 继续绘制路径

执行上述任何方法以使路径保持开放状态时，路径可能会突然消失，说明工具箱中的描边应用【无】。此时，可以双击工具箱中的【描边】工具，然后在打开的【拾色器】中设置一种颜色，然后单击【确定】按钮。

要闭合路径，将钢笔指针置于绘制的第一个（空心）锚点上，如果放置的位置正确，钢笔旁边出现一个小圈，如图9-6所示。单击此端点以闭合该路径，如图9-7所示。

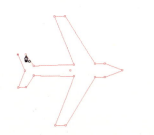

图9-6 将钢笔指针置于绘制的第一个锚点上　　图9-7 闭合路径

要闭合路径，还可以选择开放的路径，然后在菜单栏中选择【对象】→【路径】→【封闭路径】菜单命令。

9.1.2 绘制曲线

绘制曲线铅笔工具和钢笔工具，使用铅笔工具较为自由随意，而使用钢笔工具可以控制弧度大小，还可以控制创建的锚点是角点或是平滑点。

1) 使用铅笔工具绘制任意路径

使用【铅笔】工具绘制路径就像使用铅笔在纸张上进行绘制一样。它对快速素描或创建手绘外观非常有用。

在工具箱中选择【铅笔】工具，将鼠标移动到页面上时，鼠标显示为 形状，将鼠标指针置于要绘制的路径起点，并拖动以绘制路径。

拖动时，此工具后跟一条点线。完成绘制时，路径两端以及沿路径的各个点处将显示锚点，如图9-8所示。

如果要绘制封闭路径，拖动时，按住【Alt】键，【铅笔】工具将显示一个小圈和一个实心橡皮擦，以指示正在绘制封闭路径，当路径达到所需的大小和形状时，释放鼠标按钮（但不要释放【Alt】键）。在路径闭合后，释放【Alt】键，绘制的封闭路径如图9-9所示。

铅笔工具绘制路径时的平滑度和使用【平滑】工具修改路径的控制，都可以在【铅笔工具首选项】对话框中设置。

图9-8 用铅笔工具绘制的路径　　图9-9 绘制的封闭路径

在工具栏中双击【铅笔】工具，打开【铅笔工具首选项】对话框，如图9-10所示。

（1）容差：用于控制【铅笔】工具和【平滑】工具对于鼠标或手写板压感笔移动的敏感性。

图9-10 【铅笔工具首选项】对话框

(a) 保真度：修改路径时曲线可以偏离的范围（以像素为单位）。使用较低的保真度值，曲线将紧密匹配光标的移动，从而将生成更尖锐的角度。使用较高的保真度值，路径将忽略光标的微小移动，从而将生成更平滑的曲线。

(b) 平滑度：使用此工具时应用的平滑量（按百分比度量）。较低的平滑度值通常生成较多的锚点，并保留线条大多数的不规则性；较高的值则生成较少的锚点和更平滑的路径。

(2) 保持选定：选择此项，在绘制路径后使路径保持选定状态。该选项默认为已选中。

(3) 编辑所选路径：选择此项以便在位于路径的某段距离之内时编辑或合并路径。

(4) 范围：输入一个值，或拖动滑块以决定编辑所选路径的范围。

如果取消选择【编辑所选路径】选项，则无法使用【铅笔】工具编辑或合并路径；但可以使用【钢笔】工具编辑或合并路径。

2) 绘制曲线

使用【钢笔】工具可以创建复杂的曲线，绘制曲线时，使用尽可能少的锚点绘制曲线时，曲线更易于编辑，而且系统显示和打印它们时速度更快。下面讲解使用钢笔工具绘制一个图形的全过程。

在工具箱中单击选择【钢笔】工具，将钢笔笔尖置于所需的曲线起点，单击并按住鼠标不松开，随即将显示第一个锚点（图9-11），然后拖动以扩展方向线，如图9-12所示。

图9-11　单击并按住鼠标　　图9-12　拖动以扩展方向线

通常，可将方向线扩展到要绘制的下一个锚点的距离的1/3。按住【Shift】键拖动以将方向线约束到 45° 的倍数。

继续绘制。将【钢笔】工具置于下一个要添加锚点的位置，然后单击并按住鼠标拖动以扩展方向线，如图9-13所示。

在下一个要添加锚点的位置单击，然后松开鼠标，这样，就创建了一个角点。

再创建一个角点（图9-14），此处的角点与前一步骤中绘制的锚点不同，它连接的是两段曲线。在要添加锚点的位置单击并拖动以扩展方向线（图9-15），然后按下键盘上的【Alt】键，拖动鼠标，这样就可以将方向线的一端移动（图9-16），使锚点成为角点。

图9-13　继续绘制锚点　　图9-14　创建角点

图9-15　扩展方向线　　图9-16　移动方向线的一端

再在下一个要添加锚点的位置单击，如图9-17所示。

继续绘制下面的路径，过程如图9-18所示。

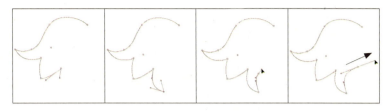

图9-17　绘制下一点　　　　　　图9-18　继续绘制路径

要使路径保持开放状态，按住【Ctrl】键单击所有对象以外的任何位置，或者在菜单栏中选择【编辑】→【全部取消选择】菜单命令，也可以在工具箱中选择一个其他工具。

要闭合路径，将【钢笔】工具置于第一个（空心）锚点上，如果放置的位置正确，【钢笔】工具旁将出现一个小圈（图9-19），单击并控制方向线以闭合路径，如图9-20所示。

路径闭合以后，为路径再添加一点装饰，如图9-21所示。

图9-19　将钢笔工具至于此路径　　图9-20　闭合路径
　　　　的第一个锚点上　　　　　　　　　　　　　　　图9-21　绘制完成

9.1.3 绘制多边形图形

矩形、圆形与多边形等各类型几何图形，是常见的基本图形。只要善用InDesign提供的基本图形绘制功能，就可随心所欲地绘制各式各样的几何图形。

1）使用矩形工具绘制图形

在工具箱中选择【矩形】工具，将鼠标移动到页面上时，鼠标显示为 ╬，然后使用下列方法之一绘制矩形：

图9-22　【矩形】对话框

（1）绘制精确大小的矩形

在页面上单击，将出现【矩形】对话框，如图9-22所示。在对话框中，在【宽度】和【高度】文本框中输入要绘制矩形的宽度和高度，然后单击【确定】按钮。

图9-23　绘制矩形

使用此方法可以绘制准确尺寸的矩形。但是，如果已经绘制好了矩形，就不能使用此对话框设置矩形的尺寸了。

（2）绘制任意大小的矩形

在页面上单击并按住鼠标向倾斜的方向拖动，绘制到合适大小时，松开鼠标即可，如图9-23所示。

> 提示：绘制矩形时按下【Shift】键，拖动鼠标将绘制一个正方形；按下【Alt】键，然后在页面上单击鼠标确定矩形的中心点并拖动鼠标，将以这个中心点向四周扩散绘制矩形。

2) 使用椭圆形工具绘制图形

在工具箱中选择【椭圆】工具，将鼠标移动到页面上时，鼠标显示为 ✣，然后使用下列方法之一绘制椭圆形：

(1) 绘制精确大小的椭圆形

在页面上单击，将出现【椭圆】对话框，如图9-24所示。在对话框中，在【宽度】和【高度】文本框中输入要绘制椭圆形的宽度和高度，然后单击【确定】按钮。

(2) 绘制任意大小的椭圆形

在页面上单击并按住鼠标向倾斜的方向拖动，绘制到合适大小时，松开鼠标即可，如图9-25所示。

图9-24 【椭圆】对话框   图9-25 绘制椭圆形

绘制椭圆形时按下【Shift】键，拖动鼠标将绘制一个正圆；按下【Alt】键，然后在页面上单击鼠标确定椭圆的中心点并拖动鼠标，将以这个中心点向四周扩散绘制椭圆形。

3) 使用多边形工具绘制图形

使用【多边形】工具可以创建多边形，如三角形、四边形、五边形、五角星等。

使用多边形工具绘制图形共有两种方法。

(1) 绘制精确大小、边数和星形内陷的多边形

在工具箱中选择【多边形】工具，将鼠标移动到页面上时，鼠标显示为 ✣，在页面上单击，将出现【多边形】对话框，如图9-26所示。

多边形宽度：在文本框中输入数值指定多变形的宽度。

多边形高度：在文本框中输入数值指定多边形的高度。

边数：指定多边形的边数，该值介于3～100之间，如图9-27～图9-29所示。

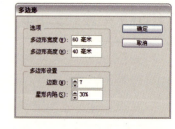

图9-26 【多边形】对话框

星形内陷：指定多边形内陷百分比。下面以五边形的图形为例，设置星形内陷，如图9-30～图9-32所示。

图9-27 边数为3   图9-28 边数为5   图9-29 边数为12   图9-30 星形内陷为25%   图9-31 星形内陷为50%   图9-32 星形内陷为80%

(2) 绘制默认大小和形状的多边形

在页面上单击并按住鼠标向倾斜的方向拖动，绘制到合适大小时，松开鼠标即可，如图9-33所示。

图9-33 绘制多边形

绘制多边形时按下【Shift】键，拖动鼠标将绘制一个正多边形；按下【Alt】键，然后在页面上单击鼠标确定椭圆的中心点并拖动鼠标，将以这个中心点向四周扩散绘制多边形。

9.2 路径编辑技巧

不仅绘制的路径需要编辑，有时候也要编辑一些其他对象的形状，编辑路径主要是编辑锚点、平滑路径、擦除路径、分割路径等。

9.2.1 选择路径和锚点

路径绘制完成后，要对进行移动、复制、编辑、删除等，都需要选中路径。InDesign中，用于选择路径的工具主要有【选择】工具和【直接选择】工具。

1) 使用选择工具选择

使用【选择】工具可以选择绘制的路径。

(1) 选择单个路径或图形：在工具箱中选择【选择】工具，单击要选择的路径，即可选中路径，选中的路径都显示定界框，如图9-34所示。

(2) 选择多个路径：按住鼠标拖动（图9-35），框选要选择的路径。包含在鼠标绘制的虚拟矩形框中及被矩形框接触到的路径都被选中，如图9-36所示。或者按住【Shift】键，逐个单击要选择的图形。

按住【Shift】键进行选择时，如果错选了路径，再次单击错选的路径，即可取消选择。

图9-34 选择路径　　图9-35 拖动鼠标选择多个路径　　图9-36 被选中的路径

2) 使用直接选择工具选择

使用【直接选择】工具单击选择路径，选中的路径显示锚点，锚点显示为空心方块，如图9-37所示。

使用【直接选择】工具选择选中路径后，单击路径上的锚点，可以选中锚点，选中的锚点显示为实心方块，如图9-38所示。

全选锚点：按住鼠标拖动，框选要选择的锚点。单击路径的中心点也是全选锚点的快捷方法，如图9-39所示。

图9-37 选中的路径　　图9-38 选择锚点　　图9-39 全选锚点

选择多个锚点：按下【Shift】键，使用【直接选择】工具逐个单击要选择的锚点。

9.2.2 移动、添加/删除锚点

1) 移动锚点

使用直接选择工具选择一个或多个锚点,然后拖动(图9-40),或者在键盘上按↑、↓、←、→都可以移动锚点。如果选择了路径上的所有锚点,移动时,将移动整条路径。

2) 添加锚点

使用【直接选择】工具,选择要在其上添加锚点的路径,在工具箱中选择【钢笔】工具或【添加锚点】工具,将指针置于路径段上(钢笔工具右下角显示【+】),然后单击(图9-41)。

图9-40 移动锚点　　图9-41 添加锚点

如果在移动对象时,按住【Shift】键,可在垂直、水平或在45°的倍数的方向上移动锚点;如果在开始移动对象后,按下【Alt】键,可复制锚点,如图9-42所示。

如果锚点添加在两个角点之间的直线段上,添加在锚点为角点,如图9-42所示;如果锚点添加在两个锚点之间的曲线段上,添加的锚点为平滑点,如图9-43所示。

如果要在直线段上添加平滑点,在路径上单击并拖动,看到方向线后松开鼠标。

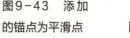

图9-42 添加的锚点为角点　　图9-43 添加的锚点为平滑点　　图9-44 将删除锚点工具置于锚点上　　图9-45 删除锚点后

3) 删除锚点

使用【直接选择】工具,选择要在其上添加或删除锚点的路径,选择【钢笔】工具或【删除锚点】工具将指针置于锚点上(图9-44),然后单击,锚点即被删除,如图9-45所示。

9.2.3 转换锚点

路径可以包含两种锚点:角点和平滑点。在角点处,路径突然更改方向。在平滑点处,路径连接为连续曲线。【转换方向点】工具。使能够将锚点从角点更改为平滑点,反之亦然。

1) 角点转换为平滑点

使用【直接选择】工具选择要修改的路径,在工具箱中选择【转换方向点】工具,将【转换方向点】工具置于要转换为平滑点的角点上(图9-46),单击角点按住不放并拖动,拖出两条方向线后松开鼠标,如图9-47所示。

2) 平滑点转换为角点

使用【直接选择】工具选择要修改的路径，然后执行下列操作之一：

(1) 转换为不带方向线的角点：在工具箱中选择【转换方向点】工具，将【转换方向点】工具置于要转换为角点的平滑点上，然后单击平滑点，平滑点就可以转换为角点，如图9-48所示。

图9-46 将【转换方向点】工具置于要转换为平滑点的角点上

图9-47 将角点转换为平滑点

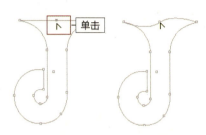
图9-48 将平滑点转换为角点

(2) 转换为具有独立方向线的角点：在工具箱中选择【直接选择工具】，单击锚点以显示方向线，然后拖动任一方向线，如图9-49所示。

9.2.4 平滑路径

使用【平滑】工具移去现有路径或路径某一部分中的多余尖角。【平滑】工具尽可能地保留路径的原始形状。平滑后的路径通常具有较少的点，这使它们更易于编辑、显示和打印。

选择要进行平滑处理的路径，在工具箱中选择【平滑】工具(如果选择了【铅笔】工具，则按住【Alt】键，可以将【铅笔】工具更改为【平滑】工具。)，将【平滑】工具沿要进行平滑处理的路径线段的拖动平滑工具，如图9-50所示。

继续进行平滑处理，直到描边或路径达到所需的平滑度，经过平滑处理的描边或路径包含的锚点数通常要比原来的少，如图9-51所示。

图9-49 将平滑点转换为具有独立方向线的角点

> **提示**
>
> 在绘制路径的过程中，如果要绘制一个具有独立方向线的角点，单击绘制锚点并拖动，显示方向线以后，按下【Alt】键，再拖动鼠标，这样，方向线就可以自由移动了。

图9-50 平滑路径　　图9-51 平滑处理后的路径

9.2.5 擦除路径

将路径中不需要的部分擦除，在InDesign中应用的是铅笔工具组中的【抹除】工具。

使用直接选择工具选择要擦除的路径，然后选择【抹除】工具，在要擦除的路径上拖动，如图9-52所示。

松开鼠标后，抹除工具拖过的地方都被擦除，擦除后生成的路径的两端随即添加锚点，如图9-53所示。

图9-52 擦除路径　　图9-53 擦除后路径

9.2.6 分割路径

将一条路径分割为两条路径，或者将封闭路径分割为开放路径，都可以使用【剪刀】工具进行分割。

使用直接选择工具选择要分割的路径，在工具箱中选择【剪刀】工具，将鼠标移到要剪开的位置（图9-54），单击鼠标，路径在该处被剪开，如图9-55所示。

如果要将此路径分割为两条路径，再在路径的另一处使用【剪刀】工具剪开，如图9-56所示。

在路径的两处被剪开以后，路径被分为两条开放的路径，如图9-57所示。

分割路径的另外一种方法是：在菜单栏中依次选择【对象】→【路径】→【开放路径】，在绘制路径的封闭点处拆分路径，被拆分处的锚点显示为实心，如图9-58所示。

图9-54　将剪刀工具置于路径上　　　图9-55　路径剪开处

图9-56　在路径的另一处剪开　　图9-57　路径被分为两条开放的路径　　图9-58　路径的拆分点

9.2.7 扩展开放路径或连接开放路径

扩展开放路径或连接两个开放路径是常用的操作，使用的工具有两个：钢笔工具和铅笔工具。

1) 扩展开放路径

使用直接选择工具选择路径，将【钢笔】工具置于要扩展的开放路径的端点上，【钢笔】工具旁将出现一个小斜线 ✎ （图9-59），单击此端点，然后在所需的位置上单击，如果要扩展一段曲线，单击的时候不要松开鼠标并拖动，以创建平滑点，如图9-60所示。

2) 连接开放路径

(1) 使用铅笔连接开放路径

使用【铅笔】工具只能将一条路径连接为封闭路径。使用直接工具选择要连接的开放路径，然后在工具箱中选择【铅笔】工具，将铅笔的笔尖置于开放路径的其中一个端点上，按下鼠标拖动到开放路径的另一个端点上（图9-61），这样，路径就闭合了，如图9-62所示。

图9-59　将钢笔工具至于扩展的开放路径的端点上　　图9-60　扩展的曲线　　图9-61　连接路径　　图9-62　连接后的路径

3) 使用钢笔连接开放路径

使用直接选择工具选择路径，将【钢笔】工具置于要连接的开放路径的端点上，【钢笔】工具旁边是一个小斜线 ，（图9-63），在此处单击，然后执行下列操作之一：

（1）将开放路径连接为封闭路径：将【钢笔】工具置于此路径的另一个端点，钢笔工具显示为 时，单击端点，将路径闭合。

（2）连接两条开放路径：将【钢笔】工具置于另一条路径的端点上，钢笔工具显示为 时（图9-64），单击端点，将两条路径连接（图9-65）。

图9-63 将【钢笔】工具置于要连接的开放路径的端点上　　图9-64 将【钢笔】工具置于另一条路径的端点上　　图9-65 连接在一起的路径

9.3 路径高级编辑技巧

使用【描边】面板可以为路径设置不同的描边样式、起点形状和终点形状，使用【角效果】命令可以为路径的角点处添加好看的角效果。

9.3.1 为路径描边

【描边】面板提供对描边粗细和外观的控制，包括线段如何连接、起点形状和终点形状以及用于角点的选项，如图9-66所示。还可以在路径或框架处于选定状态时选择【控制】面板中的描边设置。

1) 粗细

在【粗细】列表中选择一个数值指定描边的粗细。不同的粗细效果，如图9-67～图9-69所示。

图9-66 【描边】面板

2) 端点

选择一个端点样式以指定开放路径两端的外观。

平头端点：创建邻接（终止于）端点的方形端点，如图9-70所示。

圆头端点：创建在端点外扩展半个描边宽度的半圆端点，如图9-71所示。

投射末端：创建在端点之外扩展半个描边宽度的方形端点，如图9-72所示。此选项使描边粗细沿路径周围的所有方向均匀扩展。

3) 连接

指定角点处描边的外观。

图9-67　0.25毫米　　图9-68　0.75毫米　　图9-69　3毫米

图9-70　平头端点　　图9-71　圆头端点　　图9-72　投射末端

斜接连接：创建当斜接的长度位于斜接限制范围内时超出端点扩展的尖角，如图9-73所示。
圆角连接：创建在端点之外扩展半个描边宽度的圆角，如图9-74所示。
斜角连接：创建与端点邻接的方角，如图9-75所示。

图9-73 斜接连接　　图9-74 圆角连接　　图9-75 斜角连接

 可以为不使用角点的路径指定斜接选项，但在通过添加角点或通过转换平滑点来创建角点之前，斜接选项将不适用。此外，斜接在描边较粗的情况下更易于查看。

4) 斜接限制

斜接限制是在斜角连接成为斜面连接之前拐点长度与描边宽度的限制。斜接限制不适用于圆角连接。

5) 对齐描边

单击某个图标以指定描边相对于它的路径的位置，如图9-76～图9-78所示。

图9-76 描边居中　　图9-77 描边居内　　图9-78 描边居外

6) 类型

在此下拉列表中选择一个描边类型。各种类型效果，如图9-79所示。

实底	粗-粗	粗-细	粗-细-粗	细-粗
细-粗-细	细-细	三线	虚线	左斜线
右斜线	垂直线	点线	波浪线	空心菱形

图9-79 描边类型

7) 起点和终点

选择路径的起点和终点。各种起点和终点效果如图9-80所示。

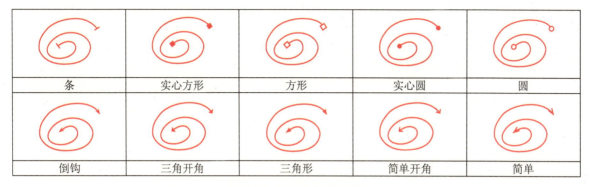

图9-80 起点和终点形状

8) 间隙颜色

指定要在应用了图案的描边中的虚线、点线或多条线条之间的间隙中显示的颜色，如图9-81所示。

图9-81 间隙颜色

9) 间隙色调

指定一个色调（当指定了间隙颜色时）。

9.3.2 自定义描边样式

在【描边】面板中不仅提供了许多已定义好的样式，还可以自定义描边样式。自定的描边样式可以是虚线、点线或条纹线。

在面板菜单中选择【描边样式】，打开【描边样式】对话框，如图9-82所示。

在【描边样式】对话框中，单击【新建】按钮，打开【新建描边样式】对话框，如图9-83所示。

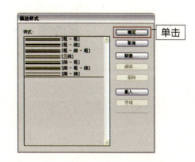

图9-82 【描边样式】对话框

图9-83 【新建描边样式】对话框

在【名称】中输入描边样式的名称。在【类型】列表中，选择要定义的线条类型，然后定义线条样式。下面介绍各种类型的定义方式。

1) 定义条纹样式 (图9-84)

在【新建描边样式】对话框中的【类型】中选择【条纹】。如果要添加新的条纹线，在标尺上或空白处单击。

单击选择条纹线，然后设置下列选项：

起点：在文本框中输入数值指定条纹线的起点。也可以直接拖动条纹线，移动到新的位置。

宽度：在文本框中输入数值指定条纹线的宽度。也可以在标尺中拖动它的标尺标志符▶。

在对话框底部的【预览】中可以看到定义的线条的样式，在【预览粗细】选项中可以设置预览线条的粗细。

如果要删除条纹线，将它拖出窗口即可。

2) 定义点线 (图9-85)

在【新建描边样式】对话框中的【类型】中选择【点线】。如果要添加新的点，在标尺上或空白处单击。

居中：输入数值指定点线的中心所在的位置。也可以直接拖动点线，移动到新的位置。

图案长度：文本框中输入数值，指定重复图案的长度。

角点：选择一个选项，确定如何处理虚线或点线，以在拐角的周围保持有规则的图案。

选择【调整线段】，在图形角点处调整线段长度以保持图案有规则地排列；选择【调整间隙】，在图形角点处调整点线的间隙以保持图案有规则地排列；选择【调整线段和间隙】，在图形角点处同时调整线段长度和间隙以保持图案有规则地排列。

3) 定义虚线 (图9-86)

在【新建描边样式】对话框中的【类型】中选择【点线】。如果要添加新的虚线，在标尺上或空白处单击。

起点：输入数值指定虚线在标尺上的开始位置。

长度：输入数值虚线的长度。

图案长度：输入数值，指定重复图案的长度。

角点：选择一个选项，确定如何处理虚线或点线，以在拐角的周围保持有规则的图案。

端点：选择虚线的端点显示方式。

图9-84　定义条纹线选项　　　图9-85　定义点线选项　　　图9-86　定义虚线选项

9.3.3　角效果

【角效果】命令可以将角点样式快速应用于任何路径。角效果显示在路径的所有角点上。

使用选择工具选择路径，在菜单栏中依次选择【对象】→【角效果】，打开【效果】对话框，如图9-87所示。

效果：在【效果】选项中选择一个选项，各种效果如图9-88～图9-92所示。

大小：输入一个值以指定角效果到每个角点的扩展半径，如图9-93、图9-94所示。

如果在应用效果前要查看效果，则选择【预览】，然后单击【确定】按钮。

图9-87 【角效果】对话框

图9-88 花式　　图9-89 斜角　　图9-90 内陷　　图9-91 反向圆角

图9-92 圆角　　图9-93 大小为20毫米　　图9-94 大小为8毫米

9.4 复合路径和复合形状

复合路径和复合形状是两个比较容易混淆的词。下面详细介绍复合路径和复合形状的创建和应用。

9.4.1 创建复合路径

复合路径可以从两个或更多个开放或封闭路径创建。复合路径将多个重叠的路径对象合并为一个新的路径，合并之后，路经会应用最底层对象的属性。

创建复合路径：使用【选择】工具选择所有要包含在复合路径中的路径（图9-95），执行【对象】→【复合路径】→【建立】，两条路径组成了一条新的路径，如图9-96所示。

释放复合路径：选择复合形状，执行【对象】→【复合路径】→【释放】，复合形状随即分解为它的组件路径。

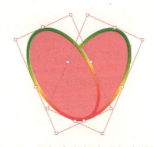 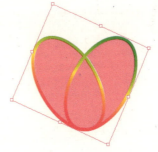

图9-95 要包含在复合路径中的路径　　图9-96 复合路径

9.4.2 创建复合形状

复合形状由两个或多个对象组成，每个对象都分配有一种形状模式。复合形状简化了复杂形状的创建过程。

在菜单栏中依次选择【窗口】→【对象和版面】→【路径查找器】，以打开【路径查找器】面板，如图9-97所示。

使用选择工具选择要组合到复合形状中的对象，如图9-98所示。

在【路径查找器】面板上单击某个按钮。选择的按钮不同，最后的复合形状也各异。

相加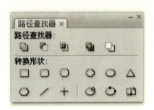：将所选择对象合成一个对象，如图9-99所示。

减去：从最底层的对象减去顶层的对象，如图9-100所示。

交叉：保留对象的交叉区域，如图9-101所示。

减去后方对象：从最顶层的对象中减去最底层的对象，如图9-102所示。

排除重叠：重叠区域形状除外，如图9-103所示。

图9-97　路径查找器面板

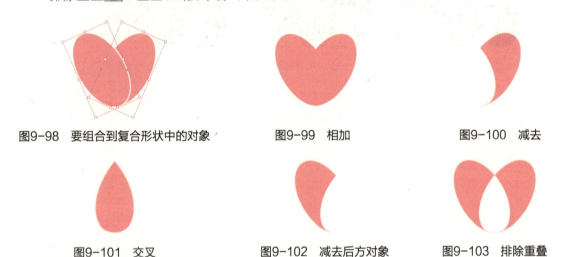

图9-98　要组合到复合形状中的对象　　　图9-99　相加　　　图9-100　减去

图9-101　交叉　　　图9-102　减去后方对象　　　图9-103　排除重叠

9.4.3 从文本轮廓创建路径

将文字创建轮廓后，文字也变成了复合路径。创建轮廓时，字符将在它们的当前位置进行转换，从而保留所有图形格式，如描边和填色。

【创建轮廓】命令在为大号字符制作特殊效果时使用，但很少用于正文文本或其他较小的字型。因为，将文字转换为轮廓时，文字将失去其提示信息（内置在用于描述其形状调整方式的信息，以便使系统在字号较小时也能使其完美显示或打印）。因此，在字体较小或分辨率较低时，转换为轮廓的文字可能无法像未转换之前那样显示。

1) 将文本轮廓转换为路径

选择文本框架中的文字字符并将其转换为轮廓时，生成的轮廓将成为与文本一起流动的(随文)定位对象。由于已转换的文本已不再是实际的文字，因此将无法再使用【文字】工具突出显示和编辑字符。此外，与排版相关的控制将不再适用。

使用【选择】工具选择要转换的文字所在的文本框架，或使用【文字】工具选择一个或多个字符，如图9-104所示。

在菜单栏中依次选择【文字】→【创建轮廓】菜单命令，转换为路径后，原始文本变为路径，文本框架变为图形框架，如图9-105所示。

图9-104　选择文本框架　　　　　　图9-105　转换为路径

2) 编辑文字轮廓

将文字转换为轮廓后，可以对文字轮廓做以下处理：

(1) 将文字转换为轮廓后，使用【直接选择】工具选择路径时，路径上显示锚点，选中锚点后，拖动单个锚点来编辑文字的轮廓，如图9-106所示。

(2) 使用选择工具选择一张图片，执行复制，然后选择文字轮廓，在菜单栏中选择【编辑】→【贴入内部】菜单命令，将图像粘贴到已转换的轮廓中，如图9-107所示。

图9-106　编辑文字轮廓　　　　　　图9-107　其中粘贴了图像的文本轮廓

9.5　本章小结

本章详细介绍了路径工具的使用、路径描边、创建复合路径和复合形状，如何使用工具箱中的工具绘制基本图形，以及讲解了路径编辑的技巧，教授学生绘制各种路径及图形，并能够配合其他命令使设计的构想变成现实。

思考与练习

1) 填空题

(1) InDesign CS3中可创建路径和形状类型有_____、_____、_____。

(2) 释放复合路径的方法是：选择复合形状，执行【_____】→【_____】→【_____】，复合形状随即分解为它的组件路径。

2) 操作题

(1) 将路径中的角点转换为方向点、方向点转换为角点。

(2) 绘制三条直线，然后自定义点线、虚线、条纹线样式各一种，并应用于绘制的直线。

(3) 绘制一些图形，分别应用不同的角效果。

第10章

使用InDesign CS3对象

当页面中的对象较多时,或许对象的大小或形状还不合格,还需要变换一下,这时选择、移动、对齐和排列等是必不可少的操作。本章将详细介绍选择对象、移动对象、缩放对象、旋转、切变、翻转对象、再次变换、复制对象、排列对象、对齐和分布对象、编组对象、锁定对象、对象效果、使用库管理对象和使用图层管理对象等内容。

本章学习重点与要点:
(1) 操作对象;
(2) 对象效果;
(3) 使用库管理对象;
(4) 使用图层管理对象。

10.1 选择对象

在对对象执行任何操作之前，首先要选择此对象。由于InDesign CS3中的对象类型不同，如绘制的图形、绘制的路径、文本框架、置入的图片等，所以选择不同的对象需要应用不同的工具和方法。

10.1.1 选择对象的框架

置入的图片、文章以及在InDesign CS3中的文本块，都置于一个框架中。

使用【选择工具】在对象上面单击，或者在对象的一部分或整个对象周围拖动（图10-1），就可以选中对象的框架。

如果之前已经选中了框架中的内容（框架内的图片），在【控制】面板上单击【选择容器】按钮，如图10-2所示。

图10-1　拖动鼠标选择对象

图10-2　选择容器

选中后，对象显示定界框，如图10-3所示。如果选择的是编组对象，定界框是一个虚线矩形，如图10-4所示。如果选择的是文本块，则定界框是文本框架，如图10-5所示。

图10-3　对象的定界框

图10-4　编组对象的定界框

图10-5　文本框架

10.1.2 选择路径

选择路径，通常用到的是直接选在工具。

使用【直接选择】工具，单击路径可以选择路径，选中路径后，路径上显示锚点，如图10-6所示。

使用【直接选择】工具单击锚点可以选中路径上的锚点，如图10-7所示；按住【Shift】键逐个单击锚点，可以连续选择路径上的多个点；单击对象中心的点，可以一次选择路径上所有的锚点。

10.1.3 选择框架内的对象

置入的图片或者是使用【粘贴入】命令都处于框架中。选择框架中的对象也比较简单。

在工具栏中选择【直接选择工具】，将工具放置到框架内的图形对象上，工具显示为抓手时单击对象，如图10-8所示；对于选定框架，请选择【对象】菜单或者该对象上下文菜单中的【选择】→【内容】，或者单击【控制】调板上的【选择内容】按钮 。

图10-6　选择路径　　　　　图10-7　选择路径上的锚点　　　　图10-8　选择框架内的对象

10.1.4 选择多个对象

选择多个对象的操作较为复杂，有以下两种方法：

1）选择一个矩形区域内的所有对象

使用【选择】工具拖动框选要选择的对象，被全部框选在内或者部分框选在内的对象都会被选中，如图10-9所示。

2）选择不相邻的对象

使用【选择】工具选择一个对象，然后按住【Shift】键并单击其他对象。如果错选，单击选定对象可取消选择。图10-10所示为选中的不相邻的对象。

如果不小心将不需要选择的对象框选在内，按住【Shift】键并单击不需要选择的对象，即刻取消选择，而其他对象保持选中状态。

图10-9　框选多个对象　　　　　　　　图10-10　选中的不相邻的对象

10.1.5 选择所有对象

要选择所有对象，在菜单栏中依次选择【编辑】→【全选】命令，这将选择跨页及其粘贴板上的所有对象。

执行此命令后，根据当前使用的工具，会出现以下几种情况：

(1) 如果【选择】工具启用，那么在选中路径和框架时会激活其定界框，如图10-11所示。

(2) 如果【直接选择】工具启用，那么在选中路径和框架时会激活其锚点，如图10-12所示。

(3) 如果使用【文字】工具在文本框架中单击了一个插入点（由闪烁的竖线指示），通过选择【编辑】→【全选】，将会选择该文本框架中的所有文本以及与其串接的任何文本框架中的所有文本，但不选择其他对象。

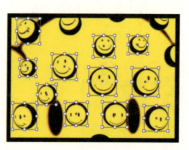　　　　

图10-11　全选时【选择】工具启用　　　图10-12　全选时【直接选择】工具启用

 【全选】命令不会选择下列对象：(1) 组内或框架内嵌套的对象。只有父级对象会被选中；(2) 位于锁定或隐藏图层中的对象；(3) 非目标跨页的跨页和粘贴板上的对象，除非已经使用文字工具选择了串接文本。

取消选择跨页及其粘贴板上的所有对象，可以在菜单栏中依次选择【编辑】→【全部取消选择】。或者，使用【选择】工具或【直接选择】工具，在距离任一对象至少3个像素的位置单击。

10.1.6　选择重叠对象

当页面中的图片、图形、文本框架等较多时，难免会重叠在一起，选择重叠对象有以下两种方法：

1) 重叠的对象较少时

首先选择要选择对象上方的对象（图10-13），按下【Ctrl】键，然后在要选择对象的大概位置单击，看到要选择对象的框架时，说明已选中对象，如图10-14所示。

如果要选择的对象还在下方，可以按住【Ctrl】键继续单击以选择对象，如图10-15所示。

　　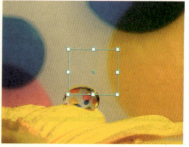

图10-13　选中要选择对象上方的对象　　图10-14　选中的底层对象　　图10-15　选择下方对象

图10-16　菜单中的选择命令

2) 重叠对象较多时

在菜单栏中依次选择【对象】→【选择】，然后在【选择】菜单中选择其中一个选择选项。图10-16所示为【选择】菜单。

10.2 移动对象

移动对象有两种方法,最常用的是使用鼠标移动,可以移动到任意位置,另一种就是要将对象精确地移动一段距离,或者向着某个角度移动一段距离。

10.2.1 移动对象到任意位置

在工具箱中选择【选择】工具,选择对象,然后使用鼠标拖动对象到新位置即可。按住【Shift】键拖动以约束对象在水平、垂直或对角线(45°的倍数)方向上的移动,如图10-17所示。

图10-17 按住【Shift】键移动对象

10.2.2 精确移动对象

如果要将对象移动一段精确的距离,手动移动就不可能那么准确了。可以使用【变换】或【控制】面板或【移动】命令控制移动的距离和角度。

1) 指定对象的新位置

选择对象,在【变换】或【控制】面板参考定位器上单击选择参考点,在X(X位移)和Y(Y位移)文本框中输入数值指定对象的位置,如图10-18所示。然后按【Enter】键。

2) 指定移动距离

选择一个或多个对象,然后在菜单栏中依次选择【对象】→【变换】→【移动】,或者双击工具箱中的【选择】或【直接选择】工具的图标,打开【移动】对话框,如图10-19所示。

在【移动】对话框中,指定对象的水平和垂直移动距离,或者指定对象要移动的距离和角度。然后单击【确定】按钮。

图10-18 在【变换】面板中设置对象的移动值

图10-19 【移动】对话框

10.3 缩放对象

缩放对象时,可以使用缩放工具自由缩放,或者通过面板或命令准确地缩放。

10.3.1 使用缩放工具缩放对象

使用【选择】工具选择对象,然后在工具栏中选择【缩放】工具,将【缩放】工具放置在远离中心点的位置拖动,如图10-20所示。

图10-20 缩放对象

图10-21 移动中心点

图10-22 在【变换】面板中设置对象的缩放百分比

如果要以其他的中心点缩放对象，在缩放之前使用【缩放】工具移动对象中心点指定缩放中心点（图10-21），然后进行缩放。

缩放对象时，按住【Shift】键拖动以约束对象在水平、垂直或按比例缩放。

10.3.2 在面板中缩放对象

选择对象，在【变换】或【控制】面板参考定位器上单击选择缩放的参考点，在X缩放百分比和Y缩放百分比文本框中输入数值（图10-22），或者选择对象的缩放比例。然后按【Enter】键。

文本框左侧的图标显示为 时，在X缩放百分比和Y缩放百分比文本框中可以输入不同的百分比值，单击此图标使图标变为 时，两个数值会保持一致，约束缩放比例。

10.3.3 使用缩放命令缩放对象

选择一个或多个对象，然后在菜单栏中依次选择【对象】→【变换】→【缩放】，或者双击工具箱中的【缩放】工具的图标，打开【缩放】对话框，如图10-23所示。

在【缩放】对话框中，指定对象的X缩放和Y缩放百分比，然后单击【确定】按钮，如果要在缩放对象的同时复制一个对象，可以单击【副本】按钮，这样复制的副本为缩放后的对象，如图10-24所示。

图10-23 【缩放】对话框　　图10-24 缩放副本

10.4 旋转

通过旋转对象，使对象倾斜一定的角度。可以使用【旋转】工具手动自由的旋转对象，也可以在面板或菜单命令中指定旋转角度。

10.4.1 使用旋转工具旋转对象

使用【选择】工具选择对象，然后在工具栏中选择【旋转】工具，将【旋转】工具放置在远离中心点的位置拖动，如图10-25所示。

如果要以其他的中心点旋转对象，在旋转之前使用【旋转】工具移动对象中心点指定旋转中心点，然后进行旋转，如图10-26所示。

图10-25 旋转对象　　图10-26 以选定的中心点旋转对象

10.4.2 在面板中旋转对象

选择对象，在【变换】或【控制】面板参考定位器上单击选择旋转的参考点（图10-27），在旋转角度文本框中输入数值，或者选择一个旋转角度。然后按【Enter】键。

10.4.3 使用旋转命令旋转对象

选择一个或多个对象，然后在菜单栏中依次选择【对象】→【变换】→【旋转】，或者双击工具箱中的【旋转】工具的图标，打开【旋转】对话框，如图10-28所示。

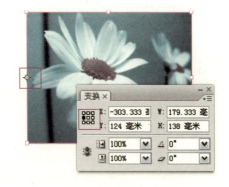

图10-27 在【变换】面板中设置选择旋转的参考点

> 提示：旋转对象时，按住【Shift】键拖动以约束对象在水平、垂直或按比例旋转。

在【旋转】对话框中，指定对象的旋转角度，然后单击【确定】按钮，如果要在旋转对象的同时复制一个对象，可以单击【副本】按钮，这样复制的副本为旋转后的对象，如图10-29所示。

在变换菜单中还有几个旋转选项，在菜单栏中依次选择【对象】→【变换】，可以显示此菜单，如图10-30所示。

图10-28 【移动】对话框　　图10-29 旋转副本　　图10-30 旋转选项

10.5 切变

切变对象是将对象沿着水平轴或垂直轴倾斜、斜切，切变可用于模拟某些类型的透视，例如等角投影、倾斜文本框、切变对象副本创建投影。

10.5.1 使用切变工具切变对象

使用【选择】工具选择对象，然后在工具栏中选择【切变】工具，将【切变】工具放置在远离中心点的位置拖动。向上或向下拖动，可以使对象沿垂直轴切变，如图10-31所示；向左或向右拖动，可以使对象沿水平轴切变，如图10-32所示。

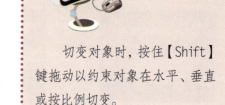

图10-31　切变对象　　图10-32　以选定的中心点切变对象

切变对象时，按住【Shift】键拖动以约束对象在水平、垂直或按比例切变。

图10-33　在【变换】面板中设置选择X切变线

10.5.2 在面板中切变对象

选择对象，在【变换】或【控制】面板参考定位器上单击选择切变的参考点，在【X切变角度】文本框中输入数值，或者选择一个切变角度，如图10-33所示。然后按【Enter】键。

10.5.3 使用切变命令切变对象

选择一个或多个对象，然后在菜单栏中依次选择【对象】→【变换】→【切变】，或者双击工具箱中的【切变】工具的图标，打开【切变】对话框，如图10-34所示。

在【切变】对话框中，输入对象的切变角度并指定切变的轴（图10-35），然后单击【确定】按钮，如果要在切变对象的同时复制一个对象，可以单击【副本】按钮，这样复制的副本为切变后的对象。

图10-34　【切变】对话框

图10-35　设置切变角度和切变轴

10.6 翻转对象

翻转也是旋转的一种方式，使用翻转可以做倒影等效果。

选择一个或多个对象，然后在菜单栏中依次选择【对象】→【变换】→【水平/垂直翻转】，或者在控制面板中单击【水平/垂直翻转】按钮，如图10-36～图10-38所示。

图10-36　选择对象　　　　　　图10-37　水平翻转　　　　　　图10-38　垂直翻转

10.7 再次变换

再次变换，是将一个变换命令执行多次，或者将对对象的一系列变换命令执行多次，还可以一次将这些变换应用于多个对象。

选择一个对象（图10-39），执行要重复的所有变换（图10-40），然后选择要应用变换的对象。在菜单栏中依次选择【对象】→【再次变换】，菜单中的选择如下：

(1) 再次变换：将最后一个变换操作应用于选择的对象。如图10-41所示为执行6次【再次变换】命令后。

图10-39　选择对象　　　　图10-40　将对象的副本旋转-45°　　　　图10-41　再次变换对象

(2) 逐个再次变换：将最后一个变换操作逐个应用于每个选定对象，而不是作为一个组应用。

(3) 再次变换序列：将最后一个变换操作序列应用于选择的对象。

(4) 逐个再次变换序列：将最后一个变换操作序列逐个应用于每个选定对象。

10.8 复制对象

如果需要多个同样的对象，可以通过复制得到。

10.8.1 手动复制对象

选择对象，使用【选择】工具移动对象、使用【旋转】工具旋转对象、使用【缩放】工具缩放对象或使用【切变】工具切变对象时，开始拖动然后在拖动时按住【Alt】键，将复制一个对象并应用此变换，如图10-42、图10-43所示。

图10-42　变换对象的同时按下【Alt】键　　图10-43　变换后

要约束副本的变换，拖动时按住【Alt+Shift】。

10.8.2 在变换对象的同时复制对象

(1) 选择对象（图10-44），在【变换】或【控制】面板中指定要变换的值（位移、缩放、旋转、切变都可以），在输入该值后，按【Alt+Enter】键，将复制一个对象并应用此变换，如图10-45所示。

(2) 选择对象，按箭头键来移动对象的同时，按住【Alt】键，每移动一下，都会将对象复制一次。

10.8.3 直接复制

使用【直接复制】命令直接复制选定对象，新副本出现在版面上，稍微偏移到原稿的右下方。

选择一个对象或多个对象，然后在菜单栏中依次选择【编辑】→【直接复制】。图10-46所示为将对象执行3次【直接复制】后。

图10-44　选择对象　　图10-45　输入变换数值按下【Alt+Enter】键之后　　图10-46　直接复制对象

10.8.4 多重复制

使用【多重复制】命令可以指定复制的次数和位移。

选择对象，在菜单栏中依次选择【编辑】→【多重复制】，打开【多重复制】对话框，如图10-47所示。

在对话框中输入数值，设置要复制的次数、水平位移值以及垂直位移值，然后单击【确定】按钮，对象将按指定的次数和位移值复制对象，如图10-48所示。

图10-47　【多重复制】对话框　　图10-48　多重复制对象

10.9 排列对象

在创建或导入对象时，它们将按照其创建的顺序排列在一个页面上。当两个对象重叠时，排列顺序决定着哪个对象在上。

选择要更改排列顺序的对象，在菜单栏中选择【对象】→【排列】菜单命令，或者单击右键在菜单中选择【排列】，然后在【排列】菜单中选择需要的选项，更改对象的排列顺序，如图10-49所示。

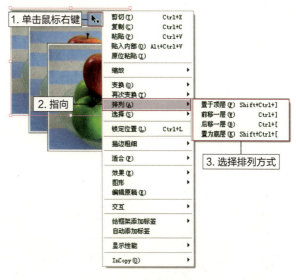

图10-49 排列对象

10.10 对齐和分布

对齐或分布是将对象的边缘或锚点作为参考点选定对象沿着指定轴在水平和垂直方向上均匀地分布对象之间的间距。

10.10.1 对齐对象

选择要对齐的对象，然后在【对齐】调板中选择下列对齐方式之一：

左对齐：将所有选中对象的左边缘以选中对象中最左边的对象的左边缘作为参考点进行对齐。

垂直居中对齐：将所有选中对象的中心点置于水平轴上，对齐到所有对象中最左对象的左边缘与最右对象的右边缘距离的中点。

右对齐：所有选中对象的右边缘以选中对象中最右边的对象的右边缘作为参考点进行对齐。

顶对齐：将所有选中对象的上边缘以选中对象的最上边的对象的上边缘作为参考点进行对齐。

水平居中对齐：将所有选中对象的中心点置于垂直轴上，对齐到所有对象中最上对象的上边缘与最下对象的下边缘距离的中点。

底对齐：将所有选中对象的下边缘以选中对象的最下边的对象的下边缘作为参考点进行对齐。

10.10.2 分布对象

分布可以将多个对象按某一种方式等间距分布。如果在调板中选中【间距】复选框，则可以设置间距值，使对象按照设置的数值分布。如果不选，对象将按最顶部与最底部或最左与最右的对象之间的距离平均分布。

按顶分布：使选中的所有对象以对象上边缘作为参考点在垂直轴上平均分布，水平位置不变。

水平居中分布：使选中的所有对象以对象中心点作为参考点在垂直轴上平均分布，水平位置不变。

按底分布：使选中的所有对象以对象下边缘作为参考点在垂直轴上平均分布，水平位置不变。

按左分布：使选中的所有对象以对象左边缘作为参考点在水平轴上平均分布，垂直位置不变。

垂直居中分布：使选中的所有对象以对象中心点作为参考点在水平轴上平均分布，水平位置不变。

按右分布：使选中的所有对象以对象右边缘作为参考点在水平轴上平均分布，垂直位置不变。

10.11 编组

编组对象就是将几个对象组合为一个组，执行命令时，组作为一个对象。编组后，执行任何操作不会影响它们在组中的的位置以及它们各自的属性。

图10-50 要编组的对象

图10-51 编组对象

1) 编组对象

选择要编组的对象（图10-50），然后在菜单栏中依次选择【对象】→【编组】，即可将多个对象编组，如图10-51所示。

2) 取消编组对象

选择已编组的对象，然后菜单栏中依次选择【对象】→【编组】，取消编组。

10.12 锁定

编辑完成的图形或者排好的版面，为了位置不被移动，可以锁定暂时不修改或移动的对象，以避免在编排过程中造成不必要的困扰。

1) 锁定对象

使用【选择工具】选择所有要编组的对象，在菜单栏中依次选择【对象】→【锁定】，即可将所选择的对象锁定。锁定后，移动指针至该图形上按住鼠标左键拖移，此时，光标会变成 🔒，表示该图形的位置已被锁定，无法移动了，如图10-52所示。

图10-52 锁定的对象

2) 取消锁定对象

锁定后的图形如果想要恢复到可移动的状态，则只要从菜单栏的【对象】菜单中选择【解除锁定】命令即可。

10.13 对象效果

在InDesign CS3中，不透明度将重叠的图片做出特殊的图像效果，而【效果】功能在InDesign CS2的基础上又新增加了七种效果：内阴影、内发光和外发光、斜面和浮雕、光泽、定向羽化、渐变羽化。因此，做出漂亮的效果，已经十分容易。

10.13.1 不透明度

使用【效果】面板可以设置对象的不透明度，设置混合模式。

1) 应用不透明度

降低对象不透明度后，就可以透过该对象看见下方的图片。

使用【直接选择】工具在框架中选择对象、图形（图10-53），或在组中选择对象。

在【透明度】面板（如果未显示【透明度】面板，可以执行【窗口】→【透明度】）中，输入【不透明度】的值，或单击【不透明度】设置旁的箭头，然后拖动滑块，如图10-54所示。当对象的不透明度值降低时，其透明度将增加。

完成后，所选择的图片对象就会应用指定的不透明度，显现下面的图片，如图10-55、图10-56所示。

图10-53　选择要设置透明度的对象

图10-54　设置【不透明度】的值　　图10-55　不透明度为20%　　图10-56　不透明度为50%

2) 混合颜色

在InDesign中，还可以应用混合模式，在两个重叠对象间混合颜色。

选择一个或多个对象，或选择一个组。在【透明度】面板菜单中选择一种混合模式，如图10-57所示。

应用各种混合模式的效果如下(图10-58～图10-73)：

图10-57　透明度混合模式

图10-58　原图　　　　图10-59　正片叠底　　　图10-60　滤色　　　　图10-61　叠加

图10-62　柔光　　　　图10-63　强光　　　　图10-64　颜色减淡　　　图10-65　颜色加深

图10-66　变暗　　　　图10-67　变亮　　　　图10-68　差值　　　　图10-69　排除

图10-70 色相　　　　图10-71 饱和度　　　　图10-72 颜色　　　　图10-73 亮度

10.13.2 投影

对图片添加阴影效果，可以使对象产生阴影，富有立体感（添加羽化效果，可为对象制作出边缘柔化的效果）。

选择要添加阴影的图片，如图10-74所示。

执行【对象】→【效果】→【投影】菜单命令，或者在【效果】面板菜单中选择【效果】→【投影】，打开【效果】对话框。对话框默认显示【投影】选项，如图10-75所示。

图10-74 要添加阴影的图片　　　　图10-75 【投影】选项

投影设置选项如下：

（1）模式：在下拉列表中选择一个选项，设置阴影与下方对象的混合模式。列表框右侧的色块用于设置阴影的颜色。

> 提示：单击色块，可以打开【效果颜色】对话框（图10-76），在【颜色】下拉列表中选择【色板】或者选择一种颜色模式（Lab、CMYK、RGB）。如果选择【色板】，从列表中选择一种颜色色板；如果选择了一种颜色模式，拖动滑块或输入值设置一种颜色。

图10-76 【效果颜色】对话框

（2）不透明度：输入数值或拖动滑块，设置阴影的不透明度。

（3）位置：设置对象阴影的位置。可以指定阴影与对象的距离，然后指定一个角度，如图10-77所示；或者指定阴影的X位移与Y位移，如图10-78所示。

(a) 距离：设置阴影与对象间的距离。

(b) 角度：设置阴影的角度。如果希望其他对象也使用相同角度，可以选择【全局光】。

(c) X位移：使阴影沿 x 轴偏离对象指定的数量。

(d) Y位移：使阴影沿 y 轴偏离对象指定的数量。

图10-77 指定投影的位置

图10-79 【大小】为1毫米

图10-78 指定投影的位置

图10-80 【大小】为4毫米

(4) 选项：设置阴影的大小、扩展、杂色等选项。

① 大小：设置模糊区域的外边界的大小（从阴影边缘算起），如图10-79与图10-80所示。

② 扩展：将阴影覆盖区向外扩展，并会减小模糊半径，如图10-81与图10-82所示。若【扩展】值为25%，阴影将向外扩展【大小】值的25%。如果【扩展】值为100%，模糊将消除，形成锐化边缘。

图10-81 【大小】为2毫米，【扩展】值为20%　　图10-82 【大小】为2毫米，【扩展】值为50%

③ 杂色：在阴影中添加杂色（不自然感），使投影显示为颗粒效果，如图10-83所示。

对象挖空阴影：选择此项，可使对象显示在它所投射投影的前面。

阴影接受其他效果：选择此项，投影中可包含效果。

图10-83 添加杂色　　图10-84 要添加阴影的图片

10.13.3 内阴影

投影效果是在对象内边缘产生阴影。

选择要添加内阴影的图片，如图10-84所示。

执行【对象】→【效果】→【内阴影】菜单命令，或者在【效果】面板菜单中选择【效果】→【内阴影】，打开【效果】对话框。对话框默认显示【内阴影】选项，如图10-85所示。

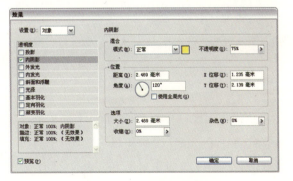
图10-85 【内阴影】选项

图10-86 内阴影的位置

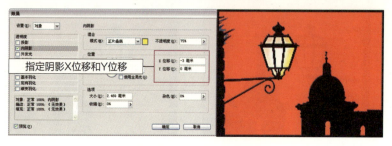

图10-87 内阴影的位置

内阴影设置选项如下：

模式：在下拉列表中选择一个选项，指定内阴影与下方对象的混合模式。列表框右侧的色块用于设置内阴影的颜色。

不透明度：设置内阴影的不透明度。

位置：设置对象内阴影的位置。可以先指定内阴影与对象的距离，然后指定一个角度，如图10-86所示；或者指定内阴影的X位移与Y位移，如图10-87所示。

距离：设置内阴影与对象间的距离。

角度：设置内阴影的角度。如果希望其他对象也使用相同的角度，可以选择【全局光】。

X位移：使内阴影沿 x 轴偏离对象指定的数量。

Y位移：使内阴影沿 y 轴偏离对象指定的数量。

选项：设置内阴影的大小、杂色和收缩选项。

大小：设置模糊区域的外边界，使内阴影更柔和，如图10-88所示。

杂色：在内阴影中添加杂色（不自然感），如图10-89所示。

收缩：将发光柔化为不透明和透明的程度。设置的值越大，不透明度越高；设置的值越小，透明度越高。

图10-88 设置阴影的大小值

图10-89 添加杂色

图10-90 要添加外发光效果的图片

10.13.4 外发光

外发光添加从对象的外边缘发光的效果。

选择要添加外发光效果的图片，如图10-90所示。

执行【对象】→【效果】→【外发光】菜单命令，或者在【效果】面板菜单中选择【效果】→【外发光】，打开【效果】对话框。这时，对话框默认显示【外发光】选项，如图10-91所示。

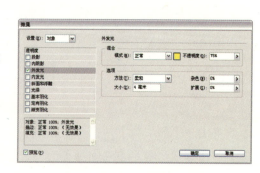

图10-91 【外发光】选项

内阴影设置选项如下：

模式：在下拉列表中选择一个选项，指定外发光与下方对象的混合模式。单击列表框右侧的色块可以设置外发光的颜色，如图10-92与图10-93所示。

不透明度：设置外发光的不透明度。

选项：设置外发光的方法、杂色和扩展选项。

方法：选择柔和或者精确。

杂色：在外发光中添加杂色，如图10-94所示。

图10-92　外发光颜色为绿色　　　图10-93　外发光颜色为黄色　　　图10-94　添加杂色

（1）大小：设置模糊区域的外边界（从阴影边缘算起）。

（2）扩展：将外发光覆盖区向外扩展，并会减小模糊半径。该百分比应用于【模糊】值。若【扩展】值为25%，阴影将向外扩展【模糊】值的25%，如图10-95所示。若【扩展】值为100%，模糊将消除，形成锐化边缘，如图10-96所示。

10.13.5　内发光

内发光添加从对象的内边缘发光的效果。

选择要添加内发光效果的图片，如图10-97所示。

图10-95　大小为3 扩展为50　　　图10-96　大小为3 扩展为100　　　图10-97　选择图片

执行【对象】→【效果】→【内发光】菜单命令，或者在【效果】面板菜单中选择【效果】→【内发光】，打开【效果】对话框。这时，对话框默认显示【内发光】选项，如图10-98所示。

内发光设置选项如下：

（1）混合：设置外发光的混合模式和不透明度。

（a）模式：在下拉列表中选择一个选项，指定内发光与下方对象的混合模式。列表框右侧的色块用于设置内发光的颜色。

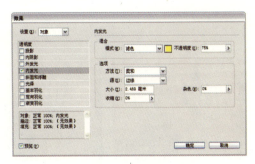

图10-98　【内发光】选项

(b) 不透明度：设置内发光的不透明度。

(2) 选项：设置内发光的方法、源、大小、杂色和收缩选项。

(a) 方法：选择柔和或精确。

(b) 源：设置发光源，选择【中心】使光从中间位置放射出来，如图10-99所示；选择【边缘】使光从对象边界放射出来，如图10-100所示。

(c) 大小：设置模糊区域的外边界。

(d) 杂色：在内发光中添加杂色。

(e) 收缩：将发光柔化为不透明和透明的程度。设置的值越大，不透明度越高，如图10-101所示；设置的值越小，透明度越高，如图10-102所示。

图10-99　光源为中心　　图10-100　光源为边缘　　图10-101　收缩值为25%　　图10-102　收缩值为50%

10.13.6 斜面和浮雕

斜面和浮雕可以对对象添加各种浮雕效果。

选择选择要添加斜面和浮雕效果的对象，如图10-103所示。

执行【对象】→【效果】→【斜面和浮雕】菜单命令，或者在【效果】面板菜单中选择【效果】→【斜面和浮雕】，打开【效果】对话框。这时，对话框默认显示【斜面和浮雕】选项，如图10-104所示。

图10-103　选择图片

1) 结构

(1) 样式：样式列表中有4种样式：外斜面、内斜面、浮雕和枕状浮雕，各种样式效果如图10-105～图10-108所示。

(2) 方法：方法列表中有3种雕刻方法：平滑、雕刻清晰、雕刻柔和。

(3) 方向：设置浮雕效果光源的方向。有【向上】和【向下】两种选择效果如图10-109、图10-110所示。

(4) 大小：设置阴影面积的大小，如图6-111、图6-112所示。

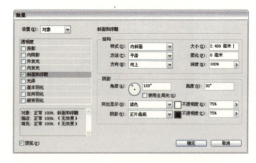

图10-104　【斜面和浮雕】选项

图10-105　外斜面　　图10-106　内斜面　　图10-107　浮雕　　图10-108　枕状浮雕

图10-109 向上　　　图10-110 向下　　　图10-111 大小为1.5毫米　　　图10-112 大小为4毫米

(5) 柔化：拖动滑块，调节阴影的边缘过渡距离。

(6) 深度：拖动滑块，设置阴影颜色的深度。

2) 阴影

(1) 角度和高度：设置光源角度和高度，如图10-113～图10-116所示。

(2) 突出显示：设置突出显示部分的颜色、与下面对象的混合模式以及不透明度。

(3) 阴影：设置阴影部分的颜色与下面对象的混合模式以及不透明度。

图10-113 角度为180°，高度为50°　　图10-114 角度为0°，高度为50°　　图10-115 角度为90°，高度为50°　　图10-116 角度为-90°，高度为50°

10.13.7 光泽

光泽效果创建光滑光泽的内部阴影。

选择要添加光泽效果的图片，如图10-117所示。

图10-117 选择图片

执行【对象】→【效果】→【光泽】菜单命令，或者在【效果】面板菜单中选择【效果】→【光泽】，打开【效果】对话框。这时，对话框默认显示【光泽】选项，如图10-118所示。

光泽设置选项如下：

(1) 模式：设置光泽与下面对象的混合方式。列表框右侧的色块用于设置内发光的颜色。

(2) 不透明度：设置内发光的不透明度。

(3) 角度：设置光泽的光源角度。

(4) 距离：设置光泽的偏移距离。

(5) 大小：设置光泽阴影面积的大小。

(6) 反转：应用【反转】，将反转对象的彩色区域与透明区域，如图10-119、图10-120所示。

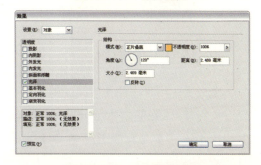

图10-118 【光泽】选项

图10-119 应用光泽效果的图片　　图10-120 反转光泽

10.13.8 基本羽化

图10-121　选择图片

选择要应用基本羽化效果的对象，如图10-121所示。

执行【对象】→【效果】→【基本羽化】菜单命令，或者在【效果】面板菜单中选择【效果】→【基本羽化】，打开【效果】对话框。这时，对话框默认显示【基本羽化】选项，如图10-122所示。

基本羽化设置选项：

（1）羽化宽度：设置对象从不透明渐隐为透明需要经过的距离，如图10-123、图10-124所示。

（2）收缩：将发光柔化为不透明和透明的程度；设置的值越大，不透明度越高；设置的值越小，透明度越高。

（3）角点：可以选择"锐化"、"圆角"或"扩散"。

（a）锐化：精确地沿着形状外边缘（包括尖角）渐变。【锐化】选项适合于星形对象，以及对矩形应用特殊效果，如图10-125所示。

图10-122　【基本羽化】选项

（b）圆角：边角按羽化半径修成圆角；实际上，形状先内陷，然后向外隆起，形成两个轮廓。【圆角】选项可在直角上创建令人满意的效果，如图10-126所示。

（c）扩散：使对象边缘从不透明渐隐为透明，如图10-127所示。

（4）杂色：在羽化效果中添加杂色。

图10-123　羽化宽度为25毫米　　图10-124　羽化宽度为65毫米　　图10-125　锐化　　图10-126　圆角　　图10-127　扩散

10.13.9 定向羽化

选择要应用定向羽化效果的对象，如图10-128所示。

执行【对象】→【效果】→【定向羽化】菜单命令，或者在【效果】面板菜单中选择【效果】→【定向羽化】，打开【效果】对话框。这时，对话框默认显示【定向羽化】选项，如图10-129所示。

图10-128　选择图片

（1）羽化宽度：设置对象各个边缘的羽化宽度。在上、下、左、右文本框中输入数值，如图10-130、图10-131所示。每个边缘可以设置不同的羽化宽度。

（2）选项：

（a）杂色：在羽化的边缘中添加杂色（不自然感），添加杂色的面积与边缘羽化的宽度有关，如图10-132、图10-133所示。

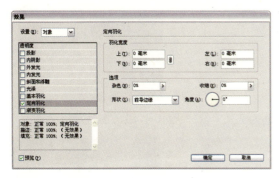

图10-130 上、下、左、右边缘羽化均为5毫米

图10-131 上、下、右边缘羽化均为15毫米

图10-129 【定向羽化】选项

(b) 收缩：将发光柔化为不透明和透明的程度；设置的值越大，不透明度越高；设置的值越小，透明度越高。

(c) 形状：下面以上、右羽化宽度为20毫米，角度为45°的对象为例，运用各种形状效果如图10-134、图10-135所示。

(d) 角度：输入数值，设置羽化效果的参考框架，如图10-136～图10-138所示。

图10-132 杂色为34　　图10-133 杂色为100　　图10-134 仅第一个边缘　　图10-135 前导边缘

图10-136 角度为0°　　图10-137 角度为10°　　图10-138 角度为45°　　图10-139 选择图片

10.13.10 渐变羽化

选择要应用渐变羽化效果的对象，如图10-139所示。

执行【对象】→【效果】→【定向羽化】菜单命令，或者在【效果】面板菜单中选择【效果】→【定向羽化】，打开【效果】对话框。这时，对话框默认显示【定向羽化】选项，如图10-140所示。

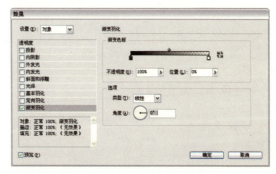

图10-140 【效果】对话框

(1) 渐变色标：设置渐变起始点、中点与终止点的位置。在色标下面单击可以添加色块，如果要删除颜色滑块，单击色块并向下拖离色标即可。

在渐变色标上拖动起始点、中点或中止点可以调整它们的位置，或者单击起始点、中点或中止点，然后在位置中指定它们的位置。如图10-141～图10-143所示为中点处于不同位置时的羽化效果。

图10-141　中点位置为25%

图10-142　中点位置为50%

图10-143　中点位置为75%

图10-144　原渐变（左）和反向渐变后（右）

图10-145　设置色块不透明度

（2）反向渐变：单击【反向渐变】按钮可反转渐变方向，如图10-144所示。

（3）不透明度：在色标上单击颜色滑块，在【不透明度】文本框中输入不透明度百分比，或者拖动其滑块，可以设置色标上每个颜色的透明度，如图10-145所示。

（4）类型：选择一种渐变类型。渐变类型有线性渐变和径向渐变两种，如图10-146、图10-147所示。

（5）角度：用于设置线性渐变的渐变角度。在文本框中可以输入任意角度值，使渐变倾斜，如图10-148、图10-149所示。

图10-146　线性渐变

图10-147　径向渐变

图10-148　角度为45°

图10-149　角度为90°

10.14　使用库管理对象

当文档中的对象较多时，可以使用库面板进行管理。库面板中可以存放任意对象。

10.14.1　创建库

在菜单栏中依次选择【文件】→【新建】→【库】。在【新建库】对话框中为库指定位置和名称，然后单击【保存】按钮。图10-150所示为【新建库】对话框。

这样，便创建了一个库，所指定名称将成为该库的面板选项卡的名称，如图10-151所示。

库在打开后将显示为面板形式，可以与任何其他面板编组；对象库的文件名显示在它的面板选项卡中。

图10-150　【新建库】对话框

图10-151　创建的库

10.14.2 将对象添加到库中

将对象或页面添加到库中，可以选择以下方法之一：

(1) 将文档窗口中的一个或多个对象拖到【对象库】面板中，如图10-152所示。

(2) 在文档窗口中选择一个或多个对象，然后单击【对象库】面板中的【新建库项目】按钮，如图10-153所示。

图10-152　将对象或页面添加到库中

图10-153　新建库项目

(3) 在文档窗口中选择一个或多个对象，然后在【对象库】面板菜单中选择【添加项目】，如图10-154所示。

(4) 在【对象库】面板菜单中选择【将页面上的项目作为单独对象添加】，所有对象将作为单独的库对象添加到库。

(5) 在【对象库】面板菜单中选择【添加页面上的项目】，所有对象将作为一个库对象执行添加到库。

图10-154　添加项目

10.14.3 将库中的对象添加到文档中

要将库中的对象添加到文档中，可以直接将【对象库】面板中的对象拖到文档窗口中。或者，先在【对象库】面板中选择一个对象，然后在【对象库】面板菜单中选择【置入项目】，如图10-155所示。

10.14.4 查找对象

使用【显示子集】命令，可以显示某些特定的项目，例如类型相同、创建如其相同的项目。在【对象库】面板菜单中选择【显示子集】(图10-156)，或单击【显示库子集】按钮。打开【显示子集】对话框，如图10-157所示。

要搜索库中的所有对象，可以选择【搜索整个库】；要仅在库中当前列出的对象中搜索，

图10-155　将库中的对象添加到文档中

图10-156　选择【显示子集】选项

图10-157　显示子集对话框

可以选择【搜索当前显示的项目】。然后在【参数】部分的第一个菜单中选择参数类别；在第二个菜单中指定，搜索中必须包含还是不包含在第一个菜单中选择的类别；在第二个菜单右侧的文本框中，输入一个要在指定类别中搜索的单词或短语，如图10-158所示。

要添加搜索条件，单击【更多选择】(最多可以单击五次)，每单击一次，会添加一个搜索项。然后设置搜索对象的参数，如图10-159所示。

要减少搜索条件，根据需要单击【较少选择】；每单击一次，减少一个搜索项。

要只显示那些与所有搜索条件都匹配的对象，选择【匹配全部】；要显示与条件中任何项匹配的对象，可以选择【匹配任意一个】。然后单击【确定】开始搜索。搜索完毕后，库中显示符合搜索条件的对象，如图10-160所示。

图10-158　设置搜索条件

图10-159　添加搜索条件

图10-160　在库中查找到的对象

10.14.5　更改库的显示方式

对象库面板一样，可以将设置为不同的显示方式和排列方式。

库面板中对象的显示方式有列表视图、缩览图视图和大缩览图视图三种，如图10-161~图10-163所示。单击【库】面板右上角的 ▼≡，在菜单中选择显示这三种显示方式选项。

图10-161　列表视图

图10-162　缩览图视图

图10-163　大缩览图视图

库面板中的对象的排序方式有按名称、按时间（由旧到新）、按时间（由新到旧）、按类型四种。在库面板菜单中选择【排序项目】，然后选择一种排序方式，如图10-164所示。

图1-164　排序项目

10.14.6　项目信息

添加到库中的每一个对象，库都记录项目的名称、类型、创建日期还有项目的说明。

在【对象库】面板中，双击要查看或更改信息的项目，或者选择一个对象，然后单击【库项目信息】按钮，也可以选择一个对象，然后在【对象库】面板菜单中选择【项目信息】。这样，将打开【项目信息】对话框，如图10-165所示。

图10-165　项目信息对话框

在打开的【项目信息】对话框中，显示项目名称、对象类型、创建日期和说明。在此对话框中也可以更改除创建日期之外的信息，然后单击【确定】按钮。

10.15　使用图层管理对象

InDesign CS3中的图层功能，使排版过程中页面中对象的管理更加容易。

10.15.1　新建图层

新建文档时，在默认的状态下便会自动产生一个图层，如果图层不够使用时，可随时新建图层，以达到个别管理不同类型之对象的目的。

图10-166　创建新图层

新建图层时，可以根据不同的需要选择下列方法之一：

1) 应用默认属性新建图层

单击面板底部的【新建图层】按钮（图10-166），在【图层】面板列表的顶部创建一个新图层。

2) 在选定图层上方创建一个新图层

按住【Ctrl】键并单击【新建图层】按钮。

3) 新建图层时设置图层属性

在【页面】面板中选择【新建图层】选项，如图10-167所示。

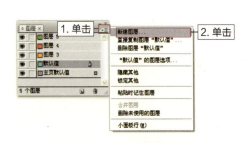

图10-167　新建图层

在打开的【新建图层】对话框（图10-168）中设置新图层的名称、颜色及其他选项，然后单击【确定】按钮。

【新建图层】对话框中的选项如下：

颜色：选择图层颜色。

显示图层：选择此项可以使图层可见并可打印。选择此选项与在【图层】面板中使眼睛图标可见的效果相同。

图10-168　【新建图层】对话框

显示参考线：选择此项可以使图层上的参考线可见。如果没有为图层选择此项，即使通过执行【视图】→【显示参考线】来显示整个文档中的参考线，也无法使参考线可见。

锁定图层：选择此项可以防止对图层上的任何对象进行更改。选择此项与在【图层】面板中使交叉铅笔图标可见的效果相同。

锁定参考线：选择此项可以防止对图层上的所有标尺参考线进行更改。

图层隐藏时禁止文本绕排：在图层处于隐藏状态并且该图层包含应用了文本绕排的文本时，选择此项，可以使其他图层上的文本正常排列。

图10-169　图层上的对象

10.15.2 选择图层上的对象

在【图层】面板中，选中一个对象后，对象所在的图层右侧显示一个同图层颜色相同的点，如图10-169所示。

按住【Alt】键并单击【图层】面板中的图层，就可以选择此图层上的所有对象。

10.15.3 移动图层上的对象

使用【选择】工具选择文档页面或主页上的一个或多个对象。在【图层】面板上，拖动图层列表右侧的彩色点，将选定对象移动到另一个图层，如图10-170所示。

10.15.4 编辑图层

当创建了若干图层时，图层的管理也非常方便。在【图层】面板中，可以复制图层、指定图层颜色、更改图层顺序、显示或隐藏图层、解锁或锁定图层、删除图层。

图10-170　移动图层上的对象

图10-171　复制图层

1) 复制图层

如果两个图层的对象相同或相似时，可以利用复制图层的方式，将图层复制后，再针对复制后的图层来制作与修改对象格式。

在【图层】面板中，复制的图层将显示在原图层上方。在【图层】面板中，执行下列操作之一：

(1) 在【图层】面板菜单中，选择图层名称并在面板选择【直接复制图层［图层名称］】。

(2) 将图层名称拖放到【创建新图层】按钮上，如图10-171所示。

2) 指定图层颜色

指定图层颜色便于区分不同选定对象的图层。对于包含选定对象的每个图层，【图层】面板都将以该图层的颜色显示一个点，如图10-172所示。在页面上，每个对象的选择手柄、装订框、文本端口、文本绕排边界（如果使用）、框架边缘（包括空图形框架所显示的X）和隐含的字符中都将显示其图层的颜色。如果框架的边缘是隐藏的，则取消选择的框架不显示图层的颜色。

在【图层】面板中，双击一个图层或者选择一个图层并选择【［图层名称］的图层选项】，打开【图层选项】对话框，在【颜色】中，选择一种颜色，或选择【自定】在【颜色】对话框中指定一种颜色，如图10-173所示。

3) 更改图层顺序

图层的上下顺序关系着对象的显示效果，在图层面板中，上方的图层，其包含的对象会显示在其他图层对象的上方。可以通过在【图层】面板中重新排列图层来更改图层在文档中的排列顺序。

图10-172　图层颜色　　　图10-173　自定图层颜色

在【图层】面板中，将选中的图层在列表中向上或向下拖动，可以更改图层顺序，如图10-174所示。也可以拖动多个选定的图层。

图10-174　更改图层顺序

4) 显示或隐藏图层

可以随时隐藏或显示任何图层，如图10-175、图10-176所示。隐藏的图层不能编辑，并且不会显示在屏幕上，打印时也不显示。

图10-175　显示的图层　　　　　　图10-176　隐藏的图层

（1）一次隐藏或显示一个图层：在【图层】面板中单击图层名称最左侧的方块，以便隐藏或显示该图层的眼睛图标。

（2）隐藏除选定图层外的所有图层：选择【图层】面板菜单中的【隐藏其他】。

图10-177　锁定图层

（3）显示所有图层：选择【图层】面板菜单中的【显示全部图层】，或者在仅隐藏了一个图层时，单击其眼睛图标以显示它。

5) 锁定或解锁图层

锁定图层可以防止对图层的意外更改。在【图层】面板中，锁定的图层会显示一个锁图标，如图10-177所示。锁定图层上的对象不能被直接选定或编辑；但是，

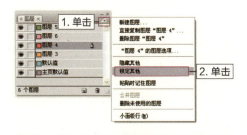

图10-178　锁定除目标图层外的所有图层

如果锁定图层上的对象具有可以间接编辑的属性，则这些属性可以更改。

（1）一次锁定或解锁一个图层：在【图层】面板中，单击左数第二栏中的方块以显示（锁定）或隐藏（解锁）图层的交叉铅笔图标。

（2）锁定除目标图层外的所有图：选择【图层】面板菜单中的【锁定其他】，如图10-178所示。

（3）解锁所有图层：选择【图层】面板菜单中的【解锁全部图层】。

6) 删除图层

不必要的图层，将其删除。在删除图层之前，可以首先隐藏其他所有图层，然后转到文档的各页，以确认删除时其余对象是安全的。

（1）删除图层：将图层从【图层】面板拖动到【删除选定图层】图标或从【图层】面板菜单中选择【删除图层[图层名称]】。

（2）删除多个图层：按【Ctrl】键并单击要删除的图层。在【图层】面板菜单中，将图层拖动到【删除选定图层】图标，或者从【图层】面板菜单中选择【删除图层】。

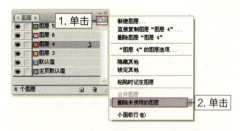

图10-179 删除未使用的图层

(3) 删除所有空图层：在【图层】面板菜单中选择【删除未使用的图层】，如图10-179所示。

10.15.5 合并图层与拼合文档

合并图层可以减少文档中的图层数量，而不会删除任何对象。合并图层时，来自所有选定图层中的对象将被移动到目标图层。在合并的图层中，只有目标图层会保留在文档中；其他的选定图层将被删除。也可以通过合并所有图层来拼合文档。

在【图层】面板中，选择任意图层组合，按住【Shift】键可以选择多个图层，如图10-180所示。然后在【图层】面板菜单中选择【合并图层】。选中的图层将合并为一个图层，如图10-181所示。

如果要拼合文档，可以选择面板中的所有图层。然后选择【图层】面板菜单中的【合并图层】。

图10-180 合并图层　　图10-181 选中的图层合并为一个图层

10.16 本章小结

本章详细介绍了InDesign CS3软件中的选择对象、移动对象、缩放对象、旋转、切变、翻转对象、再次变换、复制对象、排列对象、对齐和分布对象、编组对象、锁定对象、对象效果、使用库管理对象和使用图层管理对象等内容，学生通过学习掌握排列和选择对象、变换对象、对齐和分布对象等软件技术，合理应用软件制作版式。

思考与练习

1) 填空题

(1) _____也是旋转的一种方式，使用这种命令操作可以做倒影等效果。

(2) 选择多个对象的操作较为复杂，有以下两种方法：_____和_____。

2) 操作题

(1) 变换对象方向、位置和翻转操作。

(2) 对图形对象进行羽化操作。

(3) 创建图层，并对图层进行显示\隐藏、锁定\解锁操作。

第 11 章 色彩管理与设置技巧

InDesign软件的色彩管理与设置模块比Adobe PageMaker更加强大，对于印刷品色彩、数字出版物色彩和网站色彩都有专门的应用。本章将学习印刷色彩模式的基本知识和InDesign软件中的新建颜色、管理色板、应用颜色和更改纸张颜色等内容。通过学习可以掌握印刷色彩的基本知识以及在软件中应用色彩的基本技术。

本章学习重点与要点：
(1) 认识印刷色模式；
(2) 新建颜色；
(3) 管理色板；
(4) 应用颜色；
(5) 更改纸张颜色。

11.1 认识印刷色模式

一般文件在编辑后,都要将编辑完成的文件做输出的操作,而采用不同的色彩模式与设置,将会影响文件输出的效果。

认识印刷色模式

色彩模式分为RGB、CMYK、LAB与特别色等模式,不过并非所有软件都会提供这四种色彩模式,一般在计算机中最习惯使用的是RGB色彩模式,因为使用RGB色彩模式时,其颜色会特别饱和,使文件及作品特别漂亮,但文件印刷时,并没有办法支持那么多的颜色,所以当文件需要输出时,通常都会将该文件或作品的色彩模式设置成CMYK。

1) RGB

RGB色彩模式是以光谱中的红(R)、绿(G)、蓝(B)三原色所混合的,这种色彩模式,最常使用在视频及屏幕上,例如:计算机屏幕或家中的电视上所见的颜色,都是透过红、绿、蓝三原色所组成的。

为了让红、绿、蓝三原色可以有不同的色彩组合,因此每个像素都有其范围为0~255的R、G、B的数值,当R、G、B的数值皆为0时,会呈现黑色;当R、G、B的数值皆为255时,会呈现白色。

2) CMYK

CMYK色彩模式是由青(C)、洋红(M)、黄(Y)、黑(K)所组成的,且该模式是以打印在纸张上的油墨吸旋旋光性为基础,因此适用于平面印刷上。

在CMYK色彩模式中,每个颜色的范围值为0%~100%,当颜色百分比越小,所呈现的色彩会越亮;当颜色百分比越大,所呈现的色彩会越暗。

3) LAB

LAB模式指出因使用不同的显像器或打印装置,而产生的颜色重制多变的问题,LAB颜色的设计并无关乎打印装置,也就是说,此项设计不论使用何种打印装置输出影像,如屏幕、打印机、计算机,皆可造成稳定的颜色。LAB颜色含有光感且明亮的成分(L)和二种鲜明的元素:a元素范围从绿色至红色,而b元素则由蓝色至黄色。

4) 专色

将文件印刷输出时,所有颜色大部分是以CMYK四色分色混合印刷,当所需要的某种颜色以四色印刷时,无法达到精准的颜色需求,便会以某特定的颜色油墨来进行印刷输出,以求得精准的颜色,即称为专色。

在印刷时,每一种专色都有一个属于自己的印版,因此相对的印刷成本也会提高。

11.2 新建颜色

InDesign CS3提供了多种用来创建颜色的工具,包括【工具箱】、【色板】面板、【颜色】面板和【渐变】面板。

11.2.1 在色板面板中新建颜色

在色板面板中可以创建颜色、渐变、色调及混合油墨（印刷色与一种或多种专色混合）色板，色板的类型可以使专色，也可以是印刷色。

1) 创建颜色色板

在【色板】面板菜单中选择【新建颜色色板】，如图11-1所示。

打开【新建颜色色板】对话框，如图11-2所示。

色板名称：如果在【颜色类型】中选择【印刷色】，且希望名称始终描述颜色值，可以选择【以颜色值命名】；选择【专色】，或【印刷色】且希望自己命名颜色，可以取消选择【以颜色值命名】，然后输入色板名称。

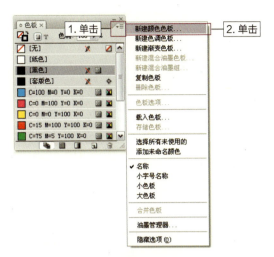

图11-1 新建颜色色板

颜色类型：选择将用于印刷文档颜色的类型。

颜色模式：选择要用于定义颜色的模式，有Lab、CMYK、RGB三种模式。

设置好上述选项之后，就可以更改颜色值了，拖动滑块或者在颜色滑块旁边的文本框中输入数值。创建颜色时，如果出现超出色域警告图标 (图11-3)，单击警告图标旁边的小颜色框，可以使用与最初指定的颜色最匹配的色域内颜色。

 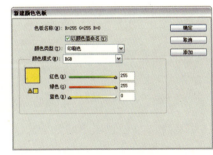

图11-2 【新建颜色色板】对话框　　图11-3 警告颜色

颜色创建好以后，如果还要创建其他色板，可以单击【添加】添加色板然后定义另一个色板。完成后，单击【确定】，退出对话框。

2) 创建色调色板

色调是创建较浅原色的快速方法。色调范围在0%～100%之间，数字越小，色调越浅。

 由于颜色和色调将一起更新，因此如果编辑一个色板，则使用该色板中色调的所有对象都将相应地进行更新。

创建色调色板

在【色板】面板中，选择一个颜色色板，单击【色板】中【色调】文本框旁边的箭头按钮。然后拖动【色调】滑块，更改色调，如图11-4所示。

设置好色调值以后，单击【色板】底部的【新建色板】按钮，或在【色板】面板菜单中选择【新建色调色板】。这样，就新建了一个色调色板，如图11-5所示。

3) 创建渐变色板

在【色板】面板菜单中选择【新建渐变色板】，打开【新建渐变色板】对话框，如图11-6所示。

色板名称：输入渐变色板的名称。

类型：选择渐变类型，有【线性】和【径向】两种。

停止点颜色：在渐变曲线中选择一个色标以后，在【停止点颜色】选项中选择【色板】，然后从列表中选择颜色（图11-7），或者在【停止点颜色】选项中选择一种颜色模式，输入颜色值或拖动滑块创建一种颜色。

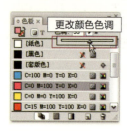   

图11-4　更改颜色色调　图11-5　创建的色调色板　图11-6　【新建渐变色板】对话框　图11-7　在【色板】中选择【停止点颜色】

默认情况下，将渐变的第一个中止点设置为白色。要使其透明，应用【纸色】。

在【渐变曲线】中选择其他色标，然后重复步骤5，更改颜色。如果要在渐变中添加等多颜色，可以在渐变曲线下单击，添加色标，如图11-8所示。

要调整色标的位置，直接拖动位于【渐变曲线】下的色标。或者选择色标，然后在【位置】中输入值以指定色标的位置。该位置表示前一种颜色和后一种颜色之间的距离百分比，如图11-9所示。

要调整两种渐变颜色之间的中点，直接拖动【渐变曲线】上面的菱形图标。或者，选择【渐变曲线】上面的菱形图标，然后在【位置】中输入值以指定中点的位置。该位置表示前一种颜色和后一种颜色之间的距离百分比，如图11-10所示。

渐变颜色创建好以后，如果还要创建其他色板，可以单击【添加】添加色板然后定义另一个色板。完成后，单击【确定】，退出对话框。如图11-11所示为创建的渐变色板。

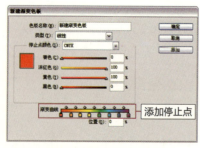 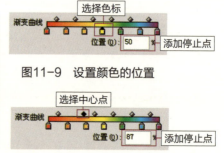 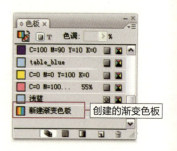

图11-8　添加停止点　　图11-10　设置颜色的中点位置　　图11-11 创建的渐变色板

图11-9　设置颜色的位置

4) 创建混合油墨色板

通过混合两种专色油墨或将一种专色油墨与一种或多种印刷色油墨混合来创建新的油墨色板，可以使用最少数量的油墨获得最大数量的印刷颜色。使用混合油墨颜色，可以增加可用颜色的数量，而不会增加用于印刷文档的分色的数量。

在【色板】面板菜单中，选择【新建混合油墨色板】，打开【新建混合油墨色板】对话框，如图11-12所示。（如果【色板】面板中没有专色，该选项为暗显。）

在【名称】中输入色板名称，单击油墨颜色旁边的空框，添加要在混合油墨色板中包含油墨，单击空框，被添加的油墨空框中显示 +墨，如图11-13所示。要注意的是混合油墨色板必须至少包含一种专色。

选中要在混合油墨色板中包含油墨后，滑动条或在百分比文本框中输入一个值，调整色板中包括的每种油墨的百分比，如图11-14所示。

图11-12　【新建混合油墨色板】对话框

图11-13　选择要在混合油墨色板中包含油墨

图11-14　调整油墨的百分比

单击【添加】或【确定】，将混合油墨添加到【色板】面板中，如图11-15所示。

5) 创建混合油墨组

在【色板】面板菜单中，选择【新建混合油墨组】，打开【新建混合油墨组】对话框，如图11-16所示（如果【色板】面板中没有专色，该选项为暗显）。

在【混合油墨组】文本框中输入名称。组中的颜色将使用该名称，后面带有一个递增的【色板】后缀（色板1、色板2等）。

单击油墨颜色旁边的空框，添加要在混合油墨组中包含油墨，单击空框，被添加的油墨空框中显示 +墨。要注意的是混合油墨色板必须至少包含一种专色。

对于选择的每种油墨，设置一下选项：

初始：输入要开始混合以创建混合组的油墨百分比。

重复：指定要增加油墨百分比的次数。

增量：指定要在每次重复中增加的油墨的百分比。

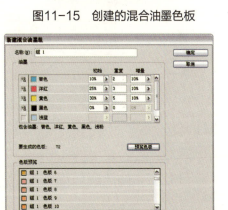
图11-15　创建的混合油墨色板

图11-16　【新建混合油墨组】对话框

例如，混合并匹配青色的4个色调（20%、40%、60%、80%）和5个专色色调（10%、20%、30%、40%、50%）以创建20个色板时，对于青色，将【初始】设置为20%，将【重复】设置为3，将【增量】设置为20%；对于专色，将【初始】设置为10%，将【重复】设置为4，将【增量】设置为10%。

单击【预览色板】，可以查看当前油墨选择和值是否可以产生所需的效果，如果没有，则进行相应的调整。

单击【确定】以将混合油墨组中的所有油墨都添加到【色板】面板中，如图11-17所示。

图11-17　创建的混合油墨组

> 提示：如果为【初始】、【重复】和【增量】输入的值加起来比任何一种油墨高出100%，将显示警告。如果仍要继续，则InDesign会将油墨百分比的上限限制为100%。

11.2.2　使用填色和描边工具新建颜色

在工具箱底部的填色和描边工具是常用的创建颜色的工具，如图11-18所示。

在工具箱中，双击【填色】或【描边】，打开【拾色器】，如图11-19所示。

要更改【拾色器】中显示的颜色色谱，可以单击字母：R（红色）、G（绿色）、B（蓝色）；或L（亮度）、a（绿色-红色轴）、b（蓝色-黄色轴）左边的单选按钮。

定义颜色：

（1）在颜色色谱内单击或者使用鼠标拖动十字准线。十字准线指示颜色在色谱中的位置。

（2）沿着颜色滑块拖动三角形或在颜色滑块内单击。

（3）在文本框中输入值。

如果不存储颜色，直接单击【确定】。如果要将该颜色存储为色板。单击【添加RGB色板】、【添加Lab色板】或【添加CMYK色板】按钮，如图11-20所示。InDesign将该颜色添加到【色板】面板中，并使用颜色值作为名称，如图11-21所示。

图11-18　填色和描边工具　　图11-19　拾色器　　图11-20　添加色板　　图11-21　添加到【色板】面板中的颜色色板

11.2.3　使用颜色面板新建颜色

使用颜色面板可以自由混合颜色，如图11-22所示。

1）创建颜色

选择要更改填充或描边的对象或文本。

在【颜色】面板菜单中选择LAB、CMYK或RGB颜色模式，如图11-23所示。

拖动【色调】滑块，更改颜色值，也可以在颜色滑块旁边的文本框中输入数值。或者将指针放在颜色色谱上，然后单击，如图11-24所示。

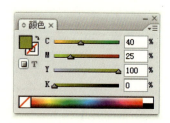

图11-22　颜色面板

 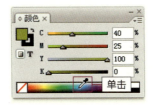 

图11-23　选择颜色模式　　图11-24　在色谱上选择颜色　　图11-25　警告颜色

如果出现超出色域警告图标，单击警告图标旁边的小颜色框，则使用与最初指定的颜色最匹配的CMYK颜色值。

颜色创建好以后，如果要添加到色板，在【颜色】面版菜单中选择【添加到色板】命令即可。

提示：此图标一般在应用RGB或CMYK颜色模式设置颜色时出现，如图11-25所示。

2) 创建颜色色调

使用【颜色】面板中的【色调】滑块也可以创建色调。

在【色板】面板中，选择一个色板。在【颜色】面板中，拖动【色调】滑块，或在文本框中输入色调值，如图11-26所示。然后，在【颜色】面板菜单中，单击【添加到色板】，如图11-27所示。

图11-26　在【颜色】面板中创建色调　　图11-27　添加色调色板

11.2.4　新建渐变颜色

渐变是两种或多种颜色之间或同一颜色的两个色调之间的逐渐混合。

渐变面板

使用渐变面板可以创建和存储渐变，还可以处理渐变，如图11-28所示。

图11-28　渐变面板

选择一个或多个对象，如图11-29所示。然后在工具箱中单击【填色】或【描边】以确定渐变颜色用于为描边或是填充对象。

在【渐变】面板中的【类型】中选择选择渐变的类型，有【线性】或【径向】两种。图11-30所示为线性渐变，图11-31所示为径向渐变。

在渐变曲线中单击选择一个色标，然后定义颜色：

(1) 在工具箱中双击【描边】，然后在拾色器中设置一种颜色。

图11-29　选择对象　　图11-30　线性渐变　　图11-31　径向渐变

第11章　色彩管理与设置技巧

219

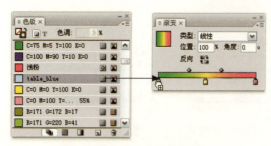

图11-32 将色板拖至滑块上

(2) 在【颜色】面板中，拖动滑块或在颜色条单击创建一种颜色。

(3) 从【色板】面板中拖动色板并将其置于滑块上，如图11-32所示。

(4) 按住【Alt】键单击【色板】面板中的一个颜色色板。

选择渐变中的其他色标，然后按上述方法定义颜色。如果要在渐变中添加多种颜色，可以在渐变曲线下单击，添加色标。

如果要将色标或色标之间的中点定位到准确的位置上，可以选择色标或中点，然后在位置中输入百分比值；如果渐变类型为【线形】，可以通过在【角度】中输入角度值，使渐变角度随意转变，如图11-33、图11-34所示。

如果要调换渐变方向，可以单击【反向渐变】按钮。图11-35所示为反转渐变前和后。

图11-33 角度为45°　　图11-34 角度为-45°　　图11-35 反转渐变前（左）和后（右）

11.3 管理色板

色板是一个存储颜色的面板，色板面板中存储着在此面板中新建的色板、及添加到此面板中的所有颜色，所以掌握色板的管理技巧很有必要。

11.3.1 编辑色板

创建色板以后，如果要更改色板的名称或者要更改颜色值，首先在【色板】面板中，选择一个色板，然后双击该色板，或者在【色板】调板菜单中选择【色板选项】（图11-36），打开【色板选项】对话框，根据需要调整设置，然后单击【确定】按钮。

11.3.2 复制色板

如果添加相似的色板或者要为一个色板创建不同色调的色板，可以复制色板然后稍作更改，是一种比较快捷的方法。

选择下列方法之一，复制色板：

(1) 选择一个色板，然后从【色板】面板菜单中选择【复制色板】。

(2) 选择一个色板，然后单击面板底部的【新建色板】按钮。

(3) 将一个色板拖动到面板底部的【新建色板】按钮上，如图11-37所示。

图11-36 更改色板选项

11.3.3 自定色板显示

色板面板中色板的显示方式也可以根据需要更改。

1) 更改色板的显示方式

在【色板】面板菜单中，有名称、小字号名称、小色板、大色板4个选项。

名称：将在该色板名称的旁边显示一个小色板，如图11-38所示。该名称右侧的图标显示颜色模型（CMYK、RGB等）以及该颜色是专色、印刷色、套版色还是无颜色。

图11-37 复制色板

小字号名称：将显示小号的色板，如图11-39所示。

小色板：将仅显示色板，如图11-40所示。色板右下角带点的三角形表明该颜色为专色。不带点的三角形表明该颜色为印刷色。

大色板：仅显示色板，但是色板显示较大，如图11-41所示。

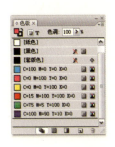  

图11-38 显示名称　　图11-39 显示小字号名称　　图11-40 显示小色板　　图11-41 显示大色板

2) 更改色板的显示类型

要更改色板的显示类型，在【色板】面板底部选择一个按钮。

显示全部色板：显示所有颜色、色调和渐变色板。

显示颜色色板：仅显示印刷色、专色、混合油墨颜色和色调色板。

显示渐变色板：仅显示渐变色板。

11.3.4 删除色板

删除一个已应用于文档中对象的色板或一个用作色调或混合油墨基准的色板时，需要指定一个替代色板。不能删除文档中的置入图形所使用的专色。要删除这些颜色，必须首先删除图形。

选择一个或多个色板，执行下列操作之一：

(1) 在【色板】面板菜单中选择【删除色板】。

(2) 单击【色板】面板底部的【删除】图标，如图11-42所示。

(3) 将所选色板拖动到【删除】图标上。

图11-42 删除色板

> 不能删除文档中的置入图形所使用的专色。要删除这些颜色，必须首先删除图形。

图11-43 【删除】色板对话框

删除色板时,InDesign可能会出现一个对话框,询问如何替换要删除的色板,如图11-43所示。

要用另一个色板替换该色板的所有实例,单击【已定义色板】,然后在菜单中选择一个色板,要用一个等效的未命名颜色替换该色板的所有实例,单击【未命名色板】,然后单击【确定】。

11.3.5 载入色板

InDesign CS3中,可以从InDesign、Illustrator、Photoshop或GoLive创建的InDesign 文件(.indd)、InDesign模板 (.indt)、Illustrator文件(.ai 或 .eps)和Adobe色板交换文件 (.ase) 中载入色板渐变,并将所有或部分色板添加到【色板】面板中。

1) 导入文件中的选定色板

选择【色板】面板菜单中的【载入色板】,打开【打开文件】对话框,然后选择要从中导入色板的文件,如图11-44所示。

单击【打开】,这样,就将所选择的文件中的色板导入到当前文档的色板面板中来了。

2) 从预定义的颜色库载入色板

InDesign还提供了一些与定义的颜色库,包括PANTONE、Toyo™ Ink Electronic Color Finder™ 1050、FocoltoneR、Trumatch™、DIC等配色系统以及特别为网络用途而建立的颜色库。

选择【色板】面板菜单中的【新建颜色色板】,从【颜色模式】列表中选择库文件,如图11-45所示。

从菜单中选择一个选项,然后选择要添加的色板,添加色板完成后,单击【确定】。

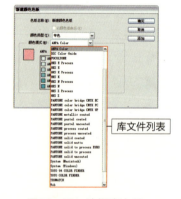

图11-44 选择要从中导入色板的文件　　图11-45 选择库文件

11.4 应用颜色

应用颜色既可以先新建颜色,然后应用于对象,或者先选择对象然后新建颜色,新建的颜色直接应用于选中的对象。要注意的是,首先要确定颜色是要作为填充颜色,还是描边颜色,是应用于文本框架,还是框架内的文本。

11.4.1 应用颜色

选择要应用颜色的对象,然后在工具箱中单击【填色】或【描边】,如果要在【色板】面板或【颜色】面板中选择颜色，在面板的左上角也同样可以选择【填色】或【描边】，如图11-46所示。

如果要互换填充颜色和描边颜色，单击【填充】和【描边】图标右上角的【互换填色和描边按钮】↰，如图11-47所示为互换填色和描边前与后。

图11-46 选择【填色】或【描边】　　图11-47 互换填色和描边前（左）与后（右）

如果选择了一个文本框架，则需要选择【格式针对容器】▣或【格式针对文本】Ⓣ以确定填充或描边的对象，如图11-48、图11-49所示。

确定要填充或描边的对象，然后就可以在色板中单击选择创建的颜色色板，或者新建一种颜色。

图11-48 格式针对容器　　图11-49 格式针对文本

如果不选择任何对象，设置的颜色将为默认颜色，以后创建的图形、文本等都应用此默认颜色。

11.4.2 应用上次使用的颜色

工具箱显示上次应用的颜色或渐变，如图11-50所示。可以直接从工具箱中应用该颜色或渐变。

选择要着色的对象或文本，单击【填色】或【描边】按钮，然后在工具箱中执行下列操作之一：

图11-50 上次应用的颜色和渐变

(1) 应用颜色▣：以应用上次在【色板】或【颜色】调板中选择的纯色。

(2) 应用渐变▣：以应用上次在【色板】或【渐变】调板中选择的渐变颜色。

11.4.3 拖放颜色

应用颜色或渐变的一种简单方法是，将其从颜色源拖动到对象或调板上。通过拖放，不必首先选择对象即可将颜色或渐变应用于对象。

在工具箱、【色板】面板、【颜色】面板或【渐变】面板中单击并拖动【描边】或【填色】，拖动到要对象上面，也可以在【色板】面板中选择一个色板，然后拖动到对象上面。

当鼠标箭头变为▸时，将填充对象；当鼠标箭头变为▸时，将为对象描边，如图11-51、图11-52所示。确定要执行的操作以后，松开鼠标。

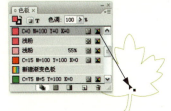

图11-51 拖放颜色为路径描边　　图11-52 拖放颜色为路径填色

11.4.4 编辑渐变

使用渐变工具可以为对象添加渐变颜色，还可以用来修改渐变。使用该工具可以更改渐变的方向、渐变的起始点和结束点，还可以跨多个对象应用渐变。

选择对象，然后在【渐变】面板中更改选项即可。

1) 更改渐变角度

如果要更改渐变的角度，另外一种比较方便的方法是：选择【渐变】工具，并将其置于要定义渐变起始点的位置，沿着要应用渐变的方向拖过对象，在要定义渐变结束点的位置释放鼠标按钮，如图11-53所示。如果拖动的同时，按住【Shift】键，将工具约束在45°的倍数方向。

2) 跨过多个对象添加渐变

对每个对象应用渐变，然后选择这些对象。选择【渐变】工具，并将其置于要定义渐变起始点的位置，沿着要应用渐变的方向拖过对象，在要定义渐变端点的位置释放鼠标按钮，如图11-54所示。按住【Shift】键，将工具约束在45°的倍数的方向。

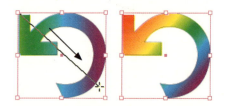
图11-53 使用渐变工具更改渐变角度

图11-54 跨过多个对象添加渐变

11.4.5 移去填充或描边颜色

应用【无】命令可以清除任何对象的填充颜色或描边颜色。

选择要移去其颜色的文本或对象，在工具箱中，单击【填色】或【描边】，然后单击【无】按钮，如图11-55所示。

图11-55 移去对象填充或描边

11.4.6 复制填充和描边属性

用【吸管】工具可以从InDesign文件的任何对象（包括导入图形）中复制填色和描边属性（例如颜色）。默认情况下，【吸管】工具载入对象的所有可用的填色和描边属性，并设置任何新绘制的对象的默认填色和描边属性。

在【吸管选项】对话框更改【吸管】工具副本的属性。在工具箱中双击【吸管】工具，可以打开【吸管选项】对话框，如图11-56所示。

图11-56 【吸管选项】对话框

1) 更改选择对象的属性

选择要更改其填色和描边属性的一个或多个对象，选择【吸管】工具，单击要将其填色和描边属性作为样本的对象（图11-57），这时吸管显示为载入的吸管，并自动用单击的对象的填色和描边属性更新所选的对象，如图11-58所示。

图11-57　复制属性

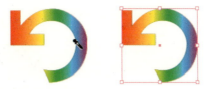
图11-58　单击后

2）更改未选择对象的属性

选择【吸管】工具，单击要将其填色和描边属性作为样本的对象（图11-59），使用带有载入的吸管在对象上单击（图11-60），如果是文字，可以使用反吸管拖过文字。

图11-59　复制属性

图11-60　更改未选择对象的属性

11.4.7　切换颜色模式

在新建颜色时，常常要切换颜色模式，下面是切换颜色模式的简便方法：

(1) 在【颜色】调板中，按住【Shift】键单击调板底部的颜色条。

(2) 在【新建颜色色板】或【色板选项】对话框中，按住【Shift】键单击显示当前颜色的方框。

(3) 在【新建渐变】或【渐变选项】对话框中，选择一个色标，确保在【中止点颜色】，中选择了Lab、CMYK或RGB颜色模式，然后按住【Shift】键单击显示当前颜色的方框。

11.5　更改纸张颜色

并非所有的文件都印刷在白色的纸张中，当文件是要印刷在白色以外的颜色时，在编排文件前，可以先将文件的纸张颜色设置成实际纸张的颜色，以免屏幕上的文件和印刷出来的文件有落差。

在【色板】面板中双击【纸色】色板，或者选择【纸色】色板（图11-61），然后在菜单栏中选择【色板选项】，打开【色板选项】对话框，如图11-62所示。

图11-61　【纸色】色板

图11-62　【色板选项】对话框

在对话框中的【颜色模式】中选择一种颜色模式，然后拖动滑块设置纸的颜色，再单击【确定】按钮，文档纸张的颜色更改为色板中【纸色】的颜色，如图11-63所示。

图11-63　更改纸色

11.6　本章小结

本章通过学习印刷色彩模式的基本知识和InDesign CS3软件中的新建颜色、管理色板、应用颜色和更改纸张颜色等知识，使学生基本掌握印刷色彩的知识，能够熟练的使用软件设置版面中的色彩元素。

思考与练习

1) 填空题

(1) 印刷色是使用以下四种标准印刷色油墨的组合进行印刷的：_____、_____、_____和_____。

(2) 渐变是两种或多种颜色之间或同一颜色的两个_____之间的逐渐混合。

2) 操作题

(1) 在色板中自定义颜色为：C30、Y100，并将其应用于圆形。

(2) 绘制一个彩虹图形。

(3) 将文字设置为色彩描边效果。

第12章 书籍、目录与超级链接

书籍编排是时下InDesign CS3软件最为重要的商业应用方向之一,设计一本图书首先要知道在软件中应该如何设置相应的选项。在InDesign CS3中,专门提供了制作书籍、制作目录以及制作超级链接的相关命令,本章将重点学习这些功能,为创作一本图书打下基础。

本章学习重点与要点:
(1) 制作书籍;
(2) 制作目录;
(3) 建立超级链接。

12.1 制作书籍

书籍是InDesign用以管理多份文件的功能，将分散在各处的多个文档文件集中管理，还可以通过样式的控管以及自动重新编码，使每个文件的样式或页码能够达到一致性的效果，甚至可将整个书籍中的文件一并输出，绝对是编排文件的最佳工具。

12.1.1 建立书籍

书籍是非常实用的功能，例如一本书有多个章节，而每个章节各为一个文档，可以创建一个书籍，将这一本书中的多个章节放在一个书籍中，以方便统一与整合文件。

使用书籍功能管理文档文件之前，首先建立一份空白的书籍，以存放文件。

在菜单栏中依次选择【文件】→【新建】→【书籍】，打开【新建书籍】对话框，如图12-1所示。先指定书籍存储的位置，然后在【文件名】中输入书籍的名称。

单击【保存】。新建的【书籍】面板就会显示在窗口中，面板的名称为新建书籍时，指定的名称，如图12-2所示。存储的书籍文件扩展名为".indb"，如图12-3所示。

图12-1 【新建书籍】

图12-2 书籍面板

图12-3 书籍文件图标

12.1.2 添加和删除书籍文件

建立空白书籍后，接着就可以将想要集中管理的文档文件置入书籍，以方便统一与整合。一个书籍文件中最多可包含1000个文档。

选择【书籍】面板菜单中的【添加文档】，或单击【书籍】面板底部的加号按钮，打开【添加文档】对话框，在对话框中选择要添加的一个或多个InDesign CS3文档，如图12-4所示。

单击【打开】按钮，这样选择的InDesign CS3文档，就全部添加到书籍面板中了，如图12-5所示。

如果想要删除书籍中的文档文件时，只要先在书籍面板中选择想要删除的文件，然后从书籍面板菜单中选择【删除文档】命令，或单击面板底部的减号按钮，如图12-6所示，即可将文档从书籍中移去。

图12-4　选择要添加到书籍中的文档

图12-5　添加到【书籍】面板中的文档文件

图12-6　移去文档

 如果添加在早期版本InDesign中创建的文档，则在添加到书籍时会弹出【存储】对话框。在【存储为】对话框中，为书籍中的每个文档指定一个新名称或保留其原名，然后单击【保存】。

删除书籍中的文档时，并不会连带文件原稿一并删除，原稿文件仍旧会存放在原存放位置中。

12.1.3 存储书籍文件

创建并且在书籍中添加此书籍中的全部文档后，应当存储书籍文件。书籍文件独立于文档文件，所以在选择【存储书籍】命令时，InDesign CS3会存储对书籍（而非对书籍中文档）的更改。

图12-7　存储书籍

选择【书籍】面板菜单中的【存储书籍】，或单击【书籍】面板底部的【存储】按钮，如图12-7所示。

如果要使用新名称存储某书籍，在【书籍】面板菜单中选择【将书籍存储为】，打开【将书籍存储为】对话框，指定新的位置和文件名称后，单击【保存】按钮。

12.1.4 打开书籍中的文档

在书籍中的文档，当需要修改时，可以直接在书籍中打开想要编辑的文档文件来修改，不仅可以修改书籍中的文件属性，还会同步修改文档文件的原稿属性。

在书籍面板中，在要打开的文档上双击鼠标左键，如图12-8所示。

双击后，就会打开所选择的文档文件，以供修改与编

图12-8　双击文档

辑，如图12-9所示。【书籍】面板中，打开的文档的名称右侧显示打开的书的图标，表示文档已打开。

图12-9　打开书籍中的文档

12.1.5　调整书籍中文档的顺序

文档在书籍中的排列顺序，也是书籍中页码编列的依据，如果觉得排列顺序不妥，可以在书籍面板中上下移动调整文档的顺序。

在书籍中选择想要调整的文档，然后按住鼠标左键，将文件拖移至想要排列的目的位置后，松开鼠标左键，即可调整文档文件的排列顺序，如图12-10所示。

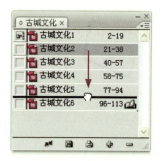

图12-10　移动文档

12.1.6　编排书籍中的页码

书籍的页码，在添加文件时便已自动依照排列顺序编制完成，如果不想使用默认的页码与格式，则可自行定义适合需求的页码格式，例如：页面顺序、页码类型、编码模式……。

1) 文档编号

在【书籍】面板中选择要更改页码的文档，在【书籍】面板菜单中选择【文档页码选项】（图12-11），或在【书籍】面板中双击该文档的页码。

出现【文档编号选项】对话框后（图12-12），设置文档的页码和章节编号的样式，然后单击【确定】按钮。

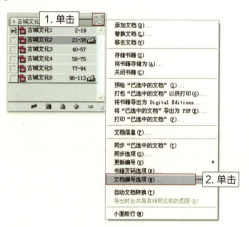
图12-11　选择【文档编号选项】命令

图12-12　【文档编号选项】对话框

2) 书籍页码

选择【书籍】面板菜单中的【书籍页码选项】，打开【书籍页码选项】对话框，如图12-13所示。选择合适的页面顺序编排方式，然后单击【确定】按钮。

图12-13 书籍页码选项对话框

从上一个文档继续：使书籍中的文档的页码继续上一文档的页码。

在下一奇数页继续：使书籍中的文档按奇数页起始编码，如图12-14所示。

在下一偶数页继续：使书籍中的文档按偶数页起始编码，如图12-15所示。

插入空白页面：将空白页面添加到任一文档的结尾处，以便后续文档必须始于奇数页或偶数页。

图12-14 在下一奇数页继续　　图12-15 在下一偶数页继续

自动分页：在编入书籍的文档中添加或移去页面，则页码重新进行编排。

完成后，就会将所选择的文件依指定的格式重新编码，而排列在该文档后方的文件，也会跟着应用所设置的页码格式与模式而重新编码。

12.1.7 同步书籍

书籍中的文档文件通过同步功能，可以将书籍中的文件格式予以整合统一；而在默认的情形下，书籍中的页码会依据文档文件中的页数，以及文件的排列顺序来依次编码，不过，仍可依所需自定义书籍页码的编码方式。

图12-16 在面板中指示样式源

在【书籍】面板中，单击要作为样式源的文档旁边的空白框，样式源图标指示哪个文档是样式源，如图12-16所示。如果未选中任何文档，将同步整个书籍。

从【书籍】面板菜单中选择【同步选项】，打开【同步选项】对话框，如图12-17所示。选择要从样式源复制到其他书籍文档中的样式、色板和其他项目，然后单击【确定】按钮。

在【书籍】面板中选择【同步选中的文档】或【同步【书籍】】，也可以单击【书籍】面板底部的【同步】按钮，随后，出现同步成功提示窗口后（图12-18），单击【确定】按钮。

 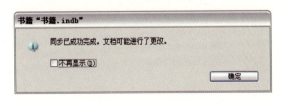

图12-17 【同步选项】对话框　　图12-18 同步完成

12.2 制作目录

目录是书籍文章的缩影。目录一般是置于书籍的前面，显示书籍的章节与页码等信息，可作为重点式浏览文件属性的依据。目录的项目是根据文件中的样式而产生的，所以在建立目录前，必须先设置文件中要作为目录标题的样式。

12.2.1 自定目录样式

使用目录样式可以设置让目录包含哪些段落样式标记内容，以及设置标题、条目和页码的显示格式。可以为文档或书籍中包含的不同目录创建唯一的目录样式。

在菜单栏中依次选择【版面】→【目录样式】，打开【目录样式】对话框，如图12-19所示。

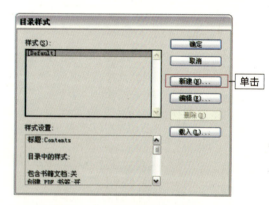

图12-19 目录样式对话框

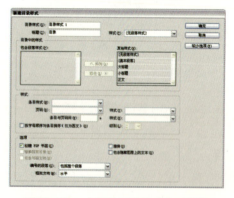

图12-20 【新建目录样式】对话框

在对话框中单击【新建】按钮，打开【新建目录样式】对话框，如图12-20所示。在对话框中设置目录样式选项，然后单击【确定】按钮。

【新建目录样式】对话框中的选项说明如下：

目录样式：输入创建的新目录样式的名称。

标题：输入目录标题（如目录或插图列表）。然后在【样式】菜单中选择一个样式以指定应用于标题样式。

其他样式：选择与目录中所含内容相符的段落样式；然后单击【添加】，将其添加到【包含段落样式】列表中。要移去添加的段落样式，可以选择要删除的段落样式，然后单击【移去】。

条目样式：选择一个段落样式，以便对与以上【包含段落样式】中每个样式关联的目录条目设置格式。如果【包含段落样式】中有一个以上的样式，则为每个样式指定一个【条目样式】。

页码：指定页码的位置在条目后还是条目前，选择无页码则不应用页码。然后在【样式】菜单中指定页码的字符样式。

条目与页码间：指定要在目录条目及其页码之间显示的字符。默认值是^t，即让InDesign CS3插入一个制表符。可以在弹出列表中选择其他特殊字符（如右对齐制表符或全角破折号）。

按字母顺序对条目排序（仅为西文）：选择此选项将按字母顺序对选定样式中的目录条目进行排序。

级别：默认情况下，【包含段落样式】框中添加的每个项目比它的直接上层项目低一级。可以通过为选定段落样式指定新的级别编号来更改这一层次。

创建PDF书签：将目录条目包含在【书签】面板中。

接排：将所有目录条目接排到某一个段落中。

包含隐藏图层上的文本：可以在目录中包含隐藏图层上的段落。用于创建其自身在文档中为不可见文本的广告商名单或插图列表。如果已经使用若干图层存储同一文本的各种版本或译本，则不需要选择此选项。

包含书籍文档：可以为书籍列表中的所有文档创建一个目录，然后重编该书的页码，如果只想为当前文档生成目录，则可以取消选择此选项。

12.2.2 从其他文档导入目录样式

执行【版面】→【目录样式】，打开【目录样式】对话框，在对话框中单击【载入】，选择包含要复制的目录样式的InDesign CS3文档，如图12-21所示。

单击【打开】按钮，完成载入后，单击【确定】按钮。

图12-21　选择包含要复制的目录样式的InDesign CS3文档

12.2.3 建立目录

在菜单栏中依次选择【版面】→【目录】。打开【目录】对话框，如图12-22所示。

在【目录样式】对话框中，选择要应用的目录样式，然后指定目录的标题和标题样式。如果对预定义的目录样式不满意，还可以在此对话框中更改选项。

单击【确定】按钮，则出现载入的文本图标。在页面上单击，就可以看到生成的目录。然后会依照所设置的样式，自动应用文件中设置的样式的属性，并在指定的位置中建立目录，然后稍作修饰，如图12-23所示。

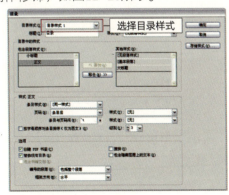

图12-22　【目录】对话框

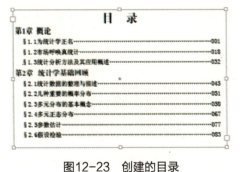

图12-23　创建的目录

12.2.4 更新目录

目录相当于文档内容的缩影。如果文档中的页码发生变化，或对标题或与目录条目关联的其他元素进行了编辑，则需要重新生成目录以便进行更新。

打开包含目录的文档，执行【版面】→【更新目录】。

如果遇到以下情况，使用【更新目录】不起作用，可以根据需要直接更改相关联的内容。

1) **更改目录条目**

解决方法：编辑所涉及的单篇文档或编入书籍的多篇文档，而不是编辑目录文章本身。

2) **更改应用于目录标题、条目或页码的格式**

解决方法：编辑与这些元素关联的段落或字符样式。

3) **更改页面的编号方式(例如，1、2、3或i、ii、iii)**

解决方法：更改文档或书籍中的章节页码。

4) **指定新标题，或是在目录中使用其他段落样式，或是对目录条目的样式进行进一步设置**

解决方法：编辑目录样式。

12.3 建立超级链接

超级链接（Hyperlink）是网页文件最重要的特性，可使文件在选择文字、图形或特定区域时，自动链接到指定的文件位置、文件或Web界面，而InDesign内建的超链接功能，便可在文件中建立具有超级链接特性的对象，以供在阅览文件时，快速跳跃到所需的信息。

12.3.1 创建超链接

不论是文字或图形对象，均可利用超链接功能来设置超级链接，而超级链接的属性可设置为文件或网页界面。

选择要作为超链接源的文本或图形。在【超链接】面板菜单中选择【新建超链接】(图12-24)，或单击位于【超链接】面板底部的【创建新超链接】按钮 。

打开【新建超链接】对话框，如图12-25所示。

图12-24　新建超链接

图12-25　【新建超链接】对话框

【超链接】对话框中的选项说明如下：

名称：输入在【超链接】面板中的显示超链接项目名称。

文件：选择所要链接的文档文件。

类型：指定所要连接的类型，包括页面、文本锚点与URL三种。

(1) 页面：若选择此项，则链接目标为所选择文档中的页面。

(2) 文本锚点：若选择此项，则链接目标为所选择文档中的文本锚点。文本锚点有如书签的作用，所以在设置文本锚点超级链接之前，必须先在目标文件中设置文本锚点，此选项才会产生作用。

(3) URL：则链接目标为网页地址。

名称：输入所要连接的页面、锚点或网页名称。

页面：当链接类型选择【页面】时，此选项可用来指定要链接的页码。

缩放设置：用来设置当链接至目标页面后，目标页面的显示方式，包括固定、适合窗口、适合宽度、适合高度等。

外观类型：为指定的对象周围加上可见的或不可见的矩形外框，以分辨是否应用超级链接设置。图12-26所示为可见矩形外框。

图12-26　为指定的对象周围加上可见矩形

突出：指定超链接在导出的PDF文件中的外观，包括反转、外框与内缩等三种效果。

颜色：用来设置矩形外框的颜色，如图12-27所示。

宽度：可用来设置矩形外框的宽度。

样式：用来设置矩形外框为实线或虚线类型。

完成后，就会在超链接控制面板中显示所设置的超链接项目，所选择的文字也会应用指定的链接外框。

图12-27　为矩形外框设置的颜色

12.3.2 转到链接源

在文档中创建超链接之后，通过超链接控制面板中的跳至超链接源功能，可快速跳至该链接项目所属的文件属性，而不必费力来逐一查找。

在【超链接】面板中选择想要转至链接源的项目，然后单击超链接控制面板下方的 转到超链接源按钮，如图12-28所示。

完成后，就会自动选择并跳至该项目的链接源。

图12-28　转到链接源

12.3.3 转到超链接目标

若想要检查所设置的超链接项目是否连结正确，则可以通过超链接控制面板的【转到超链接目标】功能，可以在输出文件之前，先行检查所设置的超级链接是否正确无误。

在【超链接】面板中选择想要检查链接的项目，然后单击【超链接】面板下方的 转到超链接目标 按钮，如图12-29所示。

图12-29　转到超链接目标

12.3.4 删除超链接

在【超链接】面板中选择要移去的项目，然后单击此面板底部的【删除选定超链接】按钮，如图12-30所示。移去超链接时，源文本或图形仍然保留。

图12-30 删除超链接

12.4 本章小结

本章主要介绍了书籍的创建与其他操作、创建目录、超级链接，学生通过学习本章知识能够独立创作书籍、目录和超级链接。

思考与练习

1) 填空题

(1) "书籍文件"是一个可以共享_____和_____的文档集。

(2) 超链接源可以是超链接文本、超链接文本框架或超链接图形框架。目标是超链接跳转到的_____、文本中的_____或_____。一个源只能跳转到一个目标，而任意数目的源可以跳转到同一目标。

2) 操作题

(1) 创建一个书籍文件，然后将打开的文件添加到书籍文件中。

(2) 为当前打开的文档创建目录与索引。

(3) 为页面中的文字和图片分别设置超级链接。

第13章 文档输出技巧

InDesign CS3提供多种交互功能,以便轻松创建多媒体电子书、表单和其他PDF文档。使用InDesign和Adobe GoLive,可以迅速地将用于打印或PDF的文档重新应用到网页设计中。本章将学习打印文档、导出为PDF文件、打包GoLive和将文档打包等知识,了解并掌握InDesign CS3文档输出技巧。

本章学习重点与要点:
(1) 打印文档;
(2) 导出为PDF文件;
(3) 打包GoLive;
(4) 将文档打包。

13.1　打印文档

文件编辑好之后，最后的操作就是打印出来。而将文件打印出来前，最好先预检一下文件的设置与连结是否正常、色彩套印设置、陷印设置、分色预视及平面化预视是否都适合当初默认的样子，待全部设置无误后，再将它打印出来，可以有效避免因打印错误而需重新打印的情形发生。

13.1.1　预检文档

预检是打印文档前一个重要的环节，预检文件主要是用来检查文件中所使用到的所有字体、影像连结是否正常、颜色和油墨的使用情形、打印机的设置及文件中是否有使用其他滤镜等设置。

在菜单栏中依次选择【文件】→【预检】，如图13-1所示。如果要预检书籍，在【书籍】面板菜单中选择【预检书籍】，如果只是预检书籍中的部分文档，可以在【书籍】面板中选择要预检的文档，然后在面板菜单中选择【预检选定的文档】。

完成后，就会打开【预检】对话框，如图13-2所示。对话框默认显示预检小结，单击对话框左边的选项，可以查看个方面的详细情况，警告图标 ⚠ 表示有问题的区域。

图13-1　预检

图13-2　【预检】对话框

1) 字体

显示文档中用到的字体总数，还有缺失、嵌入、不完整、受保护的字体的数量，列表框中显示所有用到的字体的详细信息，如图13-3所示。

如果要查看有问题的字体，选择对话框底部的【仅显示有问题的项目】，则列表中只显示有问题的字体。然后选择有问题的字体，单击【查找字体】按钮，然后在【查找字体】对话框中选择替换的字体。

2) 链接和图像

显示文档中所有图形文件的链接信息，包括文件的名称、格式、所在页面、链接状态及色彩空间等，如图13-4所示。

图13-3 字体　　　　　图13-4 链接和图像

如果要查看有问题的链接，选择对话框底部的【仅显示有问题的项目】，则列表中只显示有问题的链接。然后单击【全部修复】按钮，然后在【定位】对话框中重新定位文件。

3) 颜色和油墨

显示文档中使用的印刷色油墨、专色油墨的名称、网角及网线的使用及设置情况，如图13-5所示。预检程序将检查带有重复定义的专色。

4) 打印设置

显示文档的打印设置，如打印份数、校样、拼贴、页面位置、印刷标记、出血、颜色、陷印模式等，如图13-6所示。

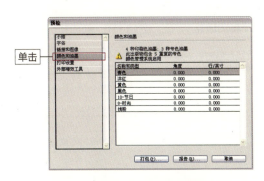

图13-5 颜色和油墨　　　　　图13-6 打印设置

如果还没有设置打印选项，则此处显示默认设置。

5) 外部增效工具

显示用到的外部增效工具，如图13-7所示。

所有项目都检查并将问题多解决后，单击【打包】将文件打包，或者单击【报告】将每个预检部分上的当前信息存储到文本文件中，此文件可在文本编辑器中打开。

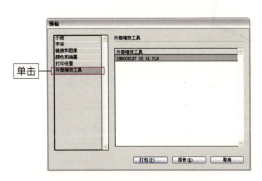

图13-7 外部增效工具

13.1.2 叠印填充

打印文件时，如果遇到对象重叠的情况，重叠部分就只打印最上层对象的属性，而下方对象的重叠部分则不会被打印出来，下方重叠的部分会被镂空。

叠印填充会将下层的对象颜色和上层的对象颜色相加后打印出来，使其成为不同的颜色或效

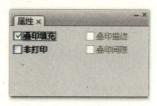

图13-8 【属性】面板

果之外,也可以用来修正套印时没有对准对象的边缘部分。另外,当设置色彩套印时,大部分都是将色彩套印设置在最上层的对象上,因为如果将色彩套印设置在最下层时,不会有效果。

设置对象色彩套印的操作方法如下:

在菜单栏中依次选择【窗口】→【属性】命令,显示【属性】面板,如图13-8所示。

使用选择工具选择要叠印的对象,然后在【属性】调板中选择【套印填充】,如图13-9所示。

选择其他对象,同样的,在属性控制面板中选择叠印填充。

完成后,图形并不会立即显示效果,要切换到叠印预视的模式下,才可以看到套印的效果。在菜单栏中依次选择 【视图】→【叠印预览】,就可以看到图形套印的效果了,如图13-10所示。

图13-9 在【属性】调板中选择【叠印填充】

图13-10 叠印预览模式 (右)

在InDesign中,不论是在文件中新建的线条、几何对象或文字,都可以设置叠印填充或叠印笔画。

13.1.3 陷印设置

陷印是为了防止对象与底色之间出现拼版没有对准,而造成打印时,有白边的情况产生。

在编排文件的同时,就可以先将上层的对象的四周扩大一点,使其对象与底色间出现重叠的部分,这样,即可降低对象与底色间有白边的情况产生,不过,如果底色为白色或是底色没有与对象重叠时,则不用另外设置陷印。

在菜单栏中依次选择【窗口】→【输出】→【陷印预设】命令,显示【陷印预设】面板,如图13-11所示。

图13-11 【陷印预设】面板

图13-12 双击【默认】预设

在面板中的【[默认]】预设上面双击鼠标左键，如图13-12所示。

这时，会出现【修改陷印预设选项】对话框（图13-13），在对话框中设置陷印的宽度、外观、图像及临界值，然后单击按钮。

【修改陷印预设选项】对话框中的选项如下：

(1) 陷印宽度：纸张特性、网屏线数和印刷条件不同，所需的陷印量也不同。每个【陷印宽度】控制允许的最大值为8点（约2.8毫米）。如果使用内建陷印，所有超过4点（约1.4毫米）的陷印量都被减为4点。

图13-13 【修改陷印预设选项】对话框

默认：指定陷印宽度，以陷印所有颜色（包含纯黑色的颜色除外）。

颜色：指示油墨扩展到纯黑色中的距离，或者阻碍量——陷印复色黑时黑色边缘与下层油墨之间的距离。

(2) 陷印外观

连接是指两个陷印边缘在一个公共端点汇合。可以控制两个陷印段外部连接的形状和三个陷印的相交点。

连接样式：选择两个陷印段外部连接的形状。有【斜接】、【圆角】和【斜角】三个选项。

终点样式：选择三个陷印的相交点的样式。斜接（默认）会改变陷印终点的形状，使其离开交叉对象。重叠会影响由与两个或两个以上较暗对象相交的最浅色中性密度对象所生成的陷印形状。

(3) 图像

控制图像内的陷印和位图图像与矢量对象之间的陷印。

陷印位置：设置矢量对象（包括InDesign CS3中绘制的对象）与位图图像陷印时陷印的落点的位置。

① 居中：创建以对象与图像相接的边界线为中心的陷印。

② 收缩：使对象叠压相邻图像。

③ 中性密度：应用与文档中的其他地方所用规则相同的陷印规则。使用【中性密度】设置对象到照片的陷印时，会在该陷印从分界线的一侧移到另一侧时，导致明显不均匀的边缘。

④ 扩展：使位图图像叠压相邻对象。

陷印对象至图像：将矢量对象（如用作准线的框架）使用【陷印位置】设置陷印到图像。如果矢量对象不与陷印页面范围内的图像重叠，则应该取消选择此选项，以加快该页面范围陷印的速度。

① 陷印图像至图像：打开沿着重叠或相邻位图图像边界的陷印。

② 图像自身陷印：打开每个单独的位图图像中颜色之间的陷印（不仅仅是它们触及矢量图片和文本的地方）。仅对包含简单、高对比度图像（如屏幕快照或卡通画）的页面范围使用该选项。对于连续色调的图像及其他复杂图像，将该选项保留为未选中状态，因为它可能产生效果不好的陷印。取消选则此选项可加快陷印速度。

③ 陷印单色图像：将单色图像陷印到相邻对象中。此选项不使用【图像陷印位置】设置，因为单色图像只使用一种颜色。大多数情况下，将此选项保持为选中状态。

④ 陷印阈值

阶梯：指示InDesign CS3在创建陷印之前，相邻颜色的成分（例如CMYK值）必须改变到哪种程度。输入介于1%～100%之间的值，或者使用默认值10%。为获得最佳效果，最好使用8%～20%之间的值。较低的百分比可提高对色差的敏感度，并且可产生更多的陷印。

黑色：指定在应用【黑色】陷印宽度设置之前所需的最少黑色油墨量。输入介于0%～100%之间的值，或者使用默认值100%。最好使用不低于70%的值。

黑色密度：指定一个中性密度值，当油墨达到或超过该值时，InDesign CS3会将该油墨视为黑色。可以使用介于0.001到10之间的任何值，不过，该值通常设置为接近默认值1.6。

滑动陷印：指定相邻颜色的中性密度之间的百分差，达到该百分差时，陷印将从颜色边缘较深的一侧向中心线移动，以创建更优美的陷印。

减低陷印颜色：指定InDesign CS3使用相邻颜色中的成分来减低陷印颜色深度的程度。指定低于100%的【减低陷印颜色】会使陷印颜色开始变浅；【减低陷印颜色】值为0%时，将产生中性密度等于较深颜色的中性密度的陷印。

由于漏白是因打印时拼版没有对准的情况下才会产生，所以只有当文件输出时是以分色网片打印才会产生这种情形，若在一般复合式的打印机中打印这些文件时，就不会有漏白的情形。

13.1.4 分色预览

分色预览功能可以使文件在输出前，先在屏幕中预览文件分色输出的结果，当文件中有使用到特别色、色彩套印等设置时，都可以利用分色预览的方法，先行预览输出的结果，确定预览的结果适合需求后，再将文件输出。

在菜单栏中依次选择【窗口】→【输出】→【分色预览】命令，显示【分色预览】面板，单击【视图】右侧的，然后在菜单中选择【分色】，如图13-14所示。

在【视图】菜单中选择【分色】后，所有的色板都是打开的，若想要关闭色板时，只要在该色版前的符号上单击鼠标左键，色板即会被关闭，若想要再重新打开色板时，只要再到符号上单击鼠标左键即可，如图13-15所示。

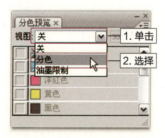

图13-14 【分色预览】面板

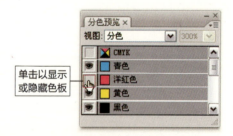

图13-15 显示与隐藏色板

分色预览时，可以只打开一个色板，或同时打开多个色板来预览文件设置的结果如图13-16～图13-21所示：

图13-16　只显示黑色色板

图13-17　显示黑色和青色色板

图13-18　显示黑色和洋红色色板

图13-19　显示黑色和黄色色板

图13-20　显示青色和黄色色板

图13-21　显示洋红和黄色色板

13.1.5　拼合透明度

在文件中使用透明度功能制作效果后，要将这些透明度效果输出时，该输出设备必须要支持这些透明度效果，才可以使文件正常的输出，但以目前的输出设备来说，大部分都还没有可以处理透明度效果的能力，因此，想要将这些透明度效果输出时，就必须先将透明度拼合，文件才可以正常的输出。

在InDesign中，除了将对象设置透明度外，只要在对象上应用阴影、羽化、混色模式效果或输入其他带有透明度效果的PSD文件或Illustrator文件及PDF文件等，也都会被归类为已使用透明度效果。

提示　如果不知道哪个页面中有使用到透明度效果，哪个页面没有使用时，可以在【页面】面板中分辨，当页面上有使用到透明度效果时，页面或跨页图标右下角显示▣，如图13-22所示。

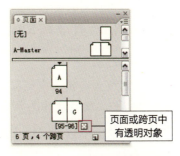
图13-22　页图透明效果分辨

1) 透明度拼合预设

预览拼合后的透明度文件效果前，要先在【透明度拼合预设】对话框中设置透明度拼合的选项，InDesign已经提供了三种透明度拼合预设，其中低分辨率较适合利用黑白激光打印机输出或是想要在网络上传递时所使用；中分辨率较适合利用彩色激光打印机输出或其他需求，例如校稿时使用；高分辨率则适合利用高质量的分色打印时使用。

在菜单栏中依次选择【编辑】→【透明度拼合预设】，打开【透明度拼合预设】对话框，如图13-23所示。

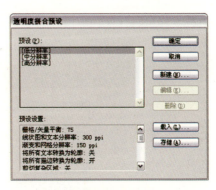
图13-23　【透明度拼合预设】对话框

在【预设】列表中选择想要查看的预设选项后，然后就可以在下面的【预设设置】中查看预设的选项设置情况。

【透明平面化预设】对话框中的【预设设置】中的各个选项说明如下：

光栅/向量平衡：透明度拼合后，将对象向量化与点阵化的比例，其范围值为0～100。该设置越高，对图片执行的栅格化就越少。若选择最高设置，会将图片尽可能多的部分保留为矢量数据；若选择最低设置，会将整幅图片栅格化。

线状图和文本分辨率：设置对象或文字透明度拼合后，所要转换的分辨率。在设置时，必须考虑输出后的质量，若文件只是一般的印刷品时，可以设置较低的分辨率，但若想要输出成精美的作品时，就必须提高分辨率的设置。

渐变和挂网格分辨率：为作为拼合结果而被栅格化的渐变指定分辨率，打印或导出时投影和羽化效果也会使用该分辨率。拼合时，该分辨率会影响交叉处的精度。

将所有文本转换为轮廓：将所有的文本对象（点文本、区域文本和路径文本）转换为轮廓，并放弃具有透明度的跨页上的所有文本字形信息。

将所有描边转换为轮廓：将具有透明度的跨页上的所有描边转换为简单的填色路径。

裁剪复杂区域：将具有透明度的跨页上的所有描边转换为简单的填色路径。

 若预设的透明度拼合选项都不适合时，可以在【透明平面化预设选项】窗口中单击【新建】按钮，打开【透明度拼合预设选项】对话框（图13-24），自定义透明度拼合预设。

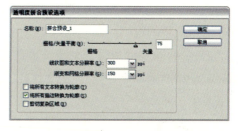

图13-24　【透明度拼合预设选项】对话框

2) 拼合预览

拼合预览功能，预览应用透明度拼合后，文件输出的效果是否有误或适合需求与否，直到预览无误后，再将该拼合选项应用到设置打印中。

在菜单栏中依次选择【窗口】→【输出】→【拼合预览】，显示【拼合预览】面板，如图13-25所示。

单击【突出显示】右侧的，然后在菜单中选择想要预览的对象或区域，再从预设菜单中选择一种拼合预设，即可在窗口中预览突出显示的属性应用【透明度拼合】后的结果。

如图13-26、图13-27所示为选择预设【中分辨率】时，不同区域或对象突出显示的效果。

图13-25　【拼合预览】面板

图13-26　栅格化复杂区域

图13-27　透明对象　　　　　图13-28　转换为轮廓的描边

在将影像平面化预览前，必须注意下列几个事项：

(1) 如果要置入InDesign的Illustrator文件中包含了透明效果时，不要先将图像进行透明度拼合；如果文件中包含透明效果的位图时，将位图以嵌入的方式加入到Illustrator的文件中，再置入InDesign中。

(2) 图像拼合透明度后，文件中的特别色会被转成印刷色。

13.1.6 打印格式设置

为了确保打印时不出差错，在打印前，需要新建适合此文档或书籍的打印预设，也可以修改打印预设。

在菜单栏中依次选择【文件】→【打印预设】→【定义】，打开【打印预设】对话框，如图13-29所示。

预设的设置不适合该文件的打印时，可以选择预设，然后单击【编辑】按钮，修改预设的设置值，或是单击【新建】按钮，新建一个预设。

图13-29　【打印预设】对话框

单击【新建】按钮后，会打开【新建打印预设】对话框，如图13-30所示。

【新建打印预设】对话框中的选项说明如下：

1) 名称、打印机与PPD

名称：输入打印预设的名称。

打印机：选择打印机。

PPD：当从【打印机】选项中选择打印机后，菜单就会自动出现相对应的PPD。

2) 常规

份数：设置文件打印的份数，最多可输出999份。

图13-30　【新建打印预设】对话框

逐份打印：选择此选项后，会先将第1份文件打印完成后，再开始打印第2份文件，一直到打印完所有份数。

逆页序：选择此项后，文件将从后往前打印。

页面：设置文件要输出的范围。如果要打印全部页面，直接选择【全部】就可以了；如果只打印文档中的部分页面，选择【范围】，例如要打印第2页至第5页，那么在范围文本框中输入2-5，要打印第2、5页，那么在范围文本框中输入2，5。

打印范围：设置要打印出所有页面，还是只打印奇数页或偶数页。

跨页：将文件中设置跨页的部分打印在同一张纸上。

打印主页页面：选择此项，将打印文件中的主页。

打印非打印对象：选择此项，将打印原本设置成非打印的对象。

打印空白页：选择此项，将打印文件中的空白页。

3) 设置

设置打印纸张，如图13-31所示。

纸张大小：用来设置文件打印的纸张大小。

方向：设置页面在纸张上的方向，有纵向、横向、反纵向与反横向。

位移：设置页面左边与纸张左边间的距离。

间隙：设置连续打印时，页面与页面间的距离。

图13-31 设置

横向：将纸张的方向设置成横向。

缩放：设置文件打印时的缩放比例，其范围值为1%～1000%之间。

约束比例：使文件缩放打印的比例时等比缩放。

缩放以适合纸张：自动缩放与调整页面比例，使页面属性适合纸张打印尺寸。

页面位置：设置页面打印机的纸张的对齐方式。

缩览图：将多个页面打印在一张纸上，在后面的选项中可以选择一张纸上打印的缩览图的数目。

拼贴：当要打印的页面大于纸张时，选择此选项，可使页面可以分别打印到不同的纸张中，且可从菜单中选择页面重叠的方式与重叠的范围。

4) 标记与出血

设置打印文件时，要在纸张上显示的标记，如套准标记、出血标记等，如图13-32所示。

类型：设置要以圆形套准线或加十字套准线的方式来显示裁切的标示。

粗细：设置裁切辅助线与出血辅助线间的距离。

位移：设置页面标记与页面边缘间的距离。

所有印刷标记：设置是否要将裁切标记、出血标记、套位标记、色标及页面信息等属性全部打印出来。选择此项，将打印全部印刷标记，如图13-33所示。

裁切标记：选择此项，将打印页面中设置的裁切

图13-32 出血和标记

标记辅助线条。

出血标记：选择此项，将打印页面中设置的出血标记辅助线条。

套位标记：选择此项，将打印辅助分色对齐的图形标示。

色标：选择此项，将在页面的上方打印出灰色色块及彩色色块的色标。

页面信息：选择此项，将在页面的下方打印出文件的文件名称、打印的日期与时间等信息。

使用文档出血设置：选择此项，打印时的出血设置与建立文档时所做的设置相同。

出血：如果不选【使用文档出血设置】，则可以在上、下、内、外中输入出血宽度。

图13-33　打印所有印刷标记

包含辅助信息区：选择此项，文件打印时，也要将设置的标记条区域打印出来。

5) 输出

设置输出方面的打印选项，如图13-34所示。

颜色：设置文件传送到打印机时，所要使用的色彩，其选项说明如下：

(1) 保留复合不变：色彩不会做任何的转换。

(2) 复合灰度：色彩会转换成等量的灰色，适合用在黑白导出时使用。

(3) 复合RGB：色彩以RGB的色彩模式打印。

(4) 复合CMYK：色彩会以CMYK的色彩模式打印，但不包含特别色。

(5) 分色：色彩以CMYK的色彩模式分色，且包含特别色。

(6) InRIP分色：将CMYK及特别色传送到RIP进行分色。

陷印：如果选择分色打印，则可以在【陷印】中选择一种陷印方式。选择【应用程序内建】将使用InDesign CS3自带的陷印引擎；选择【Adobe in-RIP】将使用Adobe in-RIP陷印；选择【关闭】将不使用陷印。

翻转：利用镜像影像的方式，仿真所需的打印方向，此功能在使用PostScript打印机及与产生装置相关的PostScript文件中才可使用。

加网：设置页面导出的网线数与分辨率。

油墨：如果在【颜色】中选择了【分色】，那么，可以选择不同的色板。

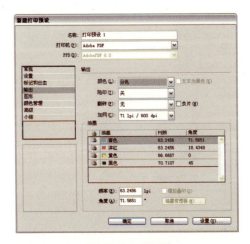

图13-34　输出

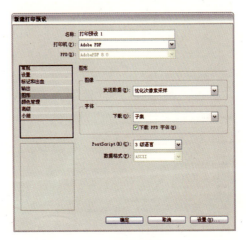

图13-35　图形

6) 图形

设置图像与字体方面的打印选项，如图13-35所示。

发送数据：控制置入的位图图像发送到打印机或文件的图像数据量。

(1) 全部：打印时，发送全分辨率数据，适合于任何高分辨率打印或打印高对比度的灰度或彩色图像。只是需要的磁盘空间最大。

(2) 优化次像素采样：打印时，只发送足够的图像数据供输出设备以最高分辨率打印图形。用于处理高分辨率图像而将校样打印到台式打印机。

即使选中【优化次像素采样】选项，InDesign CS3也不会对EPS或PDF图形进行次像素采样。

(3) 代理：发送置入位图图像的屏幕分辨率版本（72 dpi）。选择此项，打印时间会缩短。

(4) 无：打印时，临时删除所有图形，并使用具有交叉线的图形框替代这些图形，可以缩短打印时间。图形框架的尺寸与导入图形的尺寸相同，且保留了剪贴路径，以便检查大小和定位。

下载：设置将字体下载到打印机的方式。

(1) 无：不下载任何字型。

(2) 完整：下载文档所需的所有字体。

(3) 子集：仅下载文档中使用的字符（字形）。

下载PPD字体：下载文档中使用的所有字体，包括驻留在打印机中的那些字体。使用此选项可让InDesign CS3用计算机上的字体轮廓打印普通字体，如Helvetica、Times等。

PostScript：设置PostScript的等级，不过该设置必须与之后的导出装置及后续的处理装置兼容。

数据格式：设置传送PostScript文件的方式。

7) 颜色管理

设置颜色管理选项，如图13-36所示。

图13-36 颜色管理

打印：选择打印文档或打印校样。

颜色处理：选择由InDesign CS3确定颜色。

打印机配置文件：选择输出设备的配置文件。配置文件描述输出设备的行为以及打印条件（如纸张类型）越准确，颜色管理系统解释文档中实际颜色的数值就越准确。

保留RGB颜色值：选择【保留RGB颜色值】或【保留CMYK颜色值】。

选择此项，将确定InDesign CS3在没有颜色配置文件的情况下如何处理颜色和与之相关联的颜色。选择此选项时，InDesign CS3将颜色值直接发送到输出设备。取消选择此选项时，InDesign CS3首先将颜色值转换为输出设备的色彩空间。

模拟纸张颜色：将按照文档配置文件的定义模拟由打印机介质显示的纸张颜色。

8) 高级

设置OIP及透明度拼合选项，如图13-37所示。

OPI图像替换：启用InDesign CS3可在输出时用高分辨率图形替换低分辨率EPS代理的图形。

在OPI中忽略：使用该选项可在将图像数据发送到打印机或文件时有选择地忽略导入不同的图形类型（EPS、PDF和位图图像），只保留OPI链接（注释）由OPI服务器以后处理。

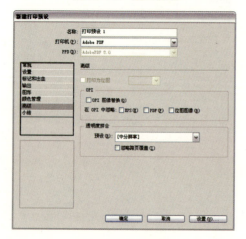

图13-37 高级

(1) EPS：忽略处理EPS文件格式的文件连结，改由OPI服务器处理。

(2) PDF：忽略处理PDF文件格式的文件连结，改由OPI服务器处理。

(3) 点阵影像：要忽略处理点阵影像文件格式的文件连结，改由OPI服务器处理。

预设：

(1) [低分辨率]：用于要在黑白桌面打印机上打印的快速校样，以及要在Web发布的文档或要导出为 SVG 的文档。

(2) [中分辨率]：用于桌面校样，以及要在PostScript彩色打印机上打印打印文档。

(3) [高分辨率]：用于最终出版，以及高品质校样。

忽略跨页覆盖：选择此项，在透明度拼合时，将忽略跨页覆盖。

9) 小结

显示打印设置的所有内容，如图13-38所示。

图13-38　小结

在打印预设窗口中新建的自定义预设选项，只会保留在该台计算机中，若想要在别台计算机中使用相同的设置时，可以单击【存储预设】按钮，将预设选项另存成文件（扩展名为.prst）后，再将文件复制并加载至其他计算机内的InDesign中即可。

13.1.7 打印文档

在菜单栏中依次选择【文件】→【打印】，打开【打印】对话框，如图13-39所示。

图13-39　【打印】对话框

如果要打印书籍，可以在【书籍】调板中未选择任何文档或选择了所有文档，然后在【书籍】调板菜单中选择【打印书籍】。此时将打印书籍中的所有文档。如果要打印书籍中的某部分文档，可以在【书籍】调板中选择了某些文档，然后在【书籍】调板菜单中选择【打印已选中的文档】。

在【打印预设】中选择一种预设，如果设置有不合适的选项，可以在此基础上进行更改，然后单击【打印】。

13.2　导出为PDF文件

编辑好的文件，除了直接将它打印出来外，还可以将它导出成PDF文件，使该文件可以在直接在网络上传送、浏览等，除此之外，还可以通过PDF的安全性来保护编辑完成的文件。

13.2.1 导出格式设置

将文件导出成PDF文件格式前，也要先设置想要导出的格式后，再进行导出的操作。

在菜单栏中依次选择【文件】→【Adobe PDF预设】→【定义】，打开【Adobe PDF预设】对话框，如图13-40所示。

InDesign CS3提供了等9种PDF的导出预设格式。如果觉得InDesign CS3的预设格式选项都不适合需求时，也可以自定导出格式。

在打开的【Adobe PDF预设】对话框中，单击【新建】按钮。打开【新建PDF导出预设】对话框（图13-41），在【名称】文本框中输入新导出格式的名称，然后设置一般、压缩、标记和出血及进阶等相关选项，单击【确定】按钮。

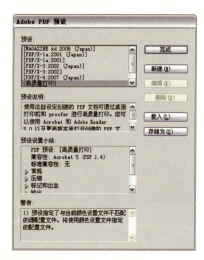

图13-40 【Adobe PDF预设】对话框

图13-41 【新建PDF导出预设】对话框

【新建PDF导出预设】对话框中的选项说明如下：

1) PDF常规设置

单击【导出 Adobe PDF】对话框左侧列表中的【常规】选项，可以设置导出Adobe PDF常规，如图13-42所示。

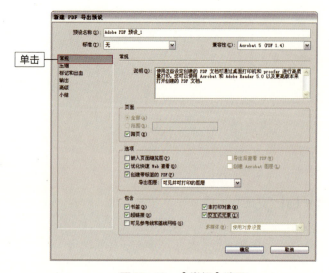

图13-42 【常规】选项

全部：将导出全部的页面。

范围：设置所要导出的范围，例如如果要导出5～13页，在此应该输入【5-13】；如果要导出5和13页，在此应该输入【5,13】。

跨页：集中导出页面，如同将其装订或打印在单张纸上。

嵌入页面缩略图：如果选择了【跨页】选项，则可为要导出的每页创建缩略图预览，或者为每个跨页创建一个缩略图。

优化快速Web查看：通过重新组织文件以使用一次一页下载（所用的字节），减小PDF文件的大小，并优化PDF文件以在Web浏览器中更快地查看。

创建带标签的PDF：生成Acrobat PDF文件，它可在文章中根据InDesign CS3支持的Acrobat 6.0标记的子集自动标记元素。

导出后查看PDF：生成Acrobat PDF文件，它可在文章中根据InDesign支持的Acrobat 6.0标记的子集自动标记元素。

创建Acrobat图层：使用默认的PDF查看应用程序打开新建的PDF文件。

只有将【兼容性】设置为【Acrobat 6 (PDF 1.5)】或【Acrobat 7(PDF 1.6)】时，才可以使用此选项。

书签：创建目录项的书签，保留TOC级别。根据【书签】调板中指定的信息创建书签。

超链接：创建InDesign超链接、目录项和索引项的Adobe PDF超链接注释。

可见参考线和基线网格：导出此文档中当前可见的边距参考线、标尺参考线、栏参考线和基线网格。

非打印对象：导出对其应用【属性】调板中的【非打印】选项的对象。

交互式元素：导出所有影片、声音和按钮。

多媒体：能够指定嵌入或链接影片和按钮的方式：

(1) 使用对象设置：根据【声音选项和影片选项】对话框中的设置嵌入影片和声音。

(2) 链接全部：链接放置在此文档中的声音和影片片段。如果不在PDF文件中嵌入媒体片段，一定要将媒体片段放置在与PDF相同的文件夹。

(3) 嵌入全部：嵌入所有影片和声音，不考虑各个对象上的嵌入设置。

2) PDF压缩设置

单击【导出Adobe PDF】对话框左侧列表中的【压缩】选项，可以设置导出Adobe PDF压缩设置，如图13-43所示。【压缩】选项分为三个部分，用于设置在图片中压缩和重新取样颜色、灰度或单色图像。

关于缩减像素采样

如果要在Web上使用PDF文件，可以使用缩减像素采样以允许进行更高程度的压缩。

缩减像素采样指的是减少图像中的像素数。要缩减像素采样颜色、灰度或单色图像，可以选择插值方法：平均缩减像素采样、双立方缩减像素采样或次像素采样，并输入所需的分辨率（像素/英寸）。然后在【若

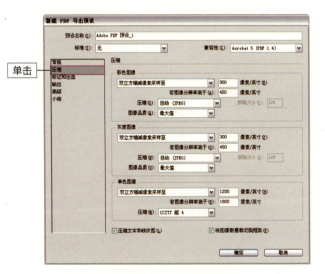

图13-43 【压缩】选项

图像分辨率高于】文本框中输入分辨率。分辨率高于此阈值的所有图像将被缩减像素采样。

选择的插值方法决定删除像素的方式：

(1) 平均缩减像素采样至：在指定区域影像上平均取得使用的色彩后，将影像重新取样。

(2) 次像素采样至：以正中央的像素为主，取得使用的色彩后，将影像重新取样，此选项会使影像质量变差很多。

(3) 双立方缩减像素采样至：精确的取得使用的色彩，虽然取样的速度慢，但重新取样后的影像色彩最平顺。

压缩：确定所用的压缩类型。

(1) 自动（JPEG）：自动确定彩色和灰度图像的最佳品质。

(2) JPEG：它适合灰度图像或彩色图像。由于JPEG压缩会删除数据，因此它获得的文件比ZIP压缩获得的文件小得多。

(3) ZIP：非常适用于具有单一颜色或重复图案的大型区域的图像，以及包含重复图案的黑白图像。ZIP压缩可能无损或有损耗，这取决于【图像品质】设置。

(4) CCITT和Run Length：仅用于单色位图图像。

图像品质：确定应用的压缩量。

(1) 拼贴大小：确定用于连续显示的拼贴的大小。

(2) 压缩文本和线状图：将纯平压缩（类似于图像的ZIP压缩）应用到文档中的所有文本和线状图，而不损失细节或品质。

(3) 将图像数据裁切到框架：通过仅导出位于框架可视区域内的图像数据，可能会缩小文件的大小。

3) PDF标记和出血设置

单击【导出Adobe PDF】对话框左侧列表中的【标记和出血】选项，可以设置导出Adobe PDF标记和出血设置，如图13-44所示。

4) PDF输出

单击【导出 Adobe PDF】对话框左侧列表中的【输出】选项，可以设置导出 Adobe PDF输出设置，如图13-45所示。

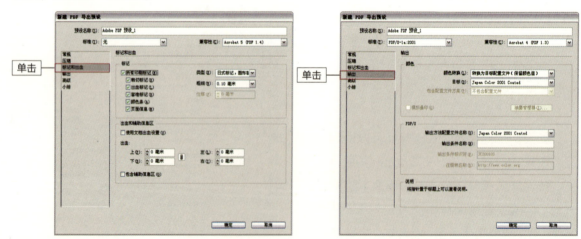

图13-44 【标记和出血】选项　　　　图13-45 【输出】选项

颜色转换：指定在 Adobe PDF文件中表示颜色信息的方式。在颜色转换期间，将保留所有专色信息；只有进程颜色对应量转换到指定的颜色空间。

无颜色转换：按原样保留颜色数据。当选择 PDF/X-3 时，这是默认值。

(1) 转换为目标配置文件：将所有颜色转换到为【目标配置文件】选择的配置文件。

(2) 转换为目标配置文件（保留颜色值）：只有在它们已经嵌入与目标配置文件不同配置文件的情况下，才将颜色转换为目标配置文件空间。

目标：说明最终 RGB 或 CMYK 输出设备的色域。

包含配置文件方案：确定文件中是否包含此颜色配置文件。根据【颜色转换】菜单中的设置、是否选择 PDF/X 标准之一以及颜色管理的开关状态，此选项会有所不同。

(1) 不包含配置文件：不要使用嵌入的颜色配置文件创建颜色管理文档。

(2) 包含所有配置文件：创建颜色管理文档。

(3) 包含带标签的源配置文件：保持与设备相关的颜色不变，并将与设备无关的颜色在PDF中保留为最可能的对应量。

(4) 包含所有RGB和带标签的源CMYK配置文件：包括带标签的RGB对象和带标签的CMYK对象的任一配置文件。

(5) 包含目标配置文件：将此目标配置文件指定给所有对象。

模拟叠印：通过保持复合输出中的叠印外观，模拟打印到分色的外观。

油墨管理器：控制是否将专色转换为进程对应量，并指定其他油墨设置。

输出方法配置文件名称：指定文档的特殊打印条件。

输出条件名称：描述所用的打印条件。

输出条件标识符：通过指针指示有关预期打印条件的更多信息。系统会为ICC注册表中包括的打印条件自动输入标识符。

注册表名称：表明有关注册表更多信息的Web地址。

5) PDF高级设置

单击【导出Adobe PDF】对话框左侧列表中的【PDF高级设置】选项，可以设置导出Adobe PDF高级设置，如图13-46所示。

子集化字体，若被使用的字符百分比低于：根据文档中使用的字体字符的数量，设置此临界值以嵌入完整的字体。

OPI：使能够在将图像数据发送到打印机或文件时有选择地忽略不同的导入图形类型，并只保留OPI链接（注释）以由OPI服务器以后处理。

预设：如果将【兼容性】设置为【Acrobat 4(PDF 1.3)】，则可以指定预设（或选项的集合）以拼合透明度。

忽略跨页覆盖：将拼合设置应用到文档和书中的所有跨页，覆盖单独跨页上的拼合预设。

图13-46 【PDF高级设置】选项

Acrobat 5(PDF 1.4) 和更高版本自动保留图形中的透明度。因此，【预设】和【自定】选项不适用于这些兼容性级别。

使用Acrobat创建PDF文件：创建作业定义格式（PDF）文件，并启动Acrobat 7.0专业版以处理此PDF文件。

6) PDF小结

单击【导出Adobe PDF】对话框左侧列表中的【PDF小结】选项，PDF小结的【选项】列表中列出了导出PDF中的全部设置内容，如图13-47所示，可以拖动右侧的滚动条浏览。要存储小结内容，可以单击【存储小结】按钮。

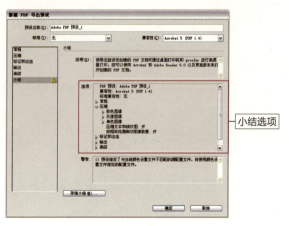

图13-47　PDF小结

13.2.2 执行导出

将文件导出成PDF文件格式，变成可以跨平台使用、文件小、安全性高的文件，就可以传送出去。

在菜单栏中依次选择【文件】→【导出】，打开【导出】对话框，如图13-48所示。

图13-48　【导出】对话框

> 要将整本书籍导出为PDF，在书籍调板菜单中选择【将书籍导出为PDF】；要将书籍中的一步导出为PDF，可以在书籍调板中选择要导出的文档，然后在调板菜单中选择【将选定的文档导出为PDF】。

在【导出】对话框中，指定文件的名称和位置，在【保存类型】中，选择【Adobe PDF】，然后单击【保存】。打开【导出Adobe PDF 预设】对话框（图13-49），在对话框右侧选择【安全性】选项，再设置与安全性相关的设置选项。

导出PDF安全性设置选项如下：

打开文档所要求的口令：选择此项，激活【文档打开口令】选项。

文档打开口令：输入用来保护PDF文件的口令。

图13-49　PDF安全性设置

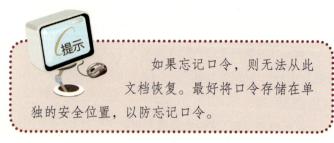

> 如果忘记口令，则无法从此文档恢复。最好将口令存储在单独的安全位置，以防忘记口令。

使用口令限制打印、编辑和其他任务：限制访问PDF文件的安全性设置。

许可口令：设置用来保护PDF文件的口令。此选项仅在选择以前的选项时启用。

允许打印：指定用于PDF文档的打印级别。

(1) 无：禁止打印文档。

(2) 低分辨率 (150 dpi)：使能够使用不高于150dpi的分辨率打印。

(3) 高分辨率：可以任何分辨率进行打印，并将高品质的矢量输出定向到PostScript打印机和支持高品质打印高级功能的其他打印机。

允许更改：定义允许在PDF文档中执行的编辑操作。

(1) 无：禁止对文档进行任何更改，包括填写签名和表单域。

(2) 插入、删除和旋转页面：可以插入、删除和旋转页面，并创建书签和缩览图。此选项仅可用于高 (128位RC4) 加密。

(3) 填写表单域和签名：可以填写表单并添加数字签名。此选项不可以添加注释或创建表单域。此选项仅可用于高 (128位RC4) 加密。

(4) 注释、填写表单域和签名：可以添加注释、填写表单并添加数字签名。此选项不可以移动页面对象或创建表单域。

(5) 除提取页面外：可以编辑文档、创建并填写表单域、添加注释并添加数字签名。

启用复制文本、图像和其他内容：可以从PDF文档复制并提取内容。

为视力不佳者启用屏幕阅读器设备的文本辅助工具：可以使用针对视力不佳者的软件工具访问内容。此选项仅可用于高 (128位RC4) 加密。

单击【确定】按钮，出现【密码】窗口后，在【密码】栏输入在导出PDF窗口中设置的打开文件时所需之密码，如图13-50所示(如果没【在导出Adobe PDF】中设置打开文件密码或权限密码时，则不会出现校验密码的窗口)。

单击【确定】按钮，这时可能出现一些警告对话框，例如页面上存在溢流文本、文档包含缺失或修改过的文档等，可以根据需要选择【确定】修改文档，或者选择【取消】继续导出，如图13-51所示。

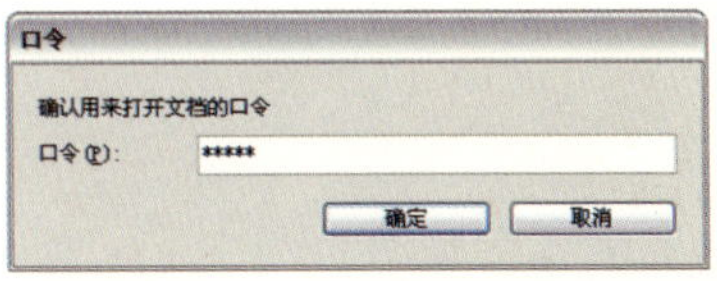

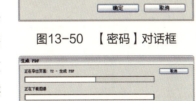

图13-50　【密码】对话框

图13-51　生成PDF对话框

图13-52　导出的PDF文件

这样，文档或书籍就被导出为PDF格式的文件并且存储的指定的位置。想要打开PDF的文件时，计算机中不一定要有Adobe Acrobat软件，只要在计算机中安装与导出版本相同或较进阶的版本之Adobe Reader，皆可以浏览导出的PDF文件，如图13-52所示。

13.3　打包GoLive

GoLive是Adobe公司发行的软件之一，它主要是一应用来建立专业网站的软件。在GoLive中可以直接使用Photoshop、Illustrator与PDF文件，而如果想要将编辑好的InDesign文件在GoLive

软件中使用时，就必须要通过打包GoLive功能，才能将InDesign文件转换成GoLive的版面。

在菜单栏中依次选择【文件】→【导出】，打开【导出】对话框，如图13-53所示。在对话框中指定导出的位置和文件名，在【保存类型】中，选择【SVG】或【压缩式 SVG】。

图13-53　【导出】对话框

图13-54　【SVG 选项】对话框

单击【保存】。将出现【SVG选项】对话框，如图13-54所示。

【SVG 选项】对话框中的选项说明如下：

1) 页面

(1) 全部：导出文档中的所有页面。每个页面（或跨页，如果选择了【跨页】）都被导出到一个单独的SVG文件中。

(2) 范围：输入要导出的页面的页码。使用连字符分隔连续的页码，使用逗号或空格分隔多个页码或范围。

(3) 导出所选项目：导出文档中的当前所选对象。

(4) 跨页：将跨页中的对页作为单个JPEG文件导出。如果取消选择该选项，跨页中的每一页将作为一个单独的JPEG文件导出。

2) 子集

(1) 仅使用的字形：导出文档中使用的字体字符。

(2) 通用英文和通用罗马字：子集化文档中使用的每个英文字符或罗马字体字符。

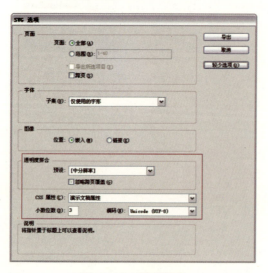

图13-55　更多选项

(3) 通用英文和使用的字形或通用罗马字和使用的字形：组合上述两个选项。

(4) 所有字形：子集化文档中使用的每个字体字符（包括非罗马字体，如中文或日文字符）。

3) 图像

(1) 嵌入：可以将完整的GIF或JPEG图像保存到导出文件中（这会增加文件大小，但可以确保图像始终包含在文件中）。

(2) 链接：包括指向原始图形文件而非嵌入图像的链接。

单击【更多选项】可显示透明度平滑度、CSS属性等设置选项，如图13-55所示。

透明度拼合：选择【预设】菜单中的某一拼合预设可以指定透明对象在导出文件中的显示方式。该选项与【打印】对话框的【高级】面板中出现的【透明度拼合】选项相同。选择【忽略跨页覆盖】可忽略个别跨页上的拼合预设。

CSS 属性：可以从以SVG代码形式保存样式属性的四种方法中进行选择：

(1) 演示文稿属性：应用最高级别的属性，可在编辑和转换过程中提供更大的灵活性。

(2) 扩展样式属性：如果要在转换中使用SVG代码，例如，使用可扩展样式表语言转换 (XSLT) 进行转换则可以使用此方法，但这会稍微增加文件的大小。

(3) 样式属性：可缩短渲染时间，并减小SVG文件大小。

(4) 样式元素：在与GoLive文档共享文件时，可使用此方法。通过选择【样式元素】，可以修改SVG文件以便将样式元素移动到同时由HTML文件引用的外部样式表文件中；不过，【样式元素】选项同时会降低渲染速度。

小数位数：使能够指定导出图片中矢量的精度。可以设置介于1～7之间的小数位数。值越大，文件大小越大，图像品质越高。

编码：允许在 ISO 8859-1 (ASCII) 字符或使用Unicode转换格式 (UTF) 编码的字符之间进行选择。UTF-8是8位格式；UTF-16是16位格式。

全部选项设置完成后，单击【导出】按钮。

13.4 将文档打包

将编辑完成的文档文件打包，当文档文件搬移到别台计算机中时，可以完整的显示文件属性，除此之外，若想要将制作好的文档文件备份时，也可以先将文件打包后，再进行备份的操作，以免到时候制作好的文件因连结不到相关的图片，而造成无法完整显示的窘境。

文件打包时，包含文档版面的预览以及在GoLive中重新创建文档所需的图形和文本文件。

在菜单栏中选择执行【文件】→【打包】。在出现的【打印说明】对话框中，如图13-56所示，输入文件名、联系方式、公司名称、地址等信息。

单击【确定】按钮。在出现的【打包出版物】对话框中（图13-57），找到要存储打包文件或书籍的文件夹，在【文件夹名称】文本框中输入打包后的文件夹名称，然后根据需要设置对话框底部的选项。

单击【确定】按钮。在出现的字体警告对话框中（图13-58），会提示须向供货商取得字体的使用权等信息，单击【确定】按钮。

如果要打包整个书籍，则单击【书籍】面板底部的空白处，以取消选择任何文档，然后在面板菜单中选择【打包】→【书籍用于打印】选项。如果要打印书籍中的个别文档，在【书籍】面板中选择要打包的文件，然后在面板菜单中选择【打包】→【已选中文档用于打印】。

图13-56 【打印说明】对话框

图13-57 【打包出版物】对话框

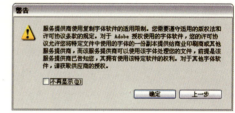

图13-58 字体警告对话框

单击【确定】后，在指定的文件夹中就已指定的名称创建一个文件夹，新建的文件夹内包含着用于存放字型的【fonts】文件夹、存放链接图片的【Links】文件夹、Indesign文件和打包时【打印说明】对话框中输入的文件信息等。

13.5 本章小结

本章学习了打印文档、导出为PDF文件、打包GoLive和将文档打包等文档输出技巧，了解并掌握InDesign文档输出技巧，学生能够轻松创建多媒体电子书、表单和其他PDF文档，并且能够使用InDesign和Adobe GoLive迅速地将用于打印或 PDF 的文档重新应用到网页设计中。

思考与练习

1) 填空题

（1）陷印是为了防止_____ 与_____ 之间出现拼版没有对准，而造成打印时，有_____ 的情况产生。

（2）如果要打包整个书籍，则单击【书籍】面板底部的空白处，以取消选择任何文档，然后在面板菜单中选择【_____】→【_____】选项。

2) 操作题

（1）将制作好的书籍文档打印成PDF文件。
（2）分色预览检查文档分色效果。
（3）将InDesign文件转换成GoLive的版面。

第14章

实 例

在学习InDesign CS3的基本功能之后，就需要通过实例来加以巩固和练习，以便发现问题并加以解决。

本章学习重点与要点：
(1) 掌握主页的设置方法；
(2) 掌握绘制图形和复合图形的方法；
(3) 掌握文本的设置和段落样式的使用；
(4) 掌握图片和图形的效果和模式运用。

14.1　宣传单页的设计与制作

宣传页的设计与制作较为自由，应用的图片、文字、版式等都没有统一要求，页面大小也可以根据需要自定。

图14-1所示为宣传页效果。

14.1.1　新建文档

（1）在菜单栏中单击【文件】→【新建】→【文档】命令，打开【新建文档】对话框，如图14-2所示。

（2）在【页数】文本框中输入1；在【页面大小】的列表中选择【自定】，然后在【宽度】文本框中输入"190毫米"，【高度】文本框中输入"350毫米"。

（3）在对话框右上方单击【更多选项】按钮，显示【出血和辅助信息区】选项卡。默认设置中【出血】的【上】、【下】、【内】、【外】均为"3毫米"。如果其后的图标为 ，在【上】、【下】、【内】、【外】任意一项中输入数值，所有数值都将保持相同；如果图标为 ，则可以分别输入不同的数值，如图14-3所示。

（4）单击对话框下方的【边距和分栏】按钮，打开【新建边距和分栏】对话框，在【边距】选项卡中，将【上】、【下】、【内】、【外】边距分别设置为"40毫米"、"12毫米"、"12毫米"、"12毫米"，如图14-4所示。

（5）单击【确定】按钮即可创建新的文档页面，创建后可通过在菜单栏中执行【文件】→【存储为】命令保存，新建的页面如图14-5所示。

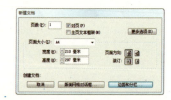

图14-2　【新建文档】对话框

图14-4　【新建边距和分栏】对话框

图14-1　宣传页效果

图14-3　出血和辅助信息区

图14-5　新文档页面

14.1.2　图形与图片编排

（1）在工具栏中选择【矩形】工具 ，绘制覆盖整个文档的矩形。在矩形被选中的情况下，在【色板】面板中单击【新建色板】按钮，并双击新建的色板，打开【色板选项】对话框，如图14-6所示。在【颜色模式】选项中选择"CMYK"，然后将颜色设置为C=8、M=4、Y=23、K=0，设置完成后单击【确定】按钮，矩形即可应用新建色板的颜色，如图14-7所示。

（2）在菜单栏中单击【文件】→【置入】命令，在【置入】对话框中依次打开"光盘根目录\素材图片\14.1"，选择该文件夹中的所有图片，单击【打开】按钮，置入的图片如图14-8所示。

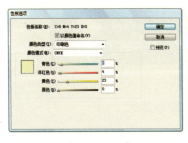
图14-6　【色板选项】对话框

14-7　底色绘制

图14-8　置入图片

（3）选择图片21cake.jpg，在工具箱中选择【吸管工具】，吸取自身图片的颜色，如图14-9所示。

（4）在工具箱中选择【选择工具】，将图片21cake.jpg的左边框向左拖拽，右边框向右拖拽，该图片的底色即为吸管所吸取的颜色，如图14-10所示。选择该图片，在【色板】面板中单击【新建色板】按钮，将该颜色添加到色板中。

（5）绘制两个矩形，高度与图片21cake.jpg相同，颜色分别为C=16、M=38、Y=92、K=35和C=21、M=3、Y=28、K=0，如图14-11所示。

图14-9　吸取图片颜色

图14-10　改变图片形状

图14-11　绘制矩形

（6）在工具箱中选择【直线工具】，绘制一条直线，颜色为C=16、M=38、Y=92、K=35，粗细为0.25点。按住【Alt】键，将其复制20条左右，如图14-12所示。选择所有直线，打开【对齐】面板，单击【水平居中对齐】按钮和【垂直居中分布】按钮，如图14-13所示。

图14-12　绘制并复制直线

图14-13　【对齐】面板

提示：如果【粗细】默认单位是"毫米"，在菜单栏中单击【编辑】→【首选项】→【单位和增量】，在【其他单位】选项组的【线】下拉列表中选择【点】。

(7) 选择所有直线,按【Ctrl+G】键将其组合。在工具箱中选择【旋转工具】，将直线组合旋转约30度,并将其移动到合适的位置,如图14-14所示。

(8) 选择"A"和"B"两部分,按【Ctrl+Shift+】】键,将其置于斜线上层,并绘制两个与底色颜色相同的矩形,将斜线的多余部分覆盖,如图14-15所示。

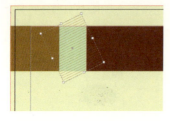

图14-14　旋转　　　　　图14-15　覆盖斜线多余部分

(9) 在菜单栏中单击【视图】→【标尺】命令,向文档中拖拽两条参考线,如图14-16所示。

(10) 同时选择5张蛋糕图片,打开【对齐】面板,单击【水平居中对齐】按钮和【垂直居中对齐】按钮,如图14-17所示。此时5张图片将完全重合,之后按【Ctrl+G】键将其组合。

(11) 按住【Ctrl+Shift】键,在工具栏中选择【选择工具】，调整组合图片的大小,如图14-18所示。

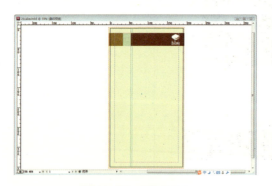

图14-16　显示标尺　　　图14-17　【对齐】面板　　　图14-18　调整图片大小

将多张图片组合后再调整大小,可以等比缩放。如果置入图片的原始尺寸相同,则调整后的尺寸也是相同的。

(12) 选择组合图片,按【Ctrl+Shift+E】键将其解组,按住【Shift】键,将每张图片垂直拖动至合适的位置,再次选择所有图片,打开【对齐】面板,单击【垂直居中分布】按钮,5张图片即居中分布,如图14-19所示。

(13) 将图片"咖啡豆.jpg"拖动至页面右下角,调整至合适的大小,打开【效果】面板,在【混合模式】下拉列表中选择【正片叠底】,图片的白色背景即可溶于文档的背景色中,如图14-20所示

如果图片的背景色为白色,而文档的背景色较浅,将图片应用【正片叠底】模式,图片的白色背景即可溶解,只显示内部图形。

图14-19　调整图片位置　　　　图14-20　应用【正片叠底】

14.1.3 文字编排

（1）将文字"21cake square cakes from Europe 廿一客，来自欧洲的方形蛋糕"粘贴至文档顶部中，颜色为"白色"。英文字体为"Arial"，字号为"7.7点"；中文字体为"方正黑体简体"，字号为"9点"，如图14-21所示。

图14-21　标题文字

（2）将文字"Coconut Chocolate椰蓉可可"粘贴至文档中，颜色为C=54、M=83、Y=100、K=33。英文字体为"Bookman Old Style"，字号为"25点"；中文字体为"方正黑体简体"，字号为"10点"。再将文字"Like its cousin on the previous page, this one's spreading joy by way of chocolate and coconut. 椰蓉的轻柔与可可的香浓，还有卡布离岛上的蜜月之旅，有着椰茸的颗粒质感，巧克力味道浓而

图14-22　信息文字

图14-23　绘制直线

香，椰子慕斯的清爽减弱巧克力的腻感，巧克力树叶纹络清晰，逼真动人。"粘贴至文档中，颜色为黑色，设置合适的字体与字号，注意文字的左右两侧对齐辅助线，如图14-22所示。

（3）在工具箱中选择【直线工具】，在中英文标题之间绘制一条直线，颜色为C=54、M=83、Y=100、K=33，粗细为1点。注意直线的左右两侧也要对齐辅助线，如图14-23所示。

（4）在工具箱中选择【椭圆工具】，按住【Shift】键绘制一个正圆，颜色为C=54、M=83、Y=100、K=33，直径为9毫米。在工具箱中选择【文字工具】，在文档中创建文本框，在文本框中输入"01"，颜色为C=8、M=4、Y=23、K=0，字体为Century Gothic，字号为15。设置完成后将文字置于圆上方，如图14-24所示。

图14-24　编号制作

(5) 用同样的方法设置以下的信息文字和编号，设置完成的效果如图14-25所示。

(6) 在工具栏中选择【矩形】工具，在文档底部绘制矩形，宽138毫米，高5.5毫米，颜色为C=54、M=83、Y=100、K=33。将文字"订购专线：400 650 2121 客服电话：010-65712266 021-54833401 客服邮箱：kefu@21cake.com"粘贴至文档中，颜色为白色，字体为"方正细黑-简体"，字号为"7点"。使文字位于矩形上方，如图14-26所示。

图14-25 设置信息文字与编号　　　　　图14-26 底部文字

14.1.4 存储文档

经过以上步骤，宣传单页的设计与制作即完成了。在适当的细节调整之后，在菜单栏中单击【文件】→【存储】命令，将文档存储即可。

14.2 书籍的设计与制作

书籍实例中选择了书籍中的一个对页，步骤中也讲述了主页的制作过程。本实例用到了主页设置、绘制图形、填充、描边、置入对象、创建和应用段落样式等功能。

图14-27所示为书籍页面效果。

14.2.1 新建文档

(1) 在菜单栏中单击【文件】→【新建】→【文档】命令，打开【新建文档】对话框，如图14-28所示。

 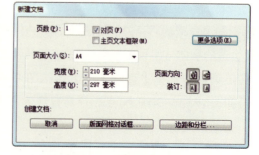

图14-27 书籍页面效果　　　　图14-28 【新建文档】对话框

(2) 在【页数】文本框中输入3；在【页面大小】的列表中选择【自定】，然后在【宽度】文本框中输入"235毫米"，【高度】文本框中输入"320毫米"。

(3) 在对话框右上方单击【更多选项】按钮，显示【出血和辅助信息区】选项卡，保持默认设置中的【出血】为"3毫米",如图14-29所示。

(4) 单击对话框下方的【边距和分栏】按钮,打开【新建边距和分栏】对话框,在【边距】选项卡中,将【上】、【下】、【内】、【外】边距分别设置为"48毫米"、"20毫米"、"20毫米"、"20毫米";在【分栏】选项卡中,将【栏数】设置为4,将【栏间距】设置为"5毫米",如图14-30所示。

(5) 单击【确定】按钮即可创建新的文档页面,创建后可通过在菜单栏中执行【文件】→【存储为】命令保存,新建的页面如图14-31所示。

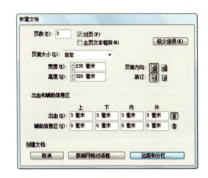

图14-29 设置页面大小和出血

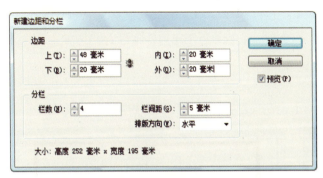

图14-30 【新建边距和分栏】对话框

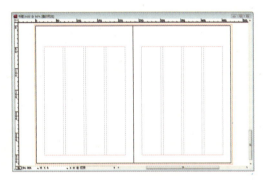

图14-31 新文档页面

14.2.2 设置主页

书籍的板式通常比较单一,如页眉页脚、页码等格式都有统一的规定,因此可以通过主页的设定,以便于每个页面的使用。

(1) 打开【页面】面板,双击【A-主页】或页面图标,以显示主页,如图14-32所示。

(2) 在工具栏中选择【矩形工具】，沿着文档的边缘绘制矩形,取消填充颜色,描边颜色为C=15、M=15、Y=100、K=0,粗细为25点,如图14-33所示。

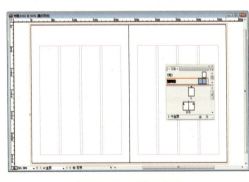

图14-32 显示主页

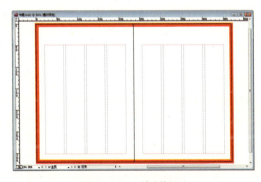

图14-33 绘制矩形

(3) 在工具栏中选择【文本工具】，绘制一个文本框架,在菜单栏中单击【文字】→【插入特殊符号】→【标志符】→【当前页码】菜单命令,可以看到文本框架中出现了主页的前缀"A",如图14-34所示。

(4) 在菜单栏中单击【版面】→【页码和章节选项】,打开【页码和章节选项】对话框,在【页码】选项卡中的【样式】下拉列表中选择"01、02、03……",如图14-35所示。

图14-34 插入页码　　　　　图14-35 【页码和章节选项】对话框

（5）为页码设置字体为Century Gothic Bold，字号为11点，在页码后面输入文字"HOUSEHOLD ARTICLES 2009"，设置字体为Century Gothic，字号为6点。设置好的主页如图14-36所示。

14.2.3 版面设计与制作

（1）在【页面】面板中，双击页码【02-03】，切换到第2页与第3页，如图14-37所示。

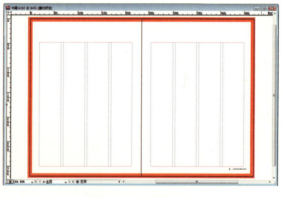
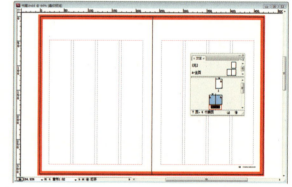

图14-36 设置主页　　　　　图14-37 设置主页

（2）在工具栏中选择【矩形工具】，按住【Shift】键绘制矩形，长为15毫米，宽为15毫米，填充颜色为黑色。在工具栏中选择【文本】工具绘制文本框架，在其中输入"03"，字体为"DS Pixel Cyr"，字号为13点，如图14-38所示。

（3）在工具栏中选择【直线工具】，按住【Shift】键，绘制5条直线，颜色为黑色，粗细为0.25点，并进行适当排放，如图14-39所示。

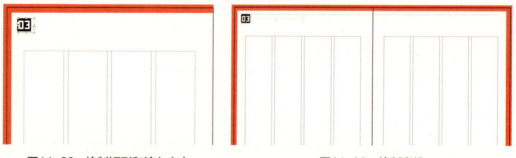

图14-38 绘制矩形和输入文字　　　　　图14-39 绘制直线

（4）在工具栏中选择【矩形工具】，按住【Shift】键绘制矩形，长为7毫米，宽为7毫米，填充颜色为黑色。在工具箱中选择【多边形工具】，在文档的空白处单击，打开【多边形】对话框，在【多边形】选项卡中的【边数】文本框中输入"3"，单击确定按钮，即可创建三角形，如图14-40所示。

（5）选择三角形，在控制面板中单击【逆时针旋转90°】，使三角形逆时针旋转90°，如图14-41所示。

（6）调整三角形的大小，设置颜色为白色，使其位于黑色矩形上方，如图14-42所示。

图14-40 【多边形】对话框

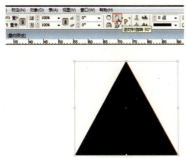

图14-41 旋转三角形

图14-42 设置三角形

（7）在工具栏中选择【直线工具】，按住【Shift】键，绘制4条直线，颜色为C=15、M=15、Y=100、K=0，粗细为0.25点，并进行适当排放，如图14-43所示。

（8）在菜单栏中单击【文件】→【置入】命令，在【置入】对话框中依次打开"光盘根目录\素材图片\14.2"，选择该文件夹中的所有图片，单击【打开】按钮，置入的图片如图14-44所示。

图14-43 绘制直线

图14-44 置入图片

（9）选择图片"women.jpg"，单击右键，在右键菜单中单击【变换】→【水平翻转】，翻转该图片，在工具栏中选择【自由变换工具】，按住【Shift】键缩放图片大小，之后在工具栏中选择【选择工具】，将图片的右边框向左拖拽，以裁切白色背景，如图14-45所示。

（10）将图片box.jpg和图片feather.jpg调整大小并摆放在合适的位置，如图14-46所示。

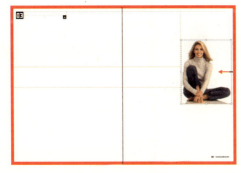

图14-45 裁切图片

图14-46 设置图片

(11) 绘制任意颜色矩形，按住【Alt+Shift】键，向右水平复制2个。之后选择3个矩形，打开【对齐面板】，单击【垂直居中分布】按钮，3个矩形即居中分布，如图14-47所示。同时选择3个矩形，按【Ctrl+G】键将其组合，之后在工具栏中选择【选择工具】，将组合后的矩形调整至图14-48所示大小。

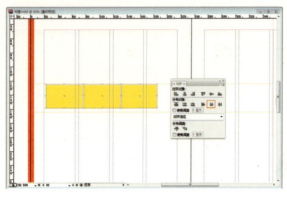

图14-47　复制矩形并对齐　　　　　图14-48　调整组合后矩形的大小

(12) 按【Ctrl+Shift+G】键将矩形解组，选择图片"SPA01.jpg"，单击右键，选择【剪切】，选择第1个矩形，单击右键，选择【贴入内部】，如图14-49所示。

(13) 在工具栏中选择【直接选择工具】，单击图片，显示框架，按住【Shift】键，调节图片在矩形内的位置和大小，如图14-50所示。

(14) 用同样的方法把图片"SPA02.jpg"和图片"SPA03.jpg"贴入另外两个矩形内部并调整大小。在工具栏中选择【矩形工具】，绘制两个矩形，颜色分别为C=15、M=15、Y=100、K=0和C=0、M=0、Y=0、K=8，将其置于图片两侧，效果如图14-51所示。

图14-49　将图片贴入矩形内部　　　　图14-50　调整图片大小

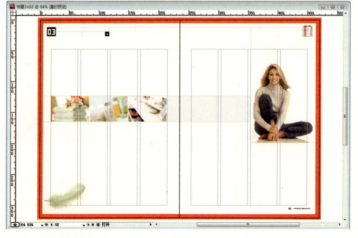

图14-51　绘制矩形

14.2.4 文字编排

(1) 在工具栏中选择【文本】工具，在标题处绘制文本框架并输入"LIFE STAYING IDLE AT HOME家居生活"，字体分别为为"Century Gothic"和"方正黑体简体"，字号分别为12.5点和16点，如图14-52所示。

(2) 因为其他章节的标题也需要使用相同的字体，可以将字体设置为段落样式。打开【段落样式】面板，选择文字"LIFE STAYING IDLE AT HOME"打开【段落样式】面板，单击【创建新样式】按钮，如图14-53所示，即可新建"段落样式1"。

(3) 双击"段落样式1"，打开【段落样式选项】对话框，将【样式名称】修改为"英文标题"，如图14-54所示，在左侧栏单击【基本字符格式】，默认的字符格式即为设置好的英文标题格式。如果在此修改，标题格式将随之改变，如图14-55所示。

图14-52 输入文字

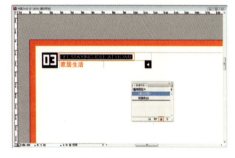

图14-53 【段落样式】面板

图14-54 将图片贴入矩形内部　　图14-55 调整图片大小

(4) 用同样的方法为中文标题添加段落样式。在之后的应用中，只需选中文字，按住【Alt】键，单击【段落样式】面板中的样式名称即可。

(5) 将"关键词解读 香薰"等文字粘贴在文档中，设置合适的字体、字号和颜色。如果是在书籍中经常用到的字体格式，也可以添加为段落样式，如图14-56所示。

图14-56 粘贴文字

（6）将正文粘贴到文档中，因为有未显示文字，右下角出现红色加号，如图14-57所示。单击红色加号并绘制其他文本框，以显示所有文字，如图14-58所示。当最后一个文本框后没有红色加号时，表明文字已全部显示。

（7）依次选择每个文本框，单击右键，选择【文本框架选项】，打开【文本框架选项】对话框，在【分栏】选项卡中，在【行数】文本框中输入"2"，单击【确定】按钮，如图14-59所示。每个文本框即可分为2栏，如图14-60所示。

图14-57　置入文字

图14-58　置入全部文字

图14-59　置入文字

图14-60　置入全部文字

14.2.5　细节添加与存储

板式设计中通常需要添加一些细节元素，使画面更加精致并丰满。

（1）在工具栏中选择【直线工具】，按住【Shift】键，绘制1条短直线，颜色为C=0、M=0、Y=0、K=40，粗细为0.25点，将其复制粘贴，单击【逆时针旋转】按钮，同时选择两条直线，打开【对齐】面板，单击【水平居中对齐】按钮和【垂直居中对齐】按钮，如图14-61所示。

图14-61　绘制直线并居中对齐

（2）同时选择两条直线，按【Ctrl+G】键组合，按住【Shift+Alt】键将其复制6个，在【对齐】面板中单击【水平居中分布】按钮，如图14-62所示。

（3）同时选择6个组合图形，按【Ctrl+G】键组合，按住【Shift+Alt】键将其复制6个，在【对齐】面板中单击【垂直居中分布】按钮，如图14-63所示。按【Ctrl+G】键，将组合后的直线再次组合，如图14-64所示。

图14-62　复制直线并居中分布

（4）将组合后的图形复制粘贴，效果如图14-65所示。

(5) 在工具栏中选择【直线工具】和【多边形工具】，绘制直线和三角形，效果如图14-66所示。

(6) 在菜单栏中单击【文件】→【存储】命令，将文档存储。

图14-63　复制直线并居中分布

图14-64　组合

图14-65　复制组合图形

图14-66　绘制直线和三角形

14.3　杂志的设计与制作

杂志内容比较丰富，版面也较为轻松、自由、多样，颜色丰富，并有大量的图片。本实例制作杂志中的一个对页，主要应用到的知识有：设置主页、图形绘制、填充颜色、路径描边、文本绕排以及效果的应用。

图14-67所示为本实例效果。

14.3.1　新建文档

(1) 在菜单栏中单击【文件】→【新建】→【文档】命令，打开【新建文档】对话框，在【页数】文本框中输入"3"；在【页面大小】的列表中选择【A4】，如图14-68所示。

(2) 在【新建文档】对话框右上方单击【更多选项】按钮，显示【出血和辅助信息区】选项卡，保持默认设置中的【出

图14-67　实例效果

图14-68　【新建文档】对话框

血】为"3毫米",如图14-69所示。

(3) 单击对话框下方的【边距和分栏】按钮,打开【新建边距和分栏】对话框,在【边距】选项卡中,将【上】、【下】、【内】、【外】边距分别设置为"20毫米"、"20毫米"、"20毫米"、"20毫米";在【分栏】选项卡中保持默认设置不变,如图14-70所示。

(4) 单击【确定】按钮即可创建新的文档页面,创建后可通过在菜单栏中执行【文件】→【存储为】命令保存,新建的页面如图14-71所示。

图14-69　【出血和辅助信息区】选项卡

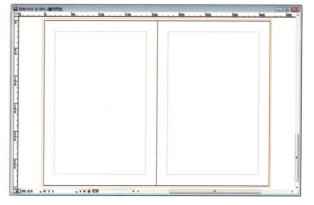

图14-70　【新建边距和分栏】对话框

图14-71　新建的文档

14.3.2 设置主页

如果一个文档中版面运用相同的背景,就可以把背景放在主页中,这样在后边的文档编辑过程中不会误动背景。另外页码也应该在主页中进行设置。

(1) 打开【页面】面板,双击【A-主页】或页面图标,以显示主页,如图14-72所示。

(2) 在菜单栏中单击【文件】→【置入】命令,在【置入】对话框中依次打开"光盘根目录\素材图片\14.3",选择图片background.jpg,单击【打开】按钮,置入的图片如图14-73所示。

图14-72　显示主页

(3) 选择图片,在控制面板中单击【逆时针旋转】按钮,再单击【水平翻转】按钮,按住【Ctrl+Shift】键调整图片大小,使图片铺满整个文档,注意一定要使图片延伸到出血线,如图14-74所示。

图14-73　置入图片

图14-74　设置背景图片

(4) 在工具箱中选择【椭圆工具】,按住【Shift】键绘制一个正圆,颜色为黑色,直径为18毫米,如图14-75所示。

(5) 在工具栏中选择【文本工具】,绘制一个文本框架,在菜单栏中单击【文字】→

【插入特殊符号】→【标志符】→【当前页码】菜单命令，可以看到文本框架中出现了主页的前缀"A"，如图14-76所示。

(6) 在菜单栏中单击【版面】→【页码和章节选项】，打开【页码和章节选项】对话框，在【页码】选项卡中的【样式】下拉列表中选择"01、02、03……"，如图14-77所示。

图14-75　绘制正圆　　图14-76　插入当前页码

(7) 为页码设置字体为Century Gothic Bold，字号为12，颜色为白色，使其位于黑色圆形之上，如图14-78所示。

图14-77　【页码和章节选项】对话框　　图14-78　设置页码格式

14.3.3 版面设计与制作

(1) 在【页面】面板中，双击页码【02-03】，切换到第2页与第3页，如图14-79所示。

(2) 在工具栏中选择【文本工具】，输入文字"ILLUSTRATIONS"，字体为Sketch Rockwell，大小为90点，颜色为黑色，在控制面板的【旋转角度】文本框中输入"10°"，如图14-80所示。

(3) 在工具栏中选择【矩形工具】，绘制矩形，宽为30毫米，高为5毫米，打开【色板】面板，单击颜色C=100、M=0、Y=0、K=0(青色)，如图14-81所示。

(4) 按住【Shift+Alt】键，将矩形向下复制3个，分别在【色板】面板中选择颜色为C=0、M=100、Y=0、K=0(洋红色)，C=0、M=100、Y=0、K=0(黄色)和黑色，如图14-82所示。

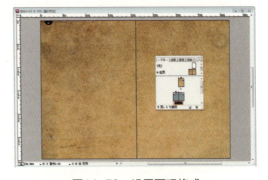

图14-79　设置页码格式

图14-80　旋转字体　　图14-81　绘制矩形并填充颜色　　图14-82　复制矩形并填充颜色

图14-83 垂直居中分布矩形　　图14-84 旋转矩形

图14-85 绘制圆角矩形　　图14-86 设置描边

（5）同时选中4个矩形，打开【对齐】面板，单击【垂直居中分布】按钮，使矩形居中分布，如图14-83所示。

（6）同时选中4个矩形，按【Ctrl+G】键将其结组。在控制面板的【旋转角度】文本框中输入"10°"，并拖放至标题文字左侧，使其出血，如图14-84所示。

（7）在工具栏中选择【矩形工具】，按住绘制矩形，在菜单栏中单击【对象】→【角效果】命令，打开【角效果】对话框，在【效果】下拉列表中选择【圆角】，在【大小】文本框中输入"10毫米"，单击【确定】按钮，如图14-85所示。

（8）为圆角矩形取消填色，描边颜色为C=100、M=0、Y=0、K=0（青色），打开【描边】面板，将【粗细】设置为"3点"，在【类型】下拉列表中选择【虚线（3和2）】，如图14-86所示。

（9）在工具栏中选择【直接选择工具】，选择圆角矩形左下角的点，如图14-87所示。然后按【Delete】键将其删除，效果如图14-88所示。

（10）选择删除点后的圆角矩形，在控制面板的【旋转角度】文本框中输入"10°"，调整至合适的大小，并复制2个，将描边颜色修改为C=0、M=100、Y=0、K=0(洋红色）和C=0、M=100、Y=0、K=0(黄色），如图14-89所示。

图14-87 直接选择点　　图14-88 删除点　　图14-89 旋转圆角矩形并复制

（11）在工具箱中选择【椭圆工具】，按住【Shift】键绘制一个正圆，颜色为C=0、M=100、Y=0、K=0(黄色），打开【效果】面板，选择【正片叠底】混合模式，如图14-90所示。

（12）按住【Alt】键，将正圆复制2个，调整至不同的大小，并摆放在合适的位置。同时选择三个正圆，单击右键，单击【排列】→【置为底层】命令，如图14-91所示。

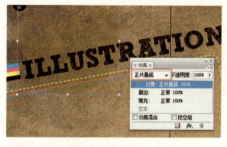

图14-90 绘制正圆并应用【正片叠底】　　图14-91 复制正圆并置为底层

(13) 在工具箱中选择【多边形工具】，在文档的空白处单击，打开【多边形】对话框，在【多边形】选项卡中的【边数】文本框中输入"15"，【星形内陷】文本框中输入"60%"，如图14-92所示。单击确定按钮，即可创建发散形多边形，如图14-93所示。

(14) 选择多边形，在工具栏中选择【吸管】工具，吸取圆形的图形样式，如图14-94所示。多边形即可应用圆形的颜色和叠加模式，如图14-95所示。之后将多边形摆放至合适的位置。

图14-92 【多边形】对话框

图14-93 创建多边形

图14-94 【吸管】工具

图14-95 应用图形样式

(15) 在菜单栏中单击【文件】→【置入】命令，在【置入】对话框中依次打开"光盘根目录\素材图片\14.3"，选择文件Dunny.psd和图片mariline.jpg，单击【打开】按钮，置入的图片如图14-96所示。

(16) 选择图片mariline.jpg，按住【Ctrl+Shift】键，将其调整为合适的大小并拖放至合适的位置，打开【效果】面板，选择【正片叠底】混合模式，如图14-97所示。选择该图片，单击右键，单击【排列】→【置为底层】命令，使其置为底层。

图14-96 置入图片

图14-97 设置图片混合模式

(17) 选择图片"Dunny.psd"，调整大小，在工具栏中选择【钢笔工具】，根据Dunny.psd图片的轮廓绘制图形，为了方便查看，可以在【效果】面板中将所绘制图形的【不透明度】降低，如图14-98所示。

(18) 绘制好的图形如图14-99所示。将其【不透明度】调整为"100%"，将其颜色设置为C=100、M=0、Y=0、K=0(青色)，按住【Alt】键复制，将其颜色修改为C=0、M=100、Y=0、K=0(黄色)，如图14-100所示。

图14-98 绘制图形并调整【不透明度】

图14-99 绘制图形

图14-100 调整图形【不透明度】并复制

(19) 同时选择2个图形，单击右键，单击【排列】→【后移一层】命令，然后适当调整位置，如图14-101所示。

(20) 将正文粘贴到文档中，设置字体为Arial，字号为8点，颜色为黑色，随意排成3栏，如图14-102所示。

(21) 依次选择每个文本框，单击右键，单击【文本框架选项】命令，打开【文本框架选项】对话框，在【分栏】选项组的【宽度】文本框中输入"60 毫米"，如图14-103所示。

图14-101　调整排列

(22) 分别选择每个文本框，在控制面板的【旋转角度】文本框中输入"10°"，并拖放至合适的位置，如图14-104所示。

图14-102　粘贴文本　　　　图14-103　【文本框架选项】对话框　　　　图14-104　旋转文本框

(23) 选择图片Dunny.psd后层的黄色图形，打开【文本绕排】面板，单击【沿对象形状绕排】按钮，在【上位移】文本框中输入"4毫米"，文本即沿图形绕排，如图14-105所示。

(24) 在工具箱中选择【椭圆工具】，按住【Shift】键绘制一个正圆，颜色为黑色，直径为73 毫米，在工具栏中选择【钢笔工具】，绘制三角形，如图14-106所示。

(25) 同时选择圆形和三角形，打开【路径查找器】面板，在【路径查找器】选项组单击【相加】按钮，两个图形即组合为一个图形，如图14-107所示。

图14-105　【文本绕排】面板　　　图14-106　绘制圆形和三角形　　　图14-107　【路径查找器】面板

(26) 将注释文字粘贴到文本中，在工具栏中选择【吸管】工具，吸取正文的文本样式，如图14-108所示。注释文本即可应用正文的文本样式，然后将文字颜色修改为白色，如图14-109所示。

(27) 在工具栏中选择【钢笔工具】，在文本框架的边缘添加点并拖拽，如图14-110所示。将文本框架的形状调整为适合圆形，效果如图14-111所示。

(28) 在工具栏中选择【矩形工具】，绘制矩形，宽为98毫米，高为62毫米，颜色为白色，在菜单栏中单击【对象】→【角效果】命令，打开【角效果】对话框，在【效果】下拉列表中选择【圆角】，在【大小】文本框中输入"10毫米"，单击【确定】按钮，如图14-112所示。

图14-108　应用文本样式　　　图14-109　更改文本颜色

图14-110　在文本框架上添加点　　图14-111　将文本框架调整为适合圆形

(29) 在工具栏中选择【钢笔工具】，绘制三角形，填充颜色为白色，如图14-113所示。同时选择圆角矩形和三角形，打开【路径查找器】面板，在【路径查找器】选项组单击【相加】按钮，两个图形即组合为一个图形，如图14-114所示。

图14-112　绘制圆角矩形　　图14-113　绘制三角形　　图14-114　图形相加

(30) 复制组合图形，取消填充颜色，将描边设置为黑色，打开【描边】面板，将【粗细】设置为"2点"，在【类型】下拉列表中选择【虚线（3和2）】，然后单击右键，单击【排列】→【后移一层】命令，如图14-115所示。

(31) 选择白色图形，单击右键，单击【效果】【投影】命令，打开【效果】对话框，将【不透明度】改为"60%"，将【X位移】和【Y位移】分别改为"2毫米"，然后单击模式后的色块，打开【效果颜色】对话框，在【颜色】下拉列表中选择【CMYK】，将色值修改为C=40、M=65、Y=100、K=0，如图14-116所示。

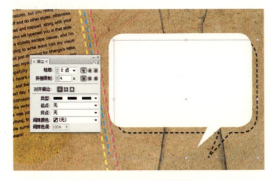 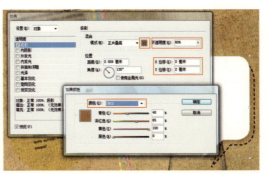

图14-115　图形描边　　　　图14-116　投影效果

(32)将注释文字粘贴到文本中,在工具栏中选择【吸管】工具 ,吸取正文的文本样式,如图14-117所示,注释文本即可应用正文的文本样式,然后将文字颜色修改为C=0、M=100、Y=0、K=0(洋红色),如图14-118所示。

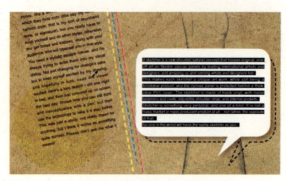
图14-117 应用文本样式

图14-118 更改文本颜色

14.3.4 存储文档

经过以上步骤,杂志对页的设计与制作即完成了。在适当的细节调整之后,在菜单栏中单击【文件】→【存储】命令,将文档存储即可。